职业教育云计算应用系列教材

云应用开发实战
（Python）

主　编　蔡　铁

副主编　黄锐军

参　编　薛国伟　花罡辰　于　洋

机械工业出版社

在全球数字经济背景下，云计算成为企业数字化转型的必然选择，企业上云进程将进一步加速。云计算也促成了软件工程的进一步发展，软件架构演变为云端架构。本书以云应用开发为主要内容，由校企双元合作开发，以职业能力培养为根本，以企业常用的几类云应用服务项目为载体，解析项目涉及的 Python 程序开发和亚马逊云服务知识技能点，掌握云应用开发能力。

本书共 5 个单元，单元 1 为"我的云服务器"，包括 Amazon EC2 服务的使用和基于 Flask 的 Web 应用程序的部署；单元 2 为"我的有声图书"，以生动趣味的项目形式解析 Amazon Polly 服务和基于 Python 的 Web 应用开发；单元 3 为"航班数据采集及可视化分析"，使用 Amazon EC2、SageMaker、S3 等服务和 Python 语言，设计数据采集、分析及可视化程序；单元 4 为"我的记账本"，重点解析 Amazon Lambda 及 Amazon DynamoDB 服务，并采用 Python 实现远程 NoSQL 数据库的数据管理；单元 5 为"我的云盘"，包括 Amazon S3、RDS 和 EC2 服务的综合使用以及 Python SDK 编程。

本书是在亚马逊云上实现 PythonWeb 应用开发的实战教程，涉及当前最新的云应用程序开发知识，可作为各类职业院校软件开发及相关专业的教材，也可供软件开发爱好者参考使用。

图书在版编目（CIP）数据

云应用开发实战：Python / 蔡铁主编 . — 北京：
机械工业出版社，2022.10（2025.2 重印）
职业教育云计算应用系列教材
ISBN 978-7-111-71603-7

Ⅰ.①云… Ⅱ.①蔡… Ⅲ.①云计算-职业教育-教材
②软件工具-程序设计-职业教育-教材 Ⅳ.① TP393.027
② TP311.561

中国版本图书馆CIP数据核字（2022）第172015号

机械工业出版社（北京市百万庄大街22号 邮政编码100037）
策划编辑：赵志鹏 责任编辑：赵志鹏
责任校对：张亚楠 王明欣 封面设计：马精明
责任印制：单爱军
北京虎彩文化传播有限公司印刷

2025年2月第1版第3次印刷
184mm×260mm·20.5印张·535千字
标准书号：ISBN 978-7-111-71603-7
定价：59.80元

电话服务 网络服务
客服电话：010-88361066 机 工 官 网：www.cmpbook.com
　　　　　010-88379833 机 工 官 博：weibo.com/cmp1952
　　　　　010-68326294 金 书 网：www.golden-book.com
封底无防伪标均为盗版 机工教育服务网：www.cmpedu.com

前　言

　　近年来，云计算行业在全球飞速发展。作为全球云计算市场的领导者，亚马逊云科技（Amazon Web Services）以全球覆盖、服务丰富、应用广泛而著称，向客户提供功能强大的服务，涵盖计算、存储、数据库、分析、机器学习与人工智能、物联网、安全、混合云、虚拟现实与增强现实、媒体，以及应用服务、部署与管理等方面。在全球已经有数百万家企业用户用亚马逊云科技提供的服务来部署应用，服务客户。随着行业的快速发展，带来了行业人才紧缺的问题，全球云计算人才缺口达百万之多。世界技能组织（WSI）也看到了全球云计算行业的兴起，和亚马逊云科技合作，在2019年俄罗斯喀山第45届世界技能大赛中新设了云计算赛项，鼓励更多年轻人投入到云计算行业中来。

　　在我国，云计算市场的发展更为迅猛，增速领先全球，云计算以及相关高科技产业已经成为未来我国经济增长的强大驱动力之一。伴随着"互联网+"进程的推进，传统行业纷纷开始着手转型升级。未来，以云计算为代表的高科技产业会不断加深与传统行业的融合，推动大数据、物联网和人工智能技术的落地，推动各个行业数字化转型升级的发展。我国政府相关部门也不断推出了鼓励云计算行业发展的相关政策，促进国内云计算市场的快速发展。在国家及地方政策的持续鼓励下，可以预见未来我国云计算行业发展前景将十分乐观，而行业的快速发展必将对云计算工程技术人员等新职业产生更多的需求。在行业迅速发展的同时，市场上合格的云计算工程技术人员却存在大量的缺口，根据工信部的统计，未来五年我国云计算进入高速发展期，每年人才缺口达数十万。

　　自从2013年亚马逊云科技进入我国以来，非常重视在我国的投入以及长期发展，通过与合作伙伴合作或者自营的方式开设了三个区域，并在 2016 年与教育部签署了合作协议，积极推进全球教育项目落地我国，到目前为止已经为 200 多所高等院校，数十万学生提供了免费的云计算课程和资源，帮助学生掌握前沿技术，提高就业竞争力。随着行业的发展，越来越多的国内高职院校也展示出对云计算学科的浓厚兴趣。职业教育作为我国建设人才强国事业的重要组成部分，是与社会经济发展联系最紧密、最直接的教育类型，但是在信息技术领域尤其是云计算领域，如何体现职业教育技能型人才培养的优势是亟待解决的问题，编纂一套行之有效的云计算技能型人才培养方案迫在眉睫。亚马逊云科技联合机械工业出版社和以深圳信息职业技术学院为代表的一批国内重点双高职业院校从 2019 年开始合作，积累了很多实际教学成果，基于这些合作成果编写了这套全新的云计算系列教材，希望能让更多的职业院校学生更好地了解和学习云计算。

本书主要面向软件技术和云计算技术领域，主要介绍了 Python Web 应用程序开发以及在亚马逊公有云上实现云应用开发的相关技术，并以企业常用的几类云应用服务项目为载体，详细解析了亚马逊云服务应用开发的相关知识与技能。

本书由蔡铁博士主编，黄锐军任副主编，薛国伟、花罡辰、于洋参与了编写。分工如下：蔡铁负责并完成了本书架框的构建以及单元的规划与设计；黄锐军编写了单元 2 "我的有声图书"和单元 5 "我的云盘"；薛国伟编写了单元 3 "航班数据采集及可视化分析"；花罡辰编写了单元 4 "我的记账本"；于洋编写了单元 1 "我的云服务器"并参与了部分案例的设计及文稿校对。

本书在编写过程中得到了亚马逊云科技王晓薇、孙展鹏、施乔、王宇博、费良宏、周君、吴超、刘龑、徐晓等的全力支持，企业技术工程师以校企双元开发的方式，参与了本书的编写，为本书采用的项目案例提供了技术支持和相关文档代码。在此表示衷心的感谢。

由于编者水平有限，书中难免存在不足之处，恳请广大读者批评指正。编者的联系方式：cait@sziit.edu.cn。

编者

目 录

前言

单元 1
我的云服务器

单元 1

我的云服务器

知识目标

- 掌握亚马逊云科技账号密钥知识。
- 掌握亚马逊云科技账号的权限策略知识。
- 掌握 Amazon EC2 服务知识。
- 掌握 Linux 操作系统知识。
- 掌握 Python 在 Linux 中的开发知识。
- 掌握 Flask Web 程序的开发知识。
- 掌握 SHA256 加密知识。
- 掌握 Flask Web 操作数据库的知识。
- 掌握正则表达式数据验证知识。
- 掌握 Amazon EC2 虚拟机知识。

能力目标

- 能创建亚马逊云科技账号并获取密钥。
- 能使用策略配置账号权限。
- 能使用 Amazon EC2 服务创建 Linux 虚拟机。
- 能在 Linux 中搭建 Python 开发运行环境。
- 能使用 Flask 开发简单的 Web 程序。
- 能使用正则表达式验证数据的有效性。
- 能使用 SHA256 对密码进行加密存储。
- 能使用 Flask 进行数据库的基本读写操作。
- 能使用分页的方式显示数据。
- 能使用 Amazon RDS 创建 MySQL 数据库实例。

项目
功能

Amazon EC2 服务是一种 Web 云服务，能在亚马逊云中提供可扩展的计算能力。本项目通过 Amazon EC2 服务搭建一个云服务器，并在服务器中部署 Web 应用程序管理用户信息，使得普通用户可以注册、登录、修改密码、修改注册邮箱，管理员可以查看所有注册用户、删除用户、为用户重置密码。项目的目标就是在云服务器中部署一个用户信息管理系统。

本项目使用 Amazon RDS MySQL 数据库存储用户信息，使用 Flask 创建用户信息管理系统。

项目 1.1　创建虚拟机与数据库

任务 1.1.1　创建亚马逊云科技 IAM 用户

一、任务描述

要使用亚马逊云科技的云服务，就必须先有一个能操作云服务的账号，本任务目的就是引导大家创建一个访问亚马逊云控制台的 IAM 用户。

二、知识要点

1. IAM 服务

Amazon Identity and Access Management（IAM）是一项亚马逊云科技的托管服务，用于 Amazon Web Services 客户管理登录亚马逊云控制台的用户及其权限。借助 IAM，可以集中管理用户和访问密钥等安全凭证，以及管理用户访问亚马逊云科技资源的权限。

2. 亚马逊云科技账号访问

IAM 用户访问亚马逊云科技的方式主要有三种，管理控制台、CLI 命令行界面和 SDK 编程访问。在创建用户时，可以按照需求进行选择。

管理控制台是一个基于 Web 的平台，可以使用这个平台操作亚马逊云科技的各种云服务，通过用户名、密码可以登录到亚马逊云科技管理控制台。

CLI 命令行界面让用户能够在命令行 Shell 中使用命令与亚马逊云科技服务进行交互。用户也可以通过 Python 语言调用亚马逊云科技的 SDK 程序操作云服务。用这两种方式操作云服务时，需要创建 IAM 用户时生成的访问密钥（访问密钥 ID（Access Key ID）和私有访问密钥（Secret Access Key））。

三、任务实施

1. 创建亚马逊云科技账号

当在亚马逊云科技官网中注册完账号后，亚马逊云科技会创建一个根用户。虽然可以使用这个根用户进行操作，但是不建议使用根用户访问亚马逊云科技，而是建议创建 Amazon IAM 用户。创建 IAM 用户步骤如下。

1）使用根用户登录到亚马逊云科技控制台，在服务菜单中选择 IAM 服务，进入 IAM 服务如图 1-1 所示。

图 1-1 进入 IAM 服务

2）在导航窗格中选择"用户"选项，然后选择"添加用户"选项，为新用户键入用户名，例如"ec2-linux"，选择访问类型为"编程访问"以及亚马逊云科技管理控制台访问，并设置控制台密码为"自定义密码"，输入一个密码，选择需要重置密码，以确保用户在首次登录时必须更改其密码，单击"下一步：权限"按钮，添加新用户如图 1-2 所示。

图 1-2 添加新用户

3）不添加权限，单击"下一步：标签"按钮，如图 1-3 所示。

4）不添加标签，单击"下一步：审核"按钮，如图 1-4 所示。

5）审核创建的用户信息，单击"创建用户"按钮，如图 1-5 所示。

图 1-3　设置权限

图 1-4　添加标签

图 1-5　审核用户信息

2. 保存亚马逊云账号信息

创建用户成功，账号的 Access Key ID（访问密钥 ID）与 Access Secret Key（私有访问密钥）包含在一个 .csv 文件中，下载这个文件后可以获取这些信息。添加用户成功如图 1–6 所示。

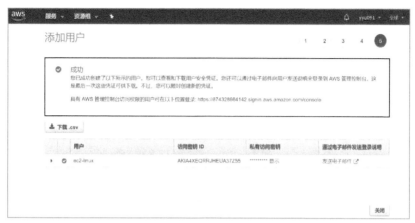

图 1–6 添加用户成功

任务 1.1.2 使用策略配置权限

一、任务描述

想要访问亚马逊云科技资源（如 EC2 实例、S3 存储桶等），就必须授予用户所需的许可，为其附加策略，用于 Amazon Web SerVice 客户管理登录亚马逊云控制台的用户及其权限。

二、知识要点

1. 访问控制

当 IAM 用户在亚马逊云科技中对某一云服务发出请求时，云服务会检查其是否具有访问权限。因此，可以创建某种亚马逊云服务资源策略并将其附加到 IAM 用户上或亚马逊云科技资源上，以便确保亚马逊云中资源的安全。策略的具体形式是亚马逊云科技中的 JSON 文档，通过 JSON 代码定义资源的权限。

2. 基于身份的策略和基于资源的策略

策略是亚马逊云科技中的资源，附加到 ZAM 用户或资源上后，就定义了它们的权限。在创建权限策略以限制对资源的访问时，可以选择基于身份的策略或基于资源的策略。

基于身份的策略可以附加到 IAM 用户、组或角色。这些策略可让用户指定该身份可执行哪些操作（其权限）。例如，可以将策略附加到名为 John 的 IAM 用户，以声明允许他执行 Amazon EC2 RunInstances 操作。基于资源的策略附加到某个资源。例如，可以将基于资源的策略附加到 Amazon S3 存储桶、Amazon SQS 队列和 Amazon Key Management Service 加密密钥。使用基于资源的策略，可以指定哪些用户有权访问资源，以及他们可以对资源执行哪些操作。

三、任务实施

若该 IAM 用户要访问亚马逊云科技资源（如 EC2 实例、S3 存储桶等），还需要为用户添加策略。

为用户分配权限的方式有三种：直接附加现有策略、将用户添加到组、从现有用户复制权限。下面分别介绍使用这三种方式为用户添加策略。

1）直接附加现有策略。查看到用户 ec2-linux 现有权限只包括 IAMUserChangePssword 策略，如图 1-7 所示。

若此用户想要访问 EC2 实例，那么需要将相关策略附加到用户。单击"添加权限"按钮，选择"直接附加现有策略"选项，筛选策略"EC2"，选中"AmazonEC2FullAccess"选项，单击"下一步：审核"按钮，如图 1-8 所示。

然后单击"添加权限"按钮即可。此时再次查看用户权限，AmazonEC2FullAccess 策略已添加完成，如图 1-9 所示。

图 1-7　查看用户权限

图 1-8　直接附加现有策略

图 1-9　查看用户权限

这个账号绑定了一个新的策略 AmazonEC2FullAccess，该策略使用 JSON 字符串表示如下。

```
{
    "Version": "2012-10-17",
    "Statement": [
        {
            "Action": "ec2:*",
            "Effect": "Allow",
            "Resource": "*"
        },
        {
            "Effect": "Allow",
            "Action": "elasticloadbalancing:*",
            "Resource": "*"
        },
        {
            "Effect": "Allow",
            "Action": "cloudwatch:*",
            "Resource": "*"
        },
        {
            "Effect": "Allow",
            "Action": "autoscaling:*",
            "Resource": "*"
        },
        {
            "Effect": "Allow",
            "Action": "iam:CreateServiceLinkedRole",
            "Resource": "*",
            "Condition": {
                "StringEquals": {
                    "iam:AWSServiceName": [
                        "autoscaling.amazonaws.com",
                        "ec2scheduled.amazonaws.com",
                        "elasticloadbalancing.amazonaws.com",
                        "spot.amazonaws.com",
                        "spotfleet.amazonaws.com",
                        "transitgateway.amazonaws.com"
                    ]
                }
            }
        }
    ]
}
```

其中 Version 是版本号，Statement 是将该主要策略元素作为以下元素的容器，Effect 值是 Allow 表示允许访问，Action 描述特定的操作，Resource 值"*"表示匹配所有的资源，Condition 指定策略在哪些情况下授予权限。

2）将用户添加到组。根据亚马逊云科技最佳实践策略，可以改为将策略添加到组，然后将用户添加到相应的组。创建组"EC2-Support"，创建用户"user-1"，方法与创建"ec2-linux"用户相似，然后将 user-1 与 ec2-linux 两个用户添加到组 EC2-Support。

为 EC2-Support 组添加 AmazonEC2FullAccess 策略，如图 1-10 所示。

图 1-10　为 EC2-Support 组的添加策略

选择用户"ec2-linux"选项卡，选择"添加权限"选项，选择"将用户添加到组"选项，选择"EC2-Support"组，单击"下一步：审核"按钮，结果如图 1-11 所示。若没有已创建好的组，也可选择"创建组"选项。

图 1-11　通过组为用户授予权限

查看用户现有权限如图 1-12 所示。

图 1-12　查看用户权限

3）从现有用户复制权限。选择此选项可从现有用户将所有策略复制到新用户，如图 1-13 所示。

图 1-13　从现有用户复制权限

任务 1.1.3　创建 Amazon EC2 Linux 虚拟机

一、任务描述

Amazon EC2 服务可以提供可扩展的计算能力，这里创建 Amazon EC2 Linux 虚拟机。

二、知识要点

1.EC2 服务

Amazon Elastic Compute Cloud（Amazon EC2）在亚马逊云科技中提供可扩展的计算能力。使用 Amazon EC2 可避免前期的硬件投入，因此能够快速开发和部署应用程序。通过使用 Amazon EC2，可以根据自身需要启动任意数量、类型的虚拟服务器，配置安全和网络以及管理存储。同时，将 Amazon EC2 与弹性伸缩组（Auto Scaling Group）搭配使用，可以根据工作负载的大小动态调整实例的数量，在成本与性能间取得更佳的平衡。

2. 实例（Instance）

亚马逊云科技中的虚拟服务器实例的 CPU 处理能力、内存容量、存储大小和联网能力的组合情况各不相同，可以根据需求搭配不同的实例类型。

3. Amazon 系统映像（AMI）

Amazon 系统映像（AMI）是一种包含软件配置（例如，操作系统、应用程序服务器和应用程序）的模板，提供启动实例所需的信息。在启动实例时，必须指定 AMI。

图 1-14　使用 IAM 账号登录

三、任务实施

1. 发起实例启动

1）使用浏览器，如 Mozilla Firefox 访问亚马逊云科技网站，采用已有的 IAM 账号"ec2-linux"与密码登录控制台，如图 1-14 所示。

2）登录后在左上角服务栏单击"EC2"，进入 EC2 管理界面，如图 1-15 所示。

3）从控制台控制面板中，单击"启动实例"按钮。

图 1-15　进入 EC2 服务

2.启动实例

启动 Linux 实例有下面 7 个步骤：

1）选择 Amazon 系统映像 (AMI)。在选择一个 Amazon 系统映像（AMI）页面上，选择 Amazon Linux 2 AMI (HVM), SSD Volume Type (64 位 (x86))，如图 1-16 所示。

图 1-16　选择 Amazon 系统映像（AMI）

2）选择实例类型。在选择一个实例类型页面上，选择要启动的实例的硬件配置和大小，单击"下一步：配置实例详细信息"按钮，如图 1-17 所示。

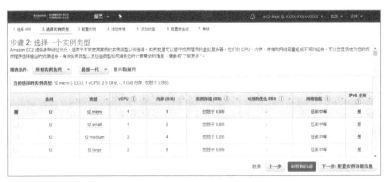

图 1-17　选择实例类型

3）配置实例详细信息，保持默认设置，再单击"下一步：添加存储"按钮，如图 1-18 所示。

4）根据需要为 Amazon EC2 实例配置或添加存储资源，如磁盘的大小、卷类型等，如图 1-19 所示，再单击"下一步：添加标签"按钮。

5）添加标签，再单击"下一步：配置安全组"按钮，如图 1-20 所示。

6）配置安全组，创建一个新安全组 Web Security Group，并配置规则，再单击"审核和启动"按钮，如图 1-21 所示。

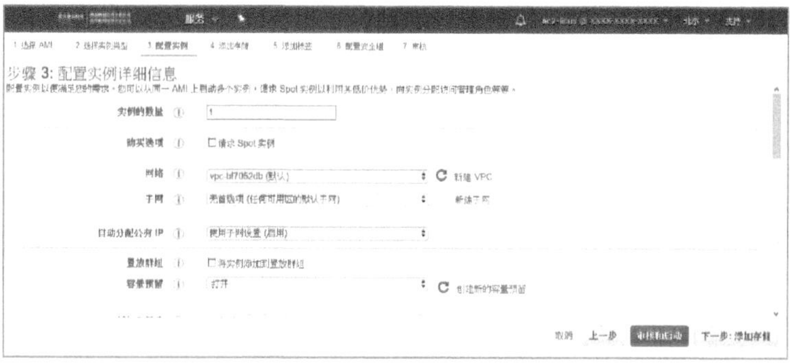

图 1-18 配置实例详细信息

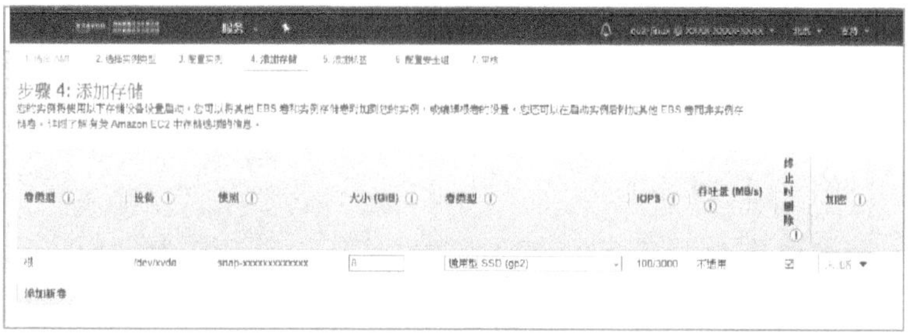

图 1-19 添加存储

图 1-20 添加标签

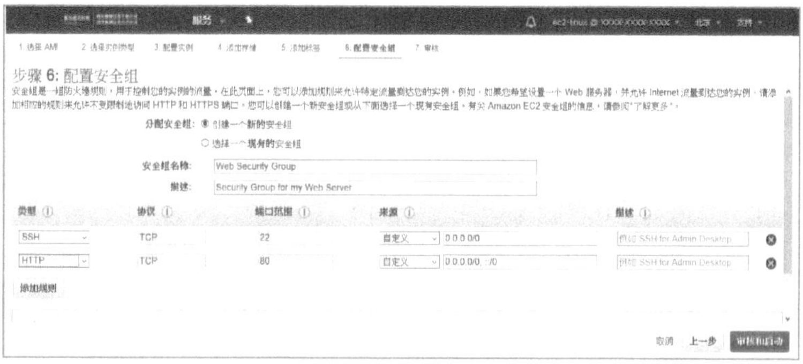

图 1-21 配置安全组

此时系统警告"您的实例可以从任何 IP 地址访问。我们建议您更新安全组规则，以允许仅从已知的 IP 地址进行访问。"本项目以开发 / 测试为主要目的，因此可将来源 IP 设置为任何位置，但在生产环境中建议限制来源 IP 的地址。

7）核查实例启动，如图 1-22 所示，确认无误后，单击"启动"按钮。选择创建新密钥对，如图 1-23 所示，单击"下载密钥对"按钮将此密钥对 ec2-linux.pem 保存好。单击"启动实例"

按钮并查看，如图 1-24 所示。

图 1-22　核查实例启动

图 1-23　下载密钥对

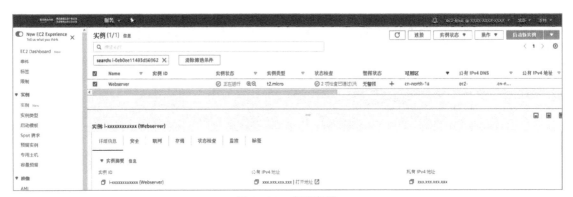

图 1-24　查看实例

从图 1-24 中可以看到 EC2 实例 Webserver 的实例状态为正在运行，2 项检查已通过，可以查看实例类型、可用区、公有 DNS 等信息。

3. 链接 Linux 实例

（1）如果本地计算机操作系统是 Linux 或 macOS X。

1）在本地计算机安装 SSH 客户端。

2）终端窗口中，使用 ssh 命令连接实例，命令如下。

```
ssh -i /path/my-key-pair.pem my-instance-user-name@my-instance-public-dns-name
```

其中 /path/my-key-pair.pem 代表私有密钥的本地路径和文件名 (.pem)；my-instance-user-name 代表实例的用户名，对于 Amazon Linux 系统，用户名为 ec2-user；my-instance-public-dns-name 代表实例的公有 DNS 名称。

针对创建好的 Linux 实例，命令如下：

```
ssh -i/path/ec2-linux.pem ec2-user@ec2-xx-xx-xx-xxx.cn-north-1.compute.amazonaws.com.cn
```

会看到如下响应。

```
The authenticity of host 'ec2-xx-xx-xx-xxx.cn-north-1.compute.amazonaws.com.cn'can't
be established.
ECDSA key fingerprint is l4UB/neBad9tvkgJf1QZWxheQmR59WgrgzEimCG6kZY.
Are you sure you want to continue connecting (yes/no)?
```

输入 yes 即可。

（2）如果本地计算机操作系统是 Windows。

1）在本地计算机安装 PuTTY。

2）使用 PuTTY 提供的工具 PuTTYgen，将私有密钥 my-key-pair.pem（.pem 文件）转换为 my-key-pair.ppk（.ppk 文件）。如图 1-25 所示，在 Type of key to generate 下，选择 "RSA" 选项；Actions 下，选择 "Load" 选项，选择本地 my-key-pair.pem（.pem 文件）并导入；单击 "Save private key" 按钮，PuTTYgen 将显示有关保存没有密码的密钥的警告，选择 "是" 选项；为密钥指定用于密钥对的相同名称（如 my-key-pair）并选择 " Save（保存）" 选项，PuTTY 会自动添加 .ppk 文件扩展名。

3）使用 PuTTY 连接实例。启动 PuTTY，在 Category 窗格中，选择 Session 并填写以下字段：在 Host Name 框中，输入实例的公有 DNS 名称 ec2-user@ ec2-xx-xx-xx-xxx.cn-north-1.compute.amazonaws.com.cn 进行连接，端口值为 22，连接类型选择 SSH，如图 1-26 所示。

图 1-25　使用 PuTTYgen 转换私有密钥

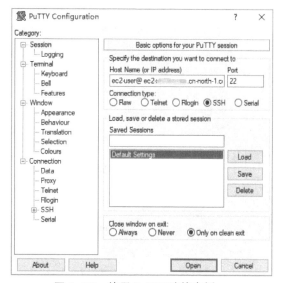

图 1-26　使用 PuTTY 连接实例

在 Category 窗格中，展开 Connection，再展开 SSH，然后选择 Auth。完成以下操作：选择 Browse，选择为密钥对生成的 my-key-pair.ppk（.ppk 文件），然后选择打开。如果这是第一次连接到该实例，PuTTY 将显示安全警报对话框，以询问是否信任要连接到的主机。选择"是"，将打开一个窗口，并且连接到实例。

任务 1.1.4　创建 Amazon RDS MySQL 数据库

一、任务描述

Amazon RDS 是关系型数据库服务，本任务目的就是引导大家建立自己的 MySQL 云数据库。

二、知识要点

1. Amazon RDS

Amazon Relational Database Service (Amazon RDS) 是一项 Web 服务，让用户能够在亚马逊云中更轻松地设置、操作和扩展关系数据库。Amazon RDS 提供了六种常见的数据库引擎选项，包括 Amazon Aurora、MySQL、MariaDB、Oracle、Microsoft SQL Server 和 PostgreSQL。它可以为用户提供经济实用的可调容量，并承担常见的数据库管理任务。

2. 数据库实例

数据库实例是在云中运行的独立数据库环境，Amazon RDS 的基本构建基块是数据库实例。

三、任务实施

1. 进入启动 Amazon RDS 实例主界面

1）登录根账号，为 IAM 用户"ec2-linux"添加"AmazonRDSFullAccess"策略。使用已有的 IAM 账号"ec2-linux"与密码登录进入控制台。

2）登录后选择 RDS 服务，打开 Amazon RDS 控制台。

3）创建 MySQL 数据库实例，选择"创建数据库"选项，如图 1-27 所示。

图 1-27　Amazon RDS 控制台

2. 启动实例

启动 RDS 实例有下面几个步骤：

1）选择数据库引擎为 MySQL，数据库引擎版本选择 MySQL5.7.23，如图 1-28 所示。

图 1-28　选择 MySQL 引擎

2）选择使用案例，指定数据库详细信息。设置实例标识符 mydbinstance、用户名 root、密码 mypassword，如图 1-29 所示。

图 1-29　选择使用案例

3）指定数据库实例类型，选择可突增类（包括 t 类）db.t3.micro，如图 1-30 所示。

图1-30 指定数据库详细信息

4）单击并打开其他配置，取消勾选启用自动备份，取消勾选启用增强监控，取消勾选启用删除保护，其他选项保持默认，单击"创建数据库"按钮，如图 1-31 所示。

图 1-31　其他配置

5）查看数据库实例，如图 1-32 所示，然后选择数据库实例名称以显示其详细信息。

图 1-32　查看数据库实例

6）在连接性与安全性部分中，查看数据库实例的终端节点与端口，如图 1-33 所示。

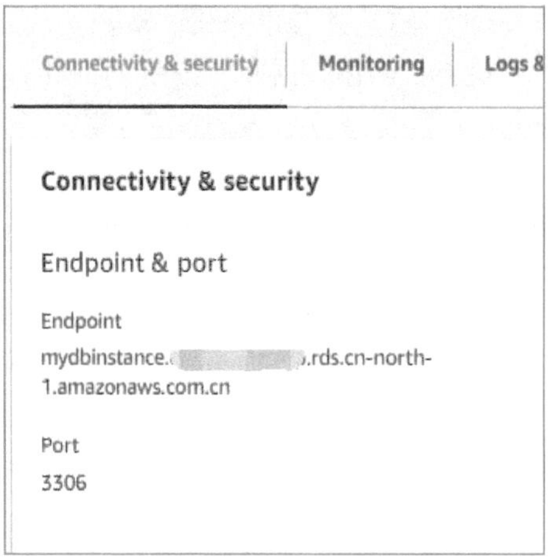

图 1-33　查看数据库实例的终端节点和端口

7）配置安全组。设置入站规则为只允许 3306 端口开放给 0.0.0.0/0，设置出站规则为允许 0.0.0.0/0 所有流量。

3. 用户管理数据库设计

（1）连接数据库。

远程连接 RDS 数据库，使用如下命令。

```
mysql -h <endpoint> -P 3306 -u <mymasteruser> -p
```

其中 <endpoint> 为数据库的终端节点。

针对创建好的 RDS 数据库实例，使用如下命令。

```
mysql -h mydbinstance.xxxxxxxxxxxx.rds.cn-north-1.amazonaws.com.cn -P 3306 -u root -p
```

按照提示输入密码 mypassword。

我们也可以使用可视化工具（如 Navicat）连接 RDS 数据库。

（2）创建数据库与数据表。

创建数据库 usermanage，SQL 语句如下：

```
CREATE DATABASE usermanage
DEFAULT CHARACTER SET utf8mb4
DEFAULT COLLATE utf8mb4_general_ci;
```

在 usermanage 数据库中创建数据表 user，数据表字段包括 id、用户名（user）、密码（pwd）和邮箱（email），SQL 语句如下。

```
USE usermanage;
CREATE TABLE user (
id INT NOT NULL AUTO_INCREMENT,
user VARCHAR(255),
pwd VARCHAR(255),
email VARCHAR(255),
PRIMARY KEY(id)
);
```

在表 user 中插入 admin 管理员用户，密码为 1（用 sha256 加密），SQL 语句如下。

```
INSERT INTO user
VALUES(1,'admin','6b86b273ff34fce19d6b804eff5a3f5747ada4eaa22f1d49c01e52ddb7875b4b',
'123@admin.com');
```

项目1.2　设计普通用户程序

任务 1.2.1　安装 Python 开发程序

一、任务描述

本任务要实现在 EC2 实例上部署 Python 运行环境，安装 Flask 和必要的依赖库。

二、知识要点

1. 在 EC2 实例上安装 Python 运行环境

此处 EC2 实例的操作系统是 Amazon Linux 2，因此使用 yum 程序包管理器安装 Python 运行环境，在 Linux 命令行界面输入以下命令：

```
yum install python3 -y
```

2. 使用 pip 安装 Flask 与 PyMySQL
命令如下：

```
pip install flask
pip install pymysql
```

安装完成后，可以使用 Flask 框架开发 Web 程序，并且使用 PyMySQL 模块对数据库进行操作。

3. Flask 框架

Flask 是一个基于 Python 开发并且依赖 jinja2 模板和 Werkzeug WSGI 服务的一个微型框架，"微"意味着 Flask 旨在保持核心的简单，但同时又易于扩展。默认情况下，Flask 不包含数据库抽象层、表单验证，或是其他任何已有多种库可以胜任的功能。然而，Flask 支持用扩展来给应用添加这些功能。由于 Flask 的这些特性，它在 Web 开发中非常流行。

三、任务实施

1. 在 EC2 实例上部署 Python 运行环境
（1）采用任务 1.1.3 的方法连接 Linux 实例。
（2）安装 Python3。首先运行 list installed 以确定主机上是否已安装 Python 3。

```
[ec2-user@ip-172-31-29-58 ~]$ yum list installed | grep -i python3
```

如果尚未安装 Python 3，则使用 yum 程序包管理器安装此程序包。

```
[ec2-user@ip-172-31-29-58 ~]$sudo yum install python3 -y
```

2. 使用 pip 安装 Flask 与 PyMySQL

```
[ec2-user@ip-172-31-29-58 ~]$sudo amazon-linux-extras install epel
```

```
[ec2-user@ip-172-31-29-58 ~]$sudo yum -y install python-pip
[ec2-user@ip-172-31-29-58 ~]$sudo pip install flask
[ec2-user@ip-172-31-29-58 ~]$sudo pip install pymysql
```

任务 1.2.2 设计用户登录程序

一、任务描述

用户登录模块主要用于实现用户的登录。用户需要填写正确的用户名和密码，单击"登录"按钮，即可实现用户登录，跳转至相应的用户界面。如果输入的用户名或密码不正确，则提示错误。同时，在此页面上也可以单击"注册"按钮，进行新用户的注册。

二、知识要点

1. 创建 Flask 项目

在本地新建 Flask 项目 app，其中包括 app.py 入口程序及两个子文件夹 static 和 templates，static 文件夹存放 css/js 静态资源，templates 文件夹存放 html 模板文件。项目文件组织结构如下：

```
/app
    /app.py
    /static
    /templates
```

2. jQuery 与 layui 框架

jQuery 是一个快速的、简洁的 javaScript 库。layui 是一款采用自身模块规范编写的前端 UI 框架，遵循原生 HTML/CSS/JS 的书写与组织形式。可以借助 jQuery 与 layui 框架完成前端页面的开发。layui 的使用方法可参考官方文档。

3. session 的使用

在 Flask 中使用 session 需要配置"SECRET_KEY"，一般设置为 24 位的字符。在 Python 中操作 session 的方式和操作字典的方式非常相似。代码如下。

```
# 从 Flask 模块导入 session
from flask import session
# 设置密钥
app = Flask(__name__)
app.secret_key = 'XXXXXX' 或者随机数（os.urandom(24)）
```

4. jsonify 的使用

Flask 提供了 jsonify 函数供用户处理返回的序列化 json 数据。代码如下。

```
# 从 Flask 模块导入 jsonify
from flask import jsonify
```

5. PyMySQL 的使用

操作 MySQL 的基本流程：建立数据库连接、创建游标对象、执行 SQL 语句、关闭游标、关闭数据库连接。代码如下。

```
import pymysql
# 连接数据库，参数分别是主机名或 IP、用户名、密码、数据库名称、端口号、字符集
db = pymysql.connect(host='mydbinstance.xxxxxxxxxxxx.rds.cn-north-1.amazonaws.com.cn',
user='root', password='mypassword', db='usermanage', port=3306, charset='utf8mb4')
# 操作数据库
# 使用 cursor 方法创建一个游标对象 cur
cur = db.cursor()
# 对数据库执行查询操作
try:
cur.execute("select * from demoTable")
result = cur.fetchall()
print("demoColumn1", "demoColumn2")
# 关闭数据库连接
db.close()
```

首先使用 connect 方法连接数据库，接着使用 cursor 方法创建游标，然后使用 excute 方法执行 SQL 语句，接着使用 fetchall 方法获取数据，最后使用 close 方法关闭连接。

6. 设计用户登录的网页

用户登录页面命名为 index.html，因为 render_template 函数默认查找的模板文件路径为 /templates，所以，需要在该路径下创建 index.html 模板文件。首先需要引入 static 文件夹下的 jQuery 库、以及 layui 框架中的 /layui/layui.all.js、/layui/css/layui.css 两个文件，才能调用模板中的内容。表单中包括用户名的输入框、密码的输入框、登录的按钮与注册的按钮。通过 layui 框架引入可跳转的注册按钮，可跳转到用户注册界面 userreg.html，主要结构如下。

```
<!DOCTYPE html>
<html lang="en">
<head>
<meta charset="UTF-8">
<title> 登录 </title>
<script src="{{ url_for('static', filename='lib/jquery-1.12.4.js') }}"></script>
<script src="{{ url_for('static', filename='lib/layui/layui.all.js') }}"></script>
<link rel="stylesheet" href="{{ url_for('static', filename='lib/layui/css/layui.css') }}">
</head>
<body>

<div style="height: 230px;  width: 400px; text-align: center; position: relative;
margin-top: 15%; margin-left: 50%; left: -200px; background: #ccc8c2;"
     class="layui-col-md4">
<div class="layui-col-md12" style="font-size: 20px;margin-bottom: 10px; margin-top:
20px;"> 登录 </div>
<div class="layui-col-md12"><input type="text" id="name" placeholder="输入用户名 " class=
"layui-input" style="width: 300px; display: inline-block; margin-bottom: 20px"></div>
<div class="layui-col-md12"><input type="password" id="pwd" placeholder="输入密码 "
class="layui-input"  style="width: 300px; display: inline-block; margin-bottom: 20px;">
</div>
<div class="layui-col-md12" style="position: relative">
<button class="layui-btn" id="login_btn"> 登录 </button>
```

```
<a href="/user_reg/" style="position: absolute; top: 20px; left: 300px;">注册</a>
</div>
</div>
</body>
</html>
```

7. 设计 SHA256 加密函数
用户密码可经过加密后存入数据库中，编写函数 sha256_crypt 实现加密功能，函数如下。

```
def sha256_crypt (s):
    m = hashlib.sha256()
    b = s.encode(encoding='utf-8')
    m.update(b)
    sm = m.hexdigest()
    print(sm)
    return sm
```

8. 设计用户登录 Web 程序
使用 Flask 创建一个 Web 程序，主要用来完成用户登录及注册页面的跳转。用户登录时，要查询数据库，判断表单提交的用户名、密码是否存在，若存在，还需要判断该用户是否为管理员用户，主要结构如下：

```
@app.route('/')
def index():
    """用户登录页面"""
    return render_template('index.html')


@app.route('/login/', methods=['POST'])
def login():
    """用户登录"""
user = request.form.get('user')
pwd = request.form.get('pwd')
con = con_db()
cu = con.cursor()
cu.execute("select id from user where user='%s' and pwd='%s'" % (user, sha256_crypt (pwd)))
    if cu.fetchall():
        session['user'] = user
        if user == 'admin':
            return jsonify({'code': 2, 'msg': '登录成功'})
        return jsonify({'code': 0, 'msg': '登录成功'})
    return jsonify({'code': 1, 'msg': '账号密码错误，登录失败'})
```

其中 index 函数返回用户登录页面 index.html，login 函数获取表单数据 user、pwd，连接 RDS MySQL 数据库，查询在数据库中是否存在相应的 user、pwd 数据，返回不同的页面信息。

三、任务实施

1. 创建 Flask 项目
根据知识要点 1 新建 Flask 项目 app 的目录结构，其中包括 app.py 入口程序及两个子文件夹 static 和 templates，将下载好的 layui 组件、jQuery 库存放在 static 文件夹中，所有 html 模板文件存放在 templates 文件夹中。目录结构如下。

```
/app
   /app.py
   /static
      /lib
         /layui
         /jquery-1.12.4.js
   /templates
```

本单元的所有项目任务都使用这一相同的目录结构。

2. 编写 index.html 网页模板

在这个网页中通过 jQuery 实现登录流程，单击"登录"按钮，可跳转至用户界面 user_index 或管理员界面 admin_index，相关的 html 模板文件将在接下来的几节中创建完成。

```
<代码位置 :/app/templates/index.html>
1: <!DOCTYPE html>
2: <html lang="en">
3: <head>
4:     <meta charset="UTF-8">
5:     <title>登录</title>
6:     <script src="{{ url_for('static', filename='lib/jquery-1.12.4.js') }}"></script>
7:     <script src="{{ url_for('static', filename='lib/layui/layui.all.js') }}"></script>
8:     <link rel="stylesheet" href="{{ url_for('static', filename='lib/layui/css/layui.css') }}">
9: </head>
10: <body>
11: <div style="height: 230px;  width: 400px; text-align: center; position: relative; margin-top: 15%; margin-left: 50%; left: -200px; background: #ccc8c2;" class="layui-col-md4">
12:     <div class="layui-col-md12"  style="font-size: 20px;margin-bottom: 10px; margin-top: 20px;">登录</div>
13:     <div class="layui-col-md12"><input type="text" id="name" placeholder="输入用户名" class="layui-input"            style="width: 300px; display: inline-block; margin-bottom: 20px"></div>
14:     <div class="layui-col-md12"><input type="password" id="pwd" placeholder="输入密码" class="layui-input"            style="width: 300px; display: inline-block; margin-bottom: 20px;"></div>
15:     <div class="layui-col-md12" style="position: relative">
16:         <button class="layui-btn" id="login_btn">登录</button>
17:         <a href="/user_reg/" style="position: absolute; top: 20px; left: 300px;">注册</a>
18:     </div>
19: </div>
20: </body>
21: </html>
22: <script>
23:     $(function () {
```

```
24:        var layer = layui.layer;
25:        // 登录流程
26:        $('#login_btn').click(function () {
27:            var name = $('#name').val();
28:            var pwd = $('#pwd').val();
29:            console.log(pwd, name);
30:            if (name.length === 0) {
31:                layer.msg('请输入有效用户名')
32:                return "
33:            } else if (pwd.length === 0) {
34:                layer.msg('请输入有效密码')
35:                return "
36:            } else {
37:                $.post('/login/', {'user': name, 'pwd': pwd}, function (res) {
38:                    if (res.code === 0) {
39:                        layer.msg(res.msg)
40:                        window.location.href = '/user_index/'
41:                    } else if (res.code === 2) {
42:                        window.location.href = '/admin_index/'
43:                    } else {
44:                        layer.msg(res.msg)
45:                    }
46:                })
47:            }
48:        })
49:    })
50: </script>
```

3. 编写用户登录程序 app.py

<代码位置：/app/app.py>

```
1: # coding: utf-8
2: import hashlib
3: from flask import Flask, request, session, render_template, jsonify
4: import pymysql
5: app = Flask(__name__)
6: app.secret_key = 'XXXXXX'
7: def con_db():
8:     return
pymysql.connect(host=' mydbinstance.xxxxxxxxxxxx.rds.cn-north-1.amazonaws.com.cn',
port=3306, user='root', passwd='mypassword', db='usermanage', charset='utf8mb4')
   # 其中 mydbinstance.xxxxxxxxxxxx.rds.cn-north-1.amazonaws.com.cn 为 MySQL 数据库的
endpoint，此处应替换为前面任务中创建的 Amazon RDS MySQL 数据库的 endpoint
9: @app.route('/')
10: def index():
11:     """用户登录页面"""
12:     return render_template('index.html')

13: @app.route('/login/', methods=['POST'])
```

```
14: def login():
15:     """用户登录"""
16:     user = request.form.get('user')
17:     pwd = request.form.get('pwd')
18:     con = con_db()
19:     cu = con.cursor()
20:     cu.execute("select id from user where user='%s' and pwd='%s'" % (user, sha256_
crypt(pwd)))
21:     if cu.fetchall():
22:         session['user'] = user
23:         if user == 'admin':
24:             return jsonify({'code': 2, 'msg': '登录成功'})
25:         return jsonify({'code': 0, 'msg': '登录成功'})
26:     return jsonify({'code': 1, 'msg': '账号密码错误，登录失败'})

27: def sha256_crypt(s):
28:     """sha256加密"""
29:     m = hashlib.sha256()
30:     b = s.encode(encoding='utf-8')
31:     m.update(b)
32:     sm = m.hexdigest()
33:     print(sm)
34:     return sm

35: if __name__ == '__main__':
36:     app.run(host='0.0.0.0',port=5000,debug=True)
```

在上述代码中，通过 request.form.get 方法获取表单数据 user、pwd。然后需要连接 RDS MySQL 数据库，查询在数据库中是否存在相应的 user、pwd 数据，如果不存在，弹出错误信息 "账号密码错误，登录失败"，如果存在，需要验证用户是管理员用户 admin 或普通用户，然后与前端交互，返回不同的页面信息。

4. 编辑安全组

使用控制台打开 EC2 主机使用的现有安全组 Web Security Group，添加一条入站规则，允许 5000 端口开放给 0.0.0.0/0。

任务 1.2.3　设计用户注册程序

一、任务描述

用户注册界面主要用于实现注册新用户功能。在该页面中，需要填写用户名、邮箱、密码和确认密码，同时要求用户名必须是数字和字母的组合，邮箱要验证有效性，密码和确认密码要一致。如果信息输入不完整或填写格式不符合要求，都将给出错误提示。

二、知识要点

1. 正则表达式的使用

通过正则表达式验证用户注册时的用户名与邮箱的有效性。代码如下：

```
user_rz =  /^[0-9a-zA-Z]+$/    #用户名是数字和字母的组合，且不能为空
mail_rz = /^([a-zA-Z0-9_-])+@([a-zA-Z0-9_-])+(.[a-zA-Z0-9_-])+$/    #有效邮箱
```

2. 设计用户注册的网页

设计用户注册的网页 userreg.html，在页面中显示用户名、邮箱、密码、确认密码四个输入框和一个注册的按钮，主要结构如下：

```html
<!DOCTYPE html>
<html lang="en">
<head>
<meta charset="UTF-8">
<title>注册</title>
<script src="{{ url_for('static', filename='lib/jquery-1.12.4.js') }}"></script>
<script src="{{ url_for('static', filename='lib/layui/layui.all.js') }}"></script>
<link rel="stylesheet" href="{{ url_for('static', filename='lib/layui/css/layui.css') }}">
</head>
<body>
<div class="" style="height: 260px; width: 400px; text-align: center; margin: 20% auto ;">
<div class="layui-col-md12">用户注册</div>
<div class="layui-col-md12"><input type="text" placeholder="用户名" id="reg_name"
class="layui-input"      style="width: 300px; display: inline-block; margin-bottom:
20px"></div>
    <div class="layui-col-md12"><input type="text" placeholder="邮箱" id="reg_mail" class=
"layui-input"style="width: 300px; display: inline-block; margin-bottom: 20px"></div>
    <div class="layui-col-md12"><input type="password" placeholder="密码" id="reg_pwd"
class="layui-input"      style="width: 300px; display: inline-block; margin-bottom:
20px;"></div>
    <div class="layui-col-md12"><input type="password" placeholder="确认密码" id="reg_pwd2"
class="layui-input"      style="width: 300px; display: inline-block; margin-bottom:
20px;"></div>
    <div class="layui-col-md12">
<button class="layui-btn" id="reg">注册</button>
</div>
</div>
</body>
</html>
```

3. 设计用户注册程序

用户注册的 URL 是 /user_reg/，这个页面主要用来完成用户注册，主要结构如下：

```python
@app.route('/user_reg/',methods=['POST','GET'])
def user_reg():
    """用户注册页面"""
    return render_template('userreg.html')


@app.route('/reg/', methods=['POST'])
def reg():
    """用户注册"""
    user = request.form.get('user')
```

```
    pwd = request.form.get('pwd')
        email = request.form.get('email')
        con = con_db()
        cu = con.cursor()
    cu.execute("select id from user where user=%s", (user,))
        if cu.fetchall():
            return jsonify({'code': 1, 'msg': '用户已存在'})
    cu.execute("insert into user(user, pwd, email) values (%s, %s, %s)", (user, sha256_
crypt (pwd), email))
    con.commit()
        return jsonify({'code': 0, 'msg': '注册成功'})
```

其中，user_reg() 函数返回用户注册页面 userreg.html，reg() 函数实现用户注册，通过 request.form.get 方法获取表单数据 user、pwd、email。连接 RDS MySQL 数据库，查询在数据库中是否已存在该用户，若存在，弹出注册失败信息"用户已存在"，若不存在，则往数据库中写入数据，并提示"注册成功"。

三、任务实施

1. 编写 userreg.html 网页模板

在这个网页中通过 jQuery 实现用户注册流程，通过正则表达式验证用户名与邮箱的有效性，验证密码与确认密码的一致性，如果所填信息不符合要求，会给出注册失败提示。注册成功后，跳转至登录页面。

```
< 代码位置 :/app/templates/userreg.html>
1: <!DOCTYPE html>
2: <html lang="en">
3: <head>
4: <meta charset="UTF-8">
5: <title> 注册 </title>
6: <script src="{{ url_for('static', filename='lib/jquery-1.12.4.js') }}"></script>
7: <script src="{{ url_for('static', filename='lib/layui/layui.all.js') }}"></script>
8: <link rel="stylesheet" href="{{ url_for('static', filename='lib/layui/css/layui.
css') }}">
9: </head>
10: <body>
11: <div class="" style="height: 260px;  width: 400px; text-align: center; margin:
20% auto ;">
12: <div class="layui-col-md12"> 用户注册 </div>
13: <div class="layui-col-md12"><input type="text" placeholder=" 用户名 " id="reg_name"
class="layui-input"   style="width: 300px; display: inline-block; margin-bottom:
20px"></div>
14: <div class="layui-col-md12"><input type="text" placeholder=" 邮箱 " id="reg_mail"
class="layui-input"   style="width: 300px; display: inline-block; margin-bottom:
20px"></div>
15: <div class="layui-col-md12"><input type="password" placeholder=" 密码 " id="reg_
pwd" class="layui-input"   style="width: 300px; display: inline-block; margin-bottom:
20px;"></div>
```

```
16: <div class="layui-col-md12"><input type="password" placeholder=" 确认密码 " id=
"reg_pwd2" class="layui-input"    style="width: 300px; display: inline-block; margin-
bottom: 20px;"></div>
17: <div class="layui-col-md12">
18: <button class="layui-btn" id="reg"> 注册 </button>
19: </div>
20: </div>
21: </body>
22: </html>
23: <script>
24:    $(function () {
25:        $('#reg').click(function () {
26:            // 注册流程
27:            var name = $('#reg_name').val();
28:            var mail = $('#reg_mail').val();
29:            var pwd = $('#reg_pwd').val();
30:            var pwd2 = $('#reg_pwd2').val();
31:            console.log(pwd);
32:            var user_rz =  /^[0-9a-zA-Z]+$/ ;
33:            var mail_rz = /^([a-zA-Z0-9_-])+@([a-zA-Z0-9_-])+(.[a-zA-Z0-9_-])+$/ ;
34:            console.log(user_rz.test(name));
35:            console.log(mail_rz.test(mail));
36:            if (!user_rz.test(name)) {
37:                return layer.msg('用户名是数字和字母的组合，且不能为空')
38:            } else if (pwd.length === 0 || pwd !== pwd2) {
39:                return layer.msg('请输入有效密码')
40:            } else if (!mail_rz.test(mail)) {
41:                return layer.msg('请输入有效邮箱')
42:            } else {
43:              $.post('/reg/', {'user': name, 'pwd': pwd, 'email': mail}, function (res) {
44:                  if (res.code === 0) {
45:                      layer.msg(res.msg);
46:                      setTimeout(function () {
47:                          window.location.href = '/'
48:                      }, 2000)
49:                  } else {
50:                      layer.msg(res.msg)
51:                  }
52:              })
53:            }
54:        })
55:    })
56: </script>
```

2. 编写用户注册程序 app.py

< 代码位置 :/app/app.py>
```
1: # coding: utf-8
2: import hashlib
```

```
 3: from flask import Flask, request, session, render_template, jsonify
 4: import pymysql
 5: app = Flask(__name__)
 6: app.secret_key = 'XXXXXX'
 7: def con_db():
 8:     return
pymysql.connect(host='mydbinstance.xxxxxxxxxxxx.rds.cn-north-1.amazonaws.com.cn',
port=3306, user='root', passwd='mypassword', db='usermanage', charset='utf8mb4')
```

 # 其中 mydbinstance.xxxxxxxxxxxx.rds.cn-north-1.amazonaws.com.cn 为 MySQL 数据库的 endpoint，此处应替换为前面任务中创建的 Amazon RDS MySQL 数据库的 endpoint

```
 9: @app.route('/user_reg/',methods=['POST','GET'])
10: def user_reg():
11:     """用户注册页面"""
12:     return render_template('userreg.html')

13: @app.route('/reg/', methods=['POST'])
14: def reg():
15:     """用户注册"""
16:     user = request.form.get('user')
17:     pwd = request.form.get('pwd')
18:     email = request.form.get('email')
19:     con = con_db()
20:     cu = con.cursor()
21:     cu.execute("select id from user where user=%s", (user,))
22:     if cu.fetchall():
23:         return jsonify({'code': 1, 'msg': '用户已存在'})
24:     cu.execute("insert into user(user, pwd, email) values (%s, %s, %s)", (user,
sha256_crypt (pwd), email))
25:     con.commit()
26:     return jsonify({'code': 0, 'msg': '注册成功'})

27: def sha256_crypt (s):
28:     """sha256 加密"""
29:     m = hashlib.sha256()
30:     b = s.encode(encoding='utf-8')
31:     m.update(b)
32:     sm = m.hexdigest()
33:     print(sm)
34:     return sm

35: if __name__ == '__main__':
36:     app.run(host='0.0.0.0',port=5000,debug=True)
```

任务 1.2.4　设计信息更新程序

一、任务描述

用户信息更新模块主要用于用户登录后修改密码或邮箱。用户登录后，首先跳转至用户信息查看页面，在此页面用户可以查看注册账号及邮箱，单击"修改"按钮可以跳转至用户信息更新页面，在此页面可以修改密码和邮箱，修改后单击"确认修改"，返回至用户信息查看页面。

二、知识要点

1. 设计用户信息查看的网页

用户信息查看页面命名为 user.html，页面上可以显示用户的用户名与邮箱信息，通过 layui 框架引入可跳转的按钮"修改"，可实现跳转到用户信息更新页面 userupdate.html，主要结构如下：

```html
<!DOCTYPE html>
<html lang="en">
<head>
<meta charset="UTF-8">
<title>用户首页</title>
<script src="{{ url_for('static', filename='lib/jquery-1.12.4.js') }}"></script>
<script src="{{ url_for('static', filename='lib/layui/layui.all.js') }}"></script>
<link rel="stylesheet" href="{{ url_for('static', filename='lib/layui/css/layui.css') }}">

</head>
<body>
<div class="layui-main c" style="text-align: center">
<div class="layui-col-md12" style="margin-bottom: 20px;">
<ul class="layui-nav" lay-filter="">
<li class="layui-nav-item"><a href="/user_index/">用户信息</a></li>
<li class="layui-nav-item" style="float: right;"><a href="/">退出</a></li>
</ul>
</div>
<lable>账号: <input type="text" disabled="disabled" id="user" value="{{ user }}" class="layui-input"></lable>
<lable>邮箱: <input type="text" disabled="disabled" id="email" value="{{ email }}" class="layui-input"></lable>
<button class="layui-btn put"><a href="/user_update/">修改</a></button>
</div>
</body>
</html>
```

2. 设计用户信息更新的网页

用户信息更新页面命名为 userupdate.html，页面上有邮箱、密码的输入框与确认修改的按钮，主要结构如下：

```html
<!DOCTYPE html>
<html lang="en">
<head>
<meta charset="UTF-8">
<title>用户首页</title>
```

```html
<script src="{{ url_for('static', filename='lib/jquery-1.12.4.js') }}"></script>
<script src="{{ url_for('static', filename='lib/layui/layui.all.js') }}"></script>
<link rel="stylesheet" href="{{ url_for('static', filename='lib/layui/css/layui.css') }}">
<style>
        .c input {
            width: 200px;
            margin-bottom: 20px;
            display: inline-block;
        }
</style>
</head>
<body>
<div class="layui-main c" style="text-align: center">
<div class="layui-col-md12" style="margin-bottom: 20px;">
<ul class="layui-nav" lay-filter="">
<li class="layui-nav-item"><a href="/user_index/">用户信息 </a></li>
<li class="layui-nav-item" style="float: right;"><a href="/">退出 </a></li>
</ul>
</div>

<div class="" style="height: 260px; width: 400px; text-align: center">
<div class="layui-col-md12"><input type="text" placeholder="输入邮箱" id="reg_mail" class="layui-input" style="width: 300px; display: inline-block; margin-bottom: 20px"></div>
<div class="layui-col-md12"><input type="password" placeholder="密码" id="reg_pwd" class="layui-input" style="width: 300px; display: inline-block; margin-bottom: 20px;"></div>
<div class="layui-col-md12">
<button class="layui-btn put">确定修改 </button>
</div>
</div>
</div>
</body>
</html>
```

3. 设计用户信息查看程序

用户页面的 URL 是 /user_index/，这个页面主要用来完成用户登录后信息的查看，主要结构如下：

```python
@app.route('/user_index/')
def user_index():
    """用户首页"""
    user = session.get('user')
    con = con_db()
    cu = con.cursor(pymysql.cursors.DictCursor)
    # 获取用户信息
    cu.execute("select user,email from user where user=%s", (user,))
    data = cu.fetchall()
```

```
        if data:
            data = data[0]
        # 返回用户页面
        return render_template('user.html', **data)
```

4. 设计用户信息更新程序

用户信息更新页面的 URL 是 /user_update/，这个页面主要用来完成用户信息的更新，主要结构如下：

```
@app.route('/user_update/')
def user_update ():
    """ 用户信息更新页面 """
    return render_template('userupdate.html')


@app.route('/put/', methods=['POST', 'GET'])
def put():
    """ 用户信息更新 """
    con = con_db()
    cu = con.cursor(pymysql.cursors.DictCursor)
    user = session.get('user')
    email = request.form.get('email')
    pwd = request.form.get('pwd')
    print(user, pwd)
    if pwd:
        cu.execute('update user set pwd=%s where user=%s', (sha256_crypt (pwd), user))
    if email:
        cu.execute('update user set email=%s where user=%s', (email, user))
    con.commit()
    return jsonify({'code': 0, 'msg': '修改成功'})
```

其中，user_update 函数返回用户信息更新页面 userupdate.html，put 函数通过 request.form. get( ) 方法获取表单数据 pwd、email，完成用户密码、邮箱的更新。

三、任务实施

1. 编写 user.html 网页模板

< 代码位置 : /app/templates/user.html >

```
1: <!DOCTYPE html>
2: <html lang="en">
3: <head>
4:     <meta charset="UTF-8">
5:     <title> 用户首页 </title>
6:     <script src="{{ url_for('static', filename='lib/jquery-1.12.4.js') }}"></script>
7:     <script src="{{ url_for('static', filename='lib/layui/layui.all.js') }}"></script>
8:     <link rel="stylesheet" href="{{ url_for('static', filename='lib/layui/css/layui.css') }}">
9:     <style>
10:         .c input {
11:             width: 200px;
```

```
12:                margin-bottom: 20px;
13:                display: inline-block; }
14:     </style>
15: </head>
16: <body>
17: <div class="layui-main c" style="text-align: center">
18:     <div class="layui-col-md12" style="margin-bottom: 20px;">
19:         <ul class="layui-nav" lay-filter="">
20:             <li class="layui-nav-item"><a href="/user_index/">用户信息</a></li>
21:               <li class="layui-nav-item" style="float: right;"><a href="/">退出</a></li>
22:         </ul>
23:     </div>
24:     <lable>账号:<input type="text" disabled="disabled" id="user" value="{{ user }}" class="layui-input"></lable>
25:     <lable>邮箱:<input type="text" disabled="disabled" id="email" value="{{ email }}" class="layui-input"></lable>
26:     <button class="layui-btn put"><a href="/user_update/">修改</a></button>
27: </div>
28: </body>
29: </html>
```

2. 编写 userupdate.html 网页模板

在这个网页中通过 jQuery 实现页面跳转功能代码，在表单中输入邮箱、密码，单击"确认修改"按钮，即可返回用户页面。

< 代码位置 :/app/templates/userupdate.html>

```
1: <!DOCTYPE html>
2: <html lang="en">
3: <head>
4:     <meta charset="UTF-8">
5:     <title>用户首页</title>
6:     <script src="{{ url_for('static', filename='lib/jquery-1.12.4.js') }}"></script>
7:     <script src="{{ url_for('static', filename='lib/layui/layui.all.js') }}"></script>
8:     <link rel="stylesheet" href="{{ url_for('static', filename='lib/layui/css/layui.css') }}">
9:     <style>
10:        .c input {
11:            width: 200px;
12:            margin-bottom: 20px;
13:            display: inline-block; }
14:     </style>
15: </head>
16: <body>
17: <div class="layui-main c" style="text-align: center">
18:     <div class="layui-col-md12" style="margin-bottom: 20px;">
19:         <ul class="layui-nav" lay-filter="">
20:             <li class="layui-nav-item"><a href="/user_index/">用户信息</a></li>
```

```
21:            <li class="layui-nav-item" style="float: right;"><a href="/"> 退出 </a></li>
22:        </ul>
23:    </div>
24:    <div class="" style="height: 260px;  width: 400px; text-align: center">
25:        <div class="layui-col-md12"><input type="text" placeholder=" 输入邮箱 " id="reg_mail" class="layui-input"  style="width: 300px; display: inline-block; margin-bottom: 20px"></div>
26:        <div class="layui-col-md12"><input type="password" placeholder=" 密码 " id="reg_pwd" class="layui-input"  style="width: 300px; display: inline-block; margin-bottom: 20px;"></div>
27:        <div class="layui-col-md12">
28:            <button class="layui-btn put"> 确定修改 </button>
29:        </div>
30:    </div>
31: </div>
32: </body>
33: </html>
34: <script>
35:     $(function () {
36:         $('.put').click(function () {
37:             // 按钮的回调
38:             var user = $('#user').val();
39:             var mail = $('#reg_mail').val();
40:             var pwd = $('#reg_pwd').val();
41:             $.post('/put/', {'user': name, 'pwd': pwd, 'email': mail}, function (res) {
42:                 if (res.code === 0) {
43:                     layer.msg(res.msg)
44:                     setTimeout(function () {
45:                         window.location.href = '/user_index/'
46:                     }, 1000)
47:                 } else {
48:                     layer.msg(res.msg)
49:                 }
50:             })
51:         })
52:     })
53: </script>
```

3. 编写用户信息更新程序 app.py

< 代码位置 :/app/app.py>

```
1:  # coding: utf-8
2: from flask import Flask, request, session, render_template, jsonify
3: import pymysql
4: app = Flask(__name__)
5: app.secret_key = 'XXXXXX'
6: def con_db():
7:     return
```

```
pymysql.connect(host=' mydbinstance.xxxxxxxxxxxx.rds.cn-north-1.amazonaws.com.cn ',
port=3306, user='root', passwd='mypassword', db='usermanage', charset='utf8mb4')
```

　　# 其中 mydbinstance.xxxxxxxxxxxx.rds.cn-north-1.amazonaws.com.cn 为 MySQL 数据库的 endpoint，此处应替换为前面任务中创建的 Amazon RDS MySQL 数据库的 endpoint

```
 8: @app.route('/user_index/')
 9: def user_index():
10:     """用户首页"""
11:     user = session.get('user')
12:     con = con_db()
13:     cu = con.cursor(pymysql.cursors.DictCursor)
14:     cu.execute("select user,email from user where user=%s", (user,))
15:     data = cu.fetchall()
16:     if data:
17:         data = data[0]
18:     return render_template('user.html', **data)


19: @app.route('/user_update/')
20: def user_update ():
21:     """用户信息更新页面"""
22:     return render_template('userupdate.html')


23: @app.route('/put/', methods=['POST', 'GET'])
24: def put():
25:     """用户信息更新"""
26:     con = con_db()
27:     cu = con.cursor(pymysql.cursors.DictCursor)
28:     user = session.get('user')
29:     email = request.form.get('email')
30:     pwd = request.form.get('pwd')
31:     print(user, pwd)
32:     if pwd:
33:         cu.execute('update user set pwd=%s where user=%s', (sha256_crypt (pwd),
user))
34:     if email:
35:       cu.execute('update user set email=%s where user=%s', (email, user))
36:     con.commit()
37:     return jsonify({'code': 0, 'msg': '修改成功'})


38: def sha256_crypt (s):
39:     """sha256 加密"""
40:     m = hashlib.sha256()
41:     b = s.encode(encoding='utf-8')
42:     m.update(b)
43:     sm = m.hexdigest()
44:     print(sm)
45:     return sm


46: if __name__ == '__main__':
```

```
47:    app.run(host='0.0.0.0',port=5000,debug=True)
```

在上述代码中，通过连接数据库获取用户信息，并将内容显示在用户页面。在信息更新页面，request.form.get 方法获取表单数据 pwd、email，密码经过 sha256 加密后更新，邮箱则直接更新。然后与前端交互，返回用户信息查看页面。

项目 1.3　设计管理员程序

任务 1.3.1　设计查看与查找用户程序

一、任务描述

本任务实现在用户登录页面中，输入管理员用户名与密码，登录后转入管理员页面。

二、知识要点

1. 设计管理员的网页

管理员页面命名为 admin.html，在这个页面中包括用户名的输入框与查询按钮，主要结构如下：

```html
<!DOCTYPE html>
<html lang="en">
<head>
<meta charset="UTF-8">
<title>管理首页</title>
<script src="{{ url_for('static', filename='lib/jquery-1.12.4.js') }}"></script>
<script src="{{ url_for('static', filename='lib/layui/layui.all.js') }}"></script>
<link rel="stylesheet" href="{{ url_for('static', filename='lib/layui/css/layui.css') }}">
</head>
<body>
<div class="layui-main">
<div class="layui-col-md12">
<ul class="layui-nav" lay-filter="">
<li class="layui-nav-item"><a href="/auser/">用户管理</a></li>
<li class="layui-nav-item" style="float: right;"><a href="/">退出</a></li>
</ul>
</div>
<div class="layui-col-md12 img_show" style="margin-top: 10px;">
<input type="text" placeholder="输入账号" class="layui-input" id="cx_user"
              style="display: inline-block; width: 200px;">
<button class="layui-btncx_btn">查询</button>
</div>

</div>
```

```
</body>
</html>
```

2. 设计管理员程序

管理员页面的 URL 是 /admin_index/，这个页面主要用来完成用户信息的查看，并且能够根据用户名进行查询，主要结构如下。

```
@app.route('/admin_index/')
def admin_index():
    """管理首页"""
    user = session.get('user')
    con = con_db()
cu = con.cursor(pymysql.cursors.DictCursor)
    return render_template('admin.html', **{})


@app.route('/get_list/', methods=['GET'])
def auser():
    """用户管理"""
    user = session.get('user')
sc = request.args.get('sc', None)
    page = int(request.args.get('page', 1))
    limit = int(request.args.get('limit', 10))
    print(sc)
    con = con_db()
    cu = con.cursor(pymysql.cursors.DictCursor)
sql = 'select count(*)ct from user where 1=1'
    sql1 = 'select * from user where 1=1'
    if sc:
sql += " and user like '%{}%'".format(sc)
        sql1 += " and user like '%{}%'".format(sc)
    sql1 += ' group by id'
    sql1 += ' limit {}, {}'.format((page - 1) * limit, limit)
print(sql)
    print(sql1)
cu.execute(sql)
ct = cu.fetchall()[0].get('ct')
cu.execute(sql1)
    data = cu.fetchall()
    return jsonify({'code': 0, 'msg': '获取成功', 'data': data, 'count': ct})
```

其中 admin_index 函数返回管理员页面 admin.html，auser 函数通过 request.args.get 方法获取查询关键字，然后通过 sql 语句进行用户名模糊查询，并将查询到的用户所有信息显示在页面上。通过 limit 限制每页显示 10 条信息。

三、任务实施

1. 编写 admin.html 网页模板

在这个网页中，通过 jQuery 以及 layui 的 table 模块构建表格，用于显示注册用户的 ID、用户名、邮箱信息，并且可以对用户进行删除和修改密码的操作，并开启分页功能。同时，在页面上添加查询按钮。

<代码位置：/app/templates/admin.html>

```
1: <!DOCTYPE html>
2: <html lang="en">
3: <head>
4:     <meta charset="UTF-8">
5:     <title> 管理首页 </title>
6:     <script src="{{ url_for('static', filename='lib/jquery-1.12.4.js') }}"></script>
7:     <script src="{{ url_for('static', filename='lib/layui/layui.all.js') }}"></script>
8:     <link rel="stylesheet" href="{{ url_for('static', filename='lib/layui/css/layui.
css') }}">
9: </head>
10: <body>
11: <div class="layui-main">
12:     <div class="layui-col-md12">
13:         <ul class="layui-nav" lay-filter="">
14:             <li class="layui-nav-item"><a href="/auser/"> 用户管理 </a></li>
15:             <li class="layui-nav-item" style="float: right;"><a href="/"> 退出 </a></li>
16:         </ul>
17:     </div>
18:     <div class="layui-col-md12 img_show" style="margin-top: 10px;">
19:         <input type="text" placeholder=" 输入账号 " class="layui-input" id="cx_user"
20:                 style="display: inline-block; width: 200px;">
21:         <button class="layui-btn cx_btn"> 查询 </button>
22:     </div>
23:     <div class="layui-col-md12">
24:         <table id="userList" lay-filter="userList"></table>
25:     </div>
26: </div>
27: </body>
28: </html>
29: <script>
30:     $(function () {
31:         var table = layui.table;
32:         var layer = layui.layer;
33:         // 构建表格
34:         function getUserList(sc) {
35:             table.render({
36:                 elem: '#userList',
37:                 height: 800,
38:                 url: '/get_list/?sc=' + sc // 数据接口
39:                 page: true // 开启分页
40:                 cols: [[ // 表头
41:                         {field: 'id', title: 'ID', align: 'center', width: 80, hide:
false},
42:                         {field: 'user', title: '账号', align: 'center',},
```

```
43:                              {field: 'email', title: '邮箱', align: 'center',},
44:                              {fixed: 'right', title: '操作', width: 150, align: 'center',
toolbar: '#action'}
45:                          ]]
46:                   });
47:              }
48:          getUserList('');
49:          // 查询
50:          $('.cx_btn').click(function () {
51:                   var cx_user = $('#cx_user').val()
52:                   getUserList(cx_user)
53:          })
54:          // 监听工具栏
55:          table.on('tool(userList)', function (obj) {
56:                   var data = obj.data; //获得当前行数据
57:                   var pid = data.id;
58:                   var layEvent = obj.event;
59:                   if (layEvent === 'del') {
60:                        // 删除
61:                          $.ajax({
62:                              url: '/adel/',
63:                              type: 'post',
64:                              data: {'pid': pid},
65:                              dataType: 'json',
66:                              success: function (res) {
67:                                   if (res.code === 0) {
68:                                        obj.del();
69:                                        layer.msg(res.msg);
70:                                   } else {
71:                                        layer.msg(res.msg)
72:                                   }
73:                              }
74:                          });
75:                   } else if (layEvent === 'put') {
76:                        //修改
77:                          var index = layer.open({
78:                              type: 1,
79:                              area: ['auto', 'auto'],
80:                              title: '修改密码',
81:                              btn: ['确定', '返回'],
82:                              content: '<div class="" style="height: 80px; width: 400px;
text-align: center">\n' + ' <div class="layui-col-md12"><input type="password"
placeholder="密码"   id="pwd" class="layui-input" style="width: 300px; display: inline-
block; margin-bottom: 20px;"></div>\n' + '</div>\n',
83:                              yes: function () {
84:                                   // 确认修改
85:                                   var pwd = $('#pwd').val();
```

```
86:                          if (pwd.length > 0) {
87:                              $.ajax({
88:                                  url: '/aput/',
89:                                  type: 'post',
90:                                  data: {'pid': pid, 'pwd': pwd},
91:                                  dataType: 'json',
92:                                  success: function (res) {
93:                                      if (res.code === 0) {
94:                                          layer.msg(res.msg)
95:                                          layer.close(index)
96:                                      } else {
97:                                          layer.msg(res.msg)
98:                                      }
99:                                  }
100:                             });
101:                         }
102:                     }
103:                 });
104:             }
105:         })
106:     })
107: </script>
108: <script type="text/html" id="action">
109:     <a class="layui-btn layui-btn-xs" lay-event="del">删除</a>
110:     <a class="layui-btn layui-btn-xs" lay-event="put">修改</a>
111: </script>
```

2. 编写管理员程序 app.py

< 代码位置 : /app/app.py>

```
1: # coding: utf-8
2: from flask import Flask, request, session, render_template, jsonify
3: import pymysql
4: app = Flask(__name__)
5: app.secret_key = 'XXXXXX'
6: def con_db():
7:     return
pymysql.connect(host=' mydbinstance.xxxxxxxxxxxx.rds.cn-north-1.amazonaws.com.cn ',
port=3306, user='root', passwd='mypassword', db='usermanage', charset='utf8mb4')
```

　# 其中 mydbinstance.xxxxxxxxxxxx.rds.cn-north-1.amazonaws.com.cn 为 MySQL 数据库的 endpoint，此处应替换为前面任务中创建的 Amazon RDS MySQL 数据库的 endpoint

```
8: @app.route('/admin_index/')
9: def admin_index():
10:     """ 管理首页 """
11:     user = session.get('user')
12:     con = con_db()
13:     cu = con.cursor(pymysql.cursors.DictCursor)
14:     return render_template('admin.html', **{})
```

```
15: @app.route('/get_list/', methods=['GET'])
16: def auser():
17:     """用户管理"""
18:     user = session.get('user')
19:     sc = request.args.get('sc', None)
20:     page = int(request.args.get('page', 1))
21:     limit = int(request.args.get('limit', 10))
22:     print(sc)
23:     con = con_db()
24:     cu = con.cursor(pymysql.cursors.DictCursor)
25:     sql = 'select count(*)ct from user where 1=1'
26:     sql1 = 'select * from user where 1=1'
27:     if sc:
28:         sql += " and user like '%{}%'".format(sc)
29:         sql1 += " and user like '%{}%'".format(sc)
30:     sql1 += ' group by id'
31:     sql1 += ' limit {}, {}'.format((page - 1) * limit, limit)
32:     print(sql)
33:     print(sql1)
34:     cu.execute(sql)
35:     ct = cu.fetchall()[0].get('ct')
36:     cu.execute(sql1)
37:     data = cu.fetchall()
38:     return jsonify({'code': 0, 'msg': '获取成功', 'data': data, 'count': ct})

39: if __name__ == '__main__':
40:     app.run(host='0.0.0.0',port=5000,debug=True)
```

任务 1.3.2　设计删除用户程序

一、任务描述

在管理员页面中，查找和查看用户之后，可对用户进行删除操作。

二、知识要点

编写删除用户程序

删除用户功能仍在管理员页面 admin.html 中实现，选择某个用户，单击"删除"按钮，程序将根据用户 id 找到这条记录并删除，主要结构如下：

```
@app.route('/adel/', methods=['POST'])
def adel():
    """删除用户"""
    pid = request.form.get('pid')
    con = con_db()
    cu = con.cursor(pymysql.cursors.DictCursor)
    cu.execute("delete from user where id=%s", (pid,))
```

```
con.commit()
return jsonify({'code': 0, 'msg': '删除成功'})
```

三、任务实施

1. 编写 admin.html 网页模板

与任务 1.3.1 使用相同模板。

2. 编写删除用户程序 app.py，即在任务 1.3.1 管理员程序中增加如下的删除用户程序。

```
1: @app.route('/adel/', methods=['POST'])
2: def adel():
3:     """ 删除用户 """
4:     pid = request.form.get('pid')
5:     con = con_db()
6:     cu = con.cursor(pymysql.cursors.DictCursor)
7:     cu.execute("delete from user where id=%s", (pid,))
8:     con.commit()
9:     return jsonify({'code': 0, 'msg': '删除成功'})
```

在上述代码中，使用了 POST 方法。通过 request.form.get 方法获取用户 id，连接数据库，根据用户 id 删除 user 表中的相关用户数据，并保存在数据库中。

任务 1.3.3 设计重置用户密码程序

一、任务描述

本任务实现在管理员页面中，在查看和查找用户之后，对用户进行密码修改操作。

二、知识要点

设计重置用户密码程序

重置用户密码功能仍在管理员页面 admin.html 中实现，选择某个用户，单击"修改"按钮，数据库根据用户 id 找到这条记录并修改，主要结构如下：

```
@app.route('/aput/', methods=['POST'])
def aput():
    """ 修改用户 """
pid = request.form.get('pid')
pwd = request.form.get('pwd')
con = con_db()
cu = con.cursor(pymysql.cursors.DictCursor)
cu.execute("update user set pwd=%s where id=%s", (sha256_crypt(pwd), pid))
con.commit()
return jsonify({'code': 0, 'msg': '修改成功'})
```

三、任务实施

1. 使用 admin.html 网页模板

与任务 1.3.1 使用相同模板。

2. 编写重置用户密码程序 app.py

在任务 1.3.1 管理员程序中增加如下的重置用户密码程序。

```
1: import hashlib
2: @app.route('/aput/', methods=['POST'])
3: def aput():
4:     """修改用户 """
5:     pid = request.form.get('pid')
6:     pwd = request.form.get('pwd')
7:     con = con_db()
8:     cu = con.cursor(pymysql.cursors.DictCursor)
9:     cu.execute("update user set pwd=%s where id=%s", (sha256_crypt(pwd), pid))
10:     con.commit()
11:     return jsonify({'code': 0, 'msg': '修改成功'})

12: def sha256_crypt(s):
13:     """sha256 加密 """
14:     m = hashlib.sha256()
15:     b = s.encode(encoding='utf-8')
16:     m.update(b)
17:     sm = m.hexdigest()
18:     print(sm)
19:     return sm
```

在上述代码中，使用了 POST 方法。通过 request.form.get 方法获取用户 id，连接数据库，根据用户 id 更新用户的密码，并保存在数据库中。

项目1.4　部署应用程序到 EC2 云端实例

任务 1.4.1　将普通用户程序部署到 EC2 云端实例

一、任务描述

整合项目 1.2 中的用户登录程序、用户注册程序、信息更新程序，将程序部署到 EC2 云端实例。

二、知识要点

将 Web 应用程序部署到 EC2 云端实例

根据本地操作系统的不同，选择 SCP 命令或 PSCP 命令将 Flask 项目文件 app 传输到 EC2 云端实例。

（1）本地计算机操作系统是 Linux 或 macOS X。

使用 SCP 命令将文件传输到云服务器。例如，如果私有密钥文件的名称为 my-key-pair，要传输的文件为 SampleFile.txt，实例的用户名为 my-instance-user-name，实例的公有 DNS 名称为 my-instance-public-dns-name ，在终端窗口中，输入以下命令可将该文件复制到 my-instance-user-name 主目录中：

```
scp -i /path/my-key-pair.pem /path/SampleFile.txt my-instance-user-name@my-
instance-public-dns-name:~
```

（2）本地计算机操作系统是 Windows。

使用 PuTTY 安全复制客户端将文件传输到云服务器。PuTTY 安全复制客户端 (PSCP) 是一个命令行工具，可用于 Windows 计算机和 Linux 实例之间传输文件。

要使用 PSCP，需要使用通过 PuTTYgen 转换生成的私有密钥 (.ppk 文件) 以及 Linux 实例的公有 DNS 名称。

以下示例将 Sample_file.txt 文件从 Windows 计算机上的 C:\ 驱动器传输到 Amazon Linux 实例上的 my-instance-user-name 主目录，使用以下命令：

```
pscp -i C:\path\my-key-pair.ppk C:\path\Sample_file.txt my-instance-user-name@my-
instance-public-dns-name:/home/my-instance-user-name/Sample_file.txt
```

三、任务实施

1. 编写普通用户程序 app.py

根据项目 1.2 的知识，完整的程序编写如下。

<代码位置：/app/app.py>

```
1: # coding: utf-8
2: import hashlib
3: from flask import Flask, request, session, render_template, jsonify
4: import pymysql
5: app = Flask(__name__)
6: app.secret_key = 'XXXXXX'

7: def con_db():
8:     return
pymysql.connect(host=' mydbinstance.xxxxxxxxxxxxx.rds.cn-north-1.amazonaws.com.cn ',
port=3306, user='root', passwd='mypassword', db='usermanage', charset='utf8mb4')
    # 其中 mydbinstance.xxxxxxxxxxxxx.rds.cn-north-1.amazonaws.com.cn 为 MySQL 数据库的
endpoint，此处应替换为前面任务中创建的 Amazon RDS MySQL 数据库的 endpoint
9: @app.route('/')
10: def index():
11:     """用户登录页面"""
12:     return render_template('index.html')

13: @app.route('/login/', methods=['POST'])
14: def login():
15:     """用户登录"""
16:     user = request.form.get('user')
17:     pwd = request.form.get('pwd')
18:     con = con_db()
19:     cu = con.cursor()
20:     cu.execute("select id from user where user='%s' and pwd='%s'" % (user, sha256_
crypt (pwd)))
21:     if cu.fetchall():
```

```
22:         session['user'] = user
23:         if user == 'admin':
24:             return jsonify({'code': 2, 'msg': '登录成功'})
25:         return jsonify({'code': 0, 'msg': '登录成功'})
26:     return jsonify({'code': 1, 'msg': '账号密码错误，登录失败'})

27: @app.route('/user_reg/',methods=['POST','GET'])
28: def user_reg():
29:     """用户注册页面"""
30:     return render_template('userreg.html')

31: @app.route('/reg/', methods=['POST'])
32: def reg():
33:     """用户注册"""
34:     user = request.form.get('user')
35:     pwd = request.form.get('pwd')
36:     email = request.form.get('email')
37:     con = con_db()
38:     cu = con.cursor()
39:     cu.execute("select id from user where user=%s", (user,))
40:     if cu.fetchall():
41:         return jsonify({'code': 1, 'msg': '用户已存在'})
42:     cu.execute("insert into user(user, pwd, email) values (%s, %s, %s)", (user,
sha256_crypt (pwd), email))
43:     con.commit()
44:     return jsonify({'code': 0, 'msg': '注册成功'})

45: @app.route('/user_index/')
46: def user_index():
47:     """用户首页"""
48:     user = session.get('user')
49:     con = con_db()
50:     cu = con.cursor(pymysql.cursors.DictCursor)
51:     cu.execute("select user,email from user where user=%s", (user,))
52:     data = cu.fetchall()
53:     if data:
54:         data = data[0]
55:     return render_template('user.html', **data)

56: @app.route('/user_update/')
57: def user_update ():
58:     """用户信息更新页面"""
59:     return render_template('userupdate.html')

60: @app.route('/put/', methods=['POST', 'GET'])
61: def put():
62:     """用户信息更新"""
```

```
63:    con = con_db()
64:    cu = con.cursor(pymysql.cursors.DictCursor)
65:    user = session.get('user')
66:    email = request.form.get('email')
67:    pwd = request.form.get('pwd')
68:    print(user, pwd)
69:    if pwd:
70:      cu.execute('update user set pwd=%s where user=%s', (sha256_crypt (pwd), user))
71:    if email:
72:      cu.execute('update user set email=%s where user=%s', (email, user))
73:    con.commit()
74:    return jsonify({'code': 0, 'msg': '修改成功'})

75: def sha256_crypt (s):
76:    """sha256加密"""
77:    m = hashlib.sha256()
78:    b = s.encode(encoding='utf-8')
79:    m.update(b)
80:    sm = m.hexdigest()
81:    print(sm)
82:    return sm

83: if __name__ == '__main__':
84:    app.run(host='0.0.0.0',port=5000,debug=True)
```

2. 将普通用户程序部署到 EC2 云端实例

将项目 1.2 中本地 Flask 项目文件 app 传输到 EC2 云端实例。

（1）本地计算机操作系统是 Linux 或 macOS X。

使用 SCP 命令将文件传输到 EC2 云端实例。针对创建好的 Linux 实例，使用如下命令。

```
scp -i /path/ec2-linux.pem -r /path/app ec2-user@ec2-xx-xx-xx-xxx.cn-north-1.
compute.amazonaws.com.cn: ~
```

其中，/path/ec2-linux.pem 代表私有密钥的本地路径，/path/app 代表 Flask 项目的本地路径，-r 代表递归复制整个目录。

（2）本地计算机操作系统是 Windows。

使用 PuTTY 安全复制客户端将文件传输到 EC2 云端实例。针对创建好的 Linux 实例，命令如下。

```
pscp -i path\ec2-linux.ppk -r path\app ec2-user@ec2-xx-xx-xx-xxx.cn-north-1.
compute.amazonaws.com.cn:/home/ec2-user/app
```

其中，path\ec2-linux.ppk 代表使用 PuTTYgen 生成的私有密钥的本地路径，path\app 代表 Flask 项目的本地路径，-r 代表递归复制整个目录。

3. 测试运行

连接 EC2 实例，切换到 /home/ec2-user/app 路径下，运行程序 app.py。

```
[ec2-user@ip-172-31-39-21 ~]$ cd app
[ec2-user@ip-172-31-39-21 app]$ python app.py
```

使用 http://EC2 实例公有 IP:5000/ 地址访问，用户登录页面如图 1-34 所示。

单击"注册"按钮，即跳转至用户注册页面，如图 1-35 所示。

图 1-34　用户登录页面

图 1-35　用户注册页面

在登录页面，输入用户名、密码，单击"登录"按钮，即可进入用户信息查看页面，如图 1-36 所示。单击"修改"按钮，即可进入用户信息更新页面，如图 1-37 所示。

图 1-36　用户信息查看页面

图 1-37　用户信息更新页面

任务 1.4.2　将管理员程序部署到 EC2 云端实例

一、任务描述

整合查看与查找用户程序、删除用户程序、重置用户密码程序，将程序部署到 EC2 云端实例。

二、知识要点

将 Web 应用程序部署到 EC2 云端实例

根据本地操作系统的不同，选择 SCP 命令或 PSCP 命令将 Flask 项目文件 app 传输到 EC2 云端实例。

三、任务实施

1. 编写管理员程序 app.py

根据项目 1.3 的知识，完整的程序编写如下。

<代码位置 :/app/app.py>

```
1: # coding: utf-8
2:  import hashlib
3: from flask import Flask, request, session, render_template, jsonify
4: import pymysql

5: app = Flask(__name__)
6: app.secret_key = 'XXXXXX'
7: def con_db():
8:    return
pymysql.connect(host=' mydbinstance.xxxxxxxxxxxx.rds.cn-north-1.amazonaws.com.cn ',
port=3306, user='root', passwd='mypassword', db='usermanage', charset='utf8mb4')
   # 其中 mydbinstance.xxxxxxxxxxxx.rds.cn-north-1.amazonaws.com.cn 为 MySQL 数据库的
endpoint，此处应替换为前面任务中创建的 Amazon RDS MySQL 数据库的 endpoint
9: @app.route('/admin_index/')
10: def admin_index():
11:    """ 管理首页 """
12:    user = session.get('user')
13:    con = con_db()
14:    cu = con.cursor(pymysql.cursors.DictCursor)
15:    return render_template('admin.html', **{})

16: @app.route('/get_list/', methods=['GET'])
17: def auser():
18:    """ 用户管理 """
19:    user = session.get('user')
20:    sc = request.args.get('sc', None)
21:    page = int(request.args.get('page', 1))
22:    limit = int(request.args.get('limit', 10))
23:    print(sc)
24:    con = con_db()
25:    cu = con.cursor(pymysql.cursors.DictCursor)
26:    sql = 'select count(*)ct from user where 1=1'
27:    sql1 = 'select * from user where 1=1'
28:    if sc:
29:        sql += " and user like '%{}%'".format(sc)
30:        sql1 += " and user like '%{}%'".format(sc)
31:    sql1 += ' group by id'
32:    sql1 += ' limit {}, {}'.format((page - 1) * limit, limit)
33:    print(sql)
34:    print(sql1)
35:    cu.execute(sql)
36:    ct = cu.fetchall()[0].get('ct')
37:    cu.execute(sql1)
38:    data = cu.fetchall()
39:    return jsonify({'code': 0, 'msg': '获取成功', 'data': data, 'count': ct})
```

```
40: @app.route('/adel/', methods=['POST'])
41: def adel():
42:     """删除用户"""
43:     pid = request.form.get('pid')
44:     con = con_db()
45:     cu = con.cursor(pymysql.cursors.DictCursor)
46:     cu.execute("delete from user where id=%s", (pid,))
47:     con.commit()
48:     return jsonify({'code': 0, 'msg': '删除成功'})

49: @app.route('/aput/', methods=['POST'])
50: def aput():
51:     """修改用户"""
52:     pid = request.form.get('pid')
53:     pwd = request.form.get('pwd')
54:     con = con_db()
55:     cu = con.cursor(pymysql.cursors.DictCursor)
56:     cu.execute("update user set pwd=%s where id=%s", (sha256_crypt(pwd), pid))
57:     con.commit()
58:     return jsonify({'code': 0, 'msg': '修改成功'})

59: def sha256_crypt (s):
60:     """sha256加密"""
61:     m = hashlib.sha256()
62:     b = s.encode(encoding='utf-8')
63:     m.update(b)
64:     sm = m.hexdigest()
65:     print(sm)
66:     return sm
67: if __name__ == '__main__':
68:     app.run(host='0.0.0.0',port=5000,debug=True)
```

2. 将管理员程序部署到 EC2 云端实例

根据本地操作系统的不同，选择 SCP 命令或 PSCP 命令将 Flask 项目文件 app 传输到 EC2 云端实例，详细步骤可参考任务 1.4.1。

3. 测试运行

连接 EC2 实例，切换到 /home/ec2-user/app 路径下，运行程序 app.py。

```
[ec2-user@ip-172-31-39-21 ~]$ cd app
[ec2-user@ip-172-31-39-21 app]$ python app.py
```

使用 http://EC2 实例公有 IP:5000/admin_index/ 地址访问，用户管理页面如图 1-38 所示。

查询用户名中包含数字 1 的用户，如图 1-39 所示。

选择某一用户，单击"删除"按钮，即可删除某一用户，如图 1-40 所示。

选择某一用户，单击"修改"按钮，即可弹出修改密码提示框，如图 1-41 所示。

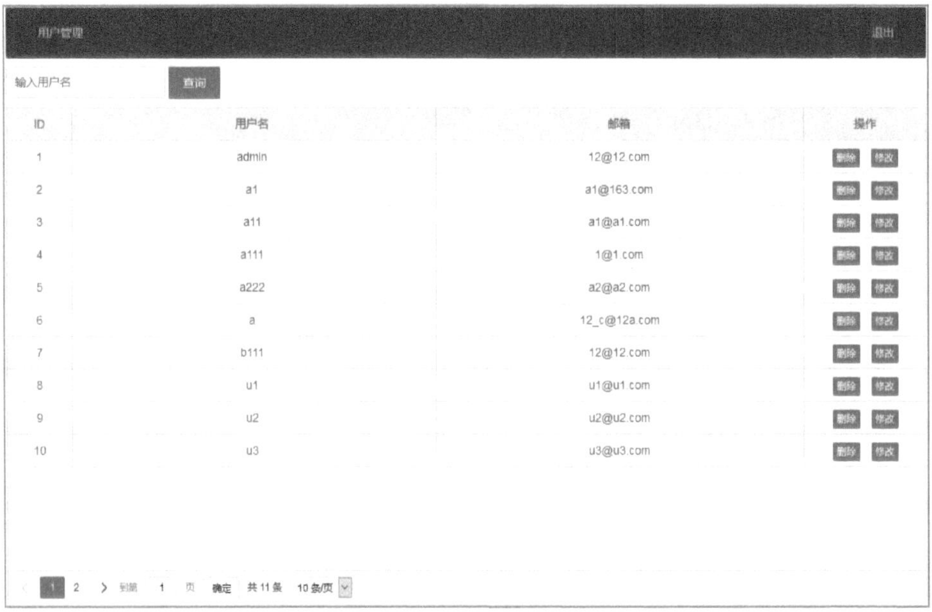

图 1-38　用户管理页面

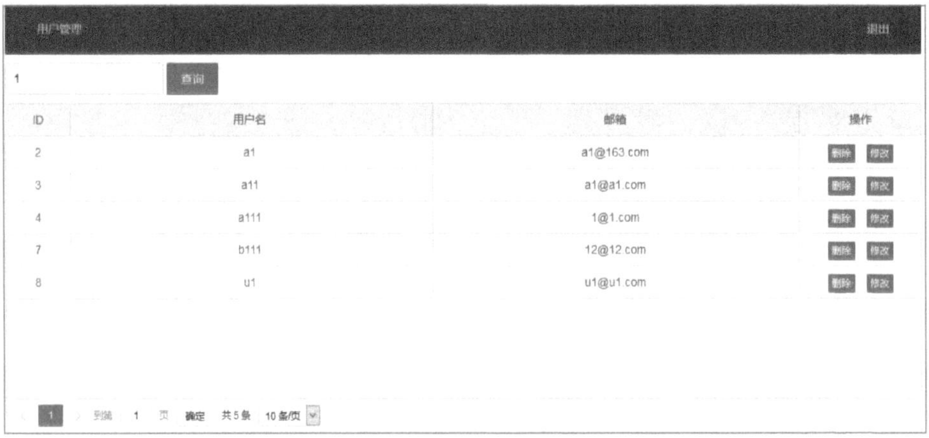

图 1-39　查询用户名中包含数字 1 的用户

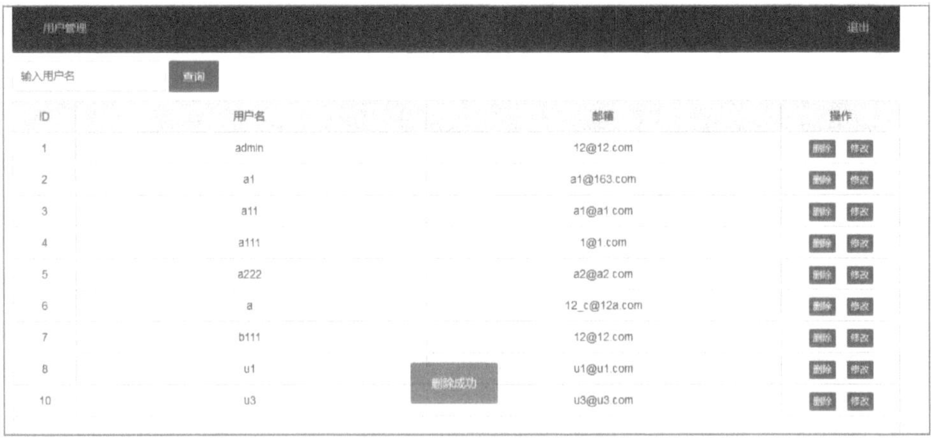

图 1-40　删除用户

图 1-41　修改用户密码

项目 1.5　综合实训——我的云服务器

一、项目功能

这个项目由三部分组成，第一部分是 Amazon EC2 Linux 虚拟机的创建，第二部分是 Amazon RDS MySQL 数据库实例的创建，第三部分是普通用户与管理员 Web 程序开发。

1. Amazon EC2 Linux 虚拟机的创建

Amazon EC2 提供可扩展的计算容量。在创建实例过程中，选择 Amazon Linux EC2 系统镜像，配置适当的 CPU、内存、存储以及安全组。最终把 Web 开发程序部署在 EC2 Linux 实例上，云服务器也就创建好了。

2. Amazon RDS MySQL 数据库的创建

Amazon RDS 是一项托管的云中数据库服务，能够用来在亚马逊云科技中完成关系型数据库的设置、操作、扩展与管理。在本实训项目中，使用 MySQL 数据库引擎创建 Amazon RDS MySQL 关系型数据库作为用户数据存储数据库。

3. 普通用户与管理员 Web 程序开发

这个 Web 程序向普通用户与管理员用户提供不同的功能。普通用户可以注册并登录，登录后能查看到用户信息，并且可修改注册邮箱与密码。数据库中内置管理员 admin 用户，管理员登录后可查看所有注册用户信息，可删除用户，也可以修改用户密码。

二、项目要点

这个综合项目实际上是前面各个项目的综合应用。首先创建能访问 EC2 与 RDS 服务的亚马逊云科技账号，分别创建 Amazon EC2 Linux 实例与 Amazon RDS MySQL 数据库实例，在本地完成 Web 程序开发，数据库使用 RDS MySQL，最终将 Web 程序部署至云服务器上，完成云服务器的搭建。

三、项目实施

1. 创建亚马逊云科技访问账号并配置权限

1）登录亚马逊云科技官网注册账号。

2）创建 IAM 用户，为该用户配置 AmazonEC2FullAccess、AmazonRDSFullAccess 策略。

2. 创建 Amazon EC2 Linux 虚拟机

1）使用 IAM 用户登录进入控制台。

2）创建 EC2 实例，并在本地保存好密钥对（.pem 文件）。

3）连接 EC2 实例。

4）在 EC2 实例上安装 Python 运行环境。

5）在 EC2 实例上安装 Flask 与 PyMySQL。

3. 创建 Amazon RDS MySQL 数据库

1）使用 IAM 用户登录进入控制台。

2）创建数据库实例，数据库引擎选择 MySQL，可用区设置为与 EC2 实例相同。

3）连接 RDS MySQL 数据库，创建用户数据库 usermanage，创建表 user，里面包含用户 ID（id）、用户名称（user）、密码（pwd）和邮箱（email）四个字段，id 为主键。

4. 创建 Flask 项目

在本地创建 Flask 项目 app，入口程序主程序 app.py，将下载好的 layui 组件、jQuery 库存放在 static 文件夹中，html 模板文件存放在 templates 文件夹中。目录结构如下。

```
/app
    /app.py
    /static
        /lib
            /layui
            /jquery-1.12.4.js
    /templates
```

5. 创建 Web 程序开发各个网页模板文件

（1）用户登录模板 index.html，代码位置位于 /app/templates/index.html。

```
1: <!DOCTYPE html>
2: <html lang="en">
3: <head>
4:     <meta charset="UTF-8">
5:     <title>登录</title>
6:     <script src="{{ url_for('static', filename='lib/jquery-1.12.4.js') }}"></script>
7:     <script src="{{ url_for('static', filename='lib/layui/layui.all.js') }}"></script>
8:     <link rel="stylesheet" href="{{ url_for('static', filename='lib/layui/css/layui.css') }}">
9: </head>
10: <body>
11: <div style="height: 230px; width: 400px; text-align: center; position: relative; margin-top: 15%; margin-left: 50%; left: -200px; background: #ccc8c2;" class="layui-col-md4">
12:     <div class="layui-col-md12" style="font-size: 20px;margin-bottom: 10px;
```

```
margin-top: 20px;">登录 </div>
   13:      <div class="layui-col-md12"><input type="text" id="name" placeholder="输入用户名"
class="layui-input"        style="width: 300px; display: inline-block; margin-bottom: 20px"></div>
   14:      <div class="layui-col-md12"><input type="password" id="pwd" placeholder="输入密码"
class="layui-input"        style="width: 300px; display: inline-block; margin-bottom: 20px;"></div>
   15:    <div class="layui-col-md12" style="position: relative">
   16:       <button class="layui-btn" id="login_btn">登录 </button>
   17:       <a href="/user_reg/" style="position: absolute; top: 20px; left: 300px;"> 注
册 </a>
   18:    </div>
   19:  </div>
   20:  </body>
   21:  </html>
   22:  <script>
   23:    $(function () {
   24:       var layer = layui.layer;
   25:       // 登录流程
   26:       $('#login_btn').click(function () {
   27:          var name = $('#name').val();
   28:          var pwd = $('#pwd').val();
   29:          console.log(pwd, name);
   30:          if (name.length === 0) {
   31:             layer.msg('请输入有效用户名')
   32:             return "
   33:          } else if (pwd.length === 0) {
   34:             layer.msg('请输入有效密码')
   35:             return "
   36:          } else {
   37:             $.post('/login/', {'user': name, 'pwd': pwd}, function (res) {
   38:                if (res.code === 0) {
   39:                   layer.msg(res.msg)
   40:                   window.location.href = '/user_index/'
   41:                } else if (res.code === 2) {
   42:                   window.location.href = '/admin_index/'
   43:                } else {
   44:                   layer.msg(res.msg)
   45:                }
   46:             })
   47:          }
   48:       })
   49:    })
   50: </script>
```

（2）用户注册模板 userreg.html，代码位置位于 /app/templates/userreg.html。

```
1: <!DOCTYPE html>
2: <html lang="en">
3: <head>
```

```
 4:     <meta charset="UTF-8">
 5:     <title>注册</title>
 6:     <script src="{{ url_for('static', filename='lib/jquery-1.12.4.js') }}"></script>
 7:      <script src="{{ url_for('static', filename='lib/layui/layui.all.js') }}"></script>
 8:     <link rel="stylesheet" href="{{ url_for('static', filename='lib/layui/css/layui.css') }}">
 9: </head>
10: <body>
11: <div class="" style="height: 260px;  width: 400px; text-align: center; margin: 20% auto ;">
12:     <div class="layui-col-md12">用户注册</div>
13:      <div class="layui-col-md12"><input type="text" placeholder=" 用户名" id="reg_name" class="layui-input"  style="width: 300px; display: inline-block; margin-bottom: 20px"></div>
14:      <div class="layui-col-md12"><input type="text" placeholder=" 邮箱" id="reg_mail" class="layui-input"  style="width: 300px; display: inline-block; margin-bottom: 20px"></div>
15:      <div class="layui-col-md12"><input type="password" placeholder=" 密码" id="reg_pwd" class="layui-input"  style="width: 300px; display: inline-block; margin-bottom: 20px;"></div>
16:      <div class="layui-col-md12"><input type="password" placeholder=" 确认密码" id="reg_pwd2" class="layui-input"  style="width: 300px; display: inline-block; margin-bottom: 20px;"></div>
17:     <div class="layui-col-md12">
18:        <button class="layui-btn" id="reg">注册</button>
19:     </div>
20: </div>
21: </body>
22: </html>
23: <script>
24:     $(function () {
25:         $('#reg').click(function () {
26:             // 注册流程
27:             var name = $('#reg_name').val();
28:             var mail = $('#reg_mail').val();
29:             var pwd = $('#reg_pwd').val();
30:             var pwd2 = $('#reg_pwd2').val();
31:             console.log(pwd);
32:             var user_rz =  /^[0-9a-zA-Z]+$/ ;
33:             var mail_rz = /^([a-zA-Z0-9_-])+@([a-zA-Z0-9_-])+(.[a-zA-Z0-9_-])+$/ ;
34:             console.log(user_rz.test(name));
35:             console.log(mail_rz.test(mail));
36:             if (!user_rz.test(name)) {
37:                 return layer.msg('用户名是数字和字母的组合，且不能为空')
38:             } else if (pwd.length === 0 || pwd !== pwd2) {
39:                 return layer.msg('请输入有效密码')
40:             } else if (!mail_rz.test(mail)) {
41:                 return layer.msg('请输入有效邮箱')
42:             } else {
43:                 $.post('/reg/', {'user': name, 'pwd': pwd, 'email': mail}, function (res) {
44:                     if (res.code === 0) {
```

```
45:                          layer.msg(res.msg);
46:                          setTimeout(function () {
47:                              window.location.href = '/'
48:                          }, 2000)
49:                      } else {
50:                          layer.msg(res.msg)
51:                      }
52:                  })
53:              }
54:          })
55:      })
56: </script>
```

（3）用户信息查看模板 user.html，代码位置位于 /app/templates/user.html。

```
1: <!DOCTYPE html>
2: <html lang="en">
3: <head>
4:     <meta charset="UTF-8">
5:     <title>用户首页</title>
6:     <script src="{{ url_for('static', filename='lib/jquery-1.12.4.js') }}"></script>
7:     <script src="{{ url_for('static', filename='lib/layui/layui.all.js') }}"></script>
8:     <link rel="stylesheet" href="{{ url_for('static', filename='lib/layui/css/layui.css') }}">
9:     <style>
10:         .c input {
11:             width: 200px;
12:             margin-bottom: 20px;
13:             display: inline-block; }
14:     </style>
15: </head>
16: <body>
17: <div class="layui-main c" style="text-align: center">
18:     <div class="layui-col-md12" style="margin-bottom: 20px;">
19:         <ul class="layui-nav" lay-filter="">
20:             <li class="layui-nav-item"><a href="/user_index/">用户信息</a></li>
21:             <li class="layui-nav-item" style="float: right;"><a href="/">退出</a></li>
22:         </ul>
23:     </div>
24:     <lable>账号:<input type="text" disabled="disabled" id="user" value="{{ user }}" class="layui-input"></lable>
25:     <lable>邮箱:<input type="text" disabled="disabled" id="email" value="{{ email }}" class="layui-input"></lable>
26:     <button class="layui-btn put"><a href="/user_update/">修改</a></button>
27: </div>
28: </body>
29: </html>
```

（4）用户信息更新模板 userupdate.html，代码位置位于 /app/templates/userupdate.html。

```
 1: <!DOCTYPE html>
 2: <html lang="en">
 3: <head>
 4:     <meta charset="UTF-8">
 5:     <title>用户首页</title>
 6:     <script src="{{ url_for('static', filename='lib/jquery-1.12.4.js') }}"></script>
 7:     <script src="{{ url_for('static', filename='lib/layui/layui.all.js') }}"></script>
 8:     <link rel="stylesheet" href="{{ url_for('static', filename='lib/layui/css/layui.css') }}">
 9:     <style>
10:         .c input {
11:             width: 200px;
12:             margin-bottom: 20px;
13:             display: inline-block; }
14:     </style>
15: </head>
16: <body>
17: <div class="layui-main c" style="text-align: center">
18:     <div class="layui-col-md12" style="margin-bottom: 20px;">
19:         <ul class="layui-nav" lay-filter="">
20:             <li class="layui-nav-item"><a href="/user_index/">用户信息</a></li>
21:             <li class="layui-nav-item" style="float: right;"><a href="/">退出</a></li>
22:         </ul>
23:     </div>
24:     <div class="" style="height: 260px; width: 400px; text-align: center">
25:         <div class="layui-col-md12"><input type="text" placeholder="输入邮箱" id="reg_mail" class="layui-input" style="width: 300px; display: inline-block; margin-bottom: 20px"></div>
26:         <div class="layui-col-md12"><input type="password" placeholder="密码" id="reg_pwd" class="layui-input" style="width: 300px; display: inline-block; margin-bottom: 20px;"></div>
27:         <div class="layui-col-md12">
28:             <button class="layui-btn put">确定修改</button>
29:         </div>
30:     </div>
31: </div>
32: </body>
33: </html>
34: <script>
35:     $(function () {
36:         $('.put').click(function () {
37:             // 按钮的回调
38:             var user = $('#user').val();
39:             var mail = $('#reg_mail').val();
40:             var pwd = $('#reg_pwd').val();
41:             $.post('/put/', {'user': name, 'pwd': pwd, 'email': mail}, function (res) {
42:                 if (res.code === 0) {
43:                     layer.msg(res.msg)
```

```
44:                    setTimeout(function () {
45:                        window.location.href = '/user_index/'
46:                    }, 1000)
47:                } else {
48:                    layer.msg(res.msg)
49:                }
50:            })
51:        })
52:    })
53: </script>
```

（5）管理员模板 admin.html，代码位置位于 /app/templates/admin.html。

```
1: <!DOCTYPE html>
2: <html lang="en">
3: <head>
4:     <meta charset="UTF-8">
5:     <title> 管理首页 </title>
6:     <script src="{{ url_for('static', filename='lib/jquery-1.12.4.js') }}"></script>
7:     <script src="{{ url_for('static', filename='lib/layui/layui.all.js') }}"></script>
8:     <link rel="stylesheet" href="{{ url_for('static', filename='lib/layui/css/layui.
css') }}">
9: </head>
10: <body>
11: <div class="layui-main">
12:    <div class="layui-col-md12">
13:        <ul class="layui-nav" lay-filter="">
14:            <li class="layui-nav-item"><a href="/auser/"> 用户管理 </a></li>
15:            <li class="layui-nav-item" style="float: right;"><a href="/"> 退出 </a></li>
16:        </ul>
17:    </div>
18:    <div class="layui-col-md12 img_show" style="margin-top: 10px;">
19:        <input type="text" placeholder=" 输入账号 " class="layui-input" id="cx_user"
20:                style="display: inline-block; width: 200px;">
21:        <button class="layui-btn cx_btn"> 查询 </button>
22:    </div>
23:    <div class="layui-col-md12">
24:        <table id="userList" lay-filter="userList"></table>
25:    </div>
26: </div>
27: </body>
28: </html>
29: <script>
30:    $(function () {
31:        var table = layui.table;
32:        var layer = layui.layer;
33:        // 构建表格
34:        function getUserList(sc) {
```

```
35:              table.render({
36:                  elem: '#userList'
37:                  , height: 800
38:                  , url: '/get_list/?sc=' + sc // 数据接口
39:                  , page: true // 开启分页
40:                  , cols: [[ // 表头
41:                      {field: 'id', title: 'ID', align: 'center', width: 80, hide:
false}
42:                      , {field: 'user', title: '账号', align: 'center',}
43:                      , {field: 'email', title: '邮箱', align: 'center',}
44:                      , {fixed: 'right', title: '操作', width: 150, align: 'center',
toolbar: '#action'}
45:                  ]]
46:              });
47:          }
48:          getUserList('');
49:          // 查询
50:          $('.cx_btn').click(function () {
51:              var cx_user = $('#cx_user').val()
52:              getUserList(cx_user)
53:          })
54:          // 监听工具栏
55:          table.on('tool(userList)', function (obj) {
56:              var data = obj.data; // 获得当前行数据
57:              var pid = data.id;
58:              var layEvent = obj.event;
59:              if (layEvent === 'del') {
60:                  // 删除
61:                  $.ajax({
62:                      url: '/adel/',
63:                      type: 'post',
64:                      data: {'pid': pid},
65:                      dataType: 'json',
66:                      success: function (res) {
67:                          if (res.code === 0) {
68:                              obj.del();
69:                              layer.msg(res.msg);
70:                          } else {
71:                              layer.msg(res.msg)
72:                          }
73:                      }
74:                  });
75:              } else if (layEvent === 'put') {
76:                  //修改
77:                  var index = layer.open({
78:                      type: 1,
79:                      area: ['auto', 'auto'],
```

```
 80:                         title: '修改密码',
 81:                         btn: ['确定', '返回'],
 82:                         content: '<div class="" style="height: 80px; width: 400px; text-
align: center">\n' + ' <div class="layui-col-md12"><input type="password" placeholder="密码"
id="pwd" class="layui-input" style="width: 300px; display: inline-block; margin-bottom:
20px;"></div>\n' + '</div>\n',
 83:                         yes: function () {
 84:                             // 确认修改
 85:                             var pwd = $('#pwd').val();
 86:                             if (pwd.length > 0) {
 87:                                 $.ajax({
 88:                                     url: '/aput/',
 89:                                     type: 'post',
 90:                                     data: {'pid': pid, 'pwd': pwd},
 91:                                     dataType: 'json',
 92:                                     success: function (res) {
 93:                                         if (res.code === 0) {
 94:                                             layer.msg(res.msg)
 95:                                             layer.close(index)
 96:                                         } else {
 97:                                             layer.msg(res.msg)
 98:                                         }
 99:                                     }
100:                                 });
101:                             }
102:                         }
103:                     });
104:                 }
105:             })
106:         })
107: </script>
108: <script type="text/html" id="action">
109:     <a class="layui-btn layui-btn-xs" lay-event="del">删除</a>
110:     <a class="layui-btn layui-btn-xs" lay-event="put">修改</a>
111: </script>
```

6. Web 开发主程序 app.py，代码位置位于 /app/app.py

```python
1: # coding: utf-8
2: import hashlib
3: from flask import Flask, request, session, render_template, jsonify
4: import pymysql

5: app = Flask(__name__)
6: app.secret_key = 'XXXXXX'

7: def con_db():
8:     return
```

```
pymysql.connect(host=' mydbinstance.xxxxxxxxxxxx.rds.cn-north-1.amazonaws.com.cn ',
port=3306, user='root', passwd='mypassword', db='usermanage', charset='utf8mb4')
```
其中 mydbinstance.xxxxxxxxxxxx.rds.cn-north-1.amazonaws.com.cn 为 MySQL 数据库的 endpoint，此处应替换为前面任务中创建的 Amazon RDS MySQL 数据库的 endpoint

```python
 9: @app.route('/')
10: def index():
11:     """ 用户登录页面 """
12:     return render_template('index.html')

13: @app.route('/user_reg/',methods=['POST','GET'])
14: def user_reg():
15:     """ 用户注册页面 """
16:     return render_template('userreg.html')

17: @app.route('/user_update/')
18: def user_update():
19:     """ 用户信息更新页面 """
20:     return render_template('userupdate.html')

21: @app.route('/login/', methods=['POST'])
22: def login():
23:     """ 用户登录 """
24:     user = request.form.get('user')
25:     pwd = request.form.get('pwd')
26:     con = con_db()
27:     cu = con.cursor()
28:     cu.execute("select id from user where user='%s' and pwd='%s'" % (user, sha256_
crypt(pwd)))
29:     if cu.fetchall():
30:         session['user'] = user
31:         if user == 'admin':
32:             return jsonify({'code': 2, 'msg': ' 登录成功 '})
33:         return jsonify({'code': 0, 'msg': ' 登录成功 '})
34:     return jsonify({'code': 1, 'msg': ' 账号密码错误，登录失败 '})

35: @app.route('/admin_index/')
36: def admin_index():
37:     """ 管理首页 """
38:     user = session.get('user')
39:     con = con_db()
40:     cu = con.cursor(pymysql.cursors.DictCursor)
41:     return render_template('admin.html', **{})

42: @app.route('/user_index/')
43: def user_index():
44:     """ 用户首页 """
45:     user = session.get('user')
46:     con = con_db()
```

```
47:      cu = con.cursor(pymysql.cursors.DictCursor)
48:      # 获取用户信息
49:      cu.execute("select user,email from user where user=%s", (user,))
50:      data = cu.fetchall()
51:      if data:
52:          data = data[0]
53:      return render_template('user.html', **data)


54: @app.route('/reg/', methods=['POST'])
55: def reg():
56:      """用户注册"""
57:      user = request.form.get('user')
58:      pwd = request.form.get('pwd')
59:      email = request.form.get('email')
60:      con = con_db()
61:      cu = con.cursor()
62:      cu.execute("select id from user where user=%s", (user,))
63:      if cu.fetchall():
64:          return jsonify({'code': 1, 'msg': '用户已存在'})
65:      cu.execute("insert into user(user, pwd, email) values (%s, %s, %s)", (user,
sha256_crypt(pwd), email))
66:      con.commit()
67:      return jsonify({'code': 0, 'msg': '注册成功'})


68: @app.route('/put/', methods=['POST', 'GET'])
69: def put():
70:      """用户信息更新"""
71:      con = con_db()
72:      cu = con.cursor(pymysql.cursors.DictCursor)
73:      user = session.get('user')
74:      email = request.form.get('email')
75:      pwd = request.form.get('pwd')
76:      print(user, pwd)
77:      if pwd:
78:          cu.execute('update user set pwd=%s where user=%s', (sha256_crypt(pwd), user))
79:      if email:
80:          cu.execute('update user set email=%s where user=%s', (email, user))
81:      con.commit()
82:      return jsonify({'code': 0, 'msg': '修改成功'})


83: @app.route('/get_list/', methods=['GET'])
84: def auser():
85:      """用户管理"""
86:      user = session.get('user')
87:      sc = request.args.get('sc', None)
88:      page = int(request.args.get('page', 1))
89:      limit = int(request.args.get('limit', 10))
90:      # print(sc)
```

```
91:      con = con_db()
92:      cu = con.cursor(pymysql.cursors.DictCursor)
93:      sql = 'select count(*)ct from user where 1=1'
94:      sql1 = 'select * from user where 1=1'
95:      if sc:
96:          sql += " and user like '%{}%'".format(sc)
97:          sql1 += " and user like '%{}%'".format(sc)
98:      sql1 += ' group by id'
99:      sql1 += ' limit {}, {}'.format((page - 1) * limit, limit)
100:     print(sql)
101:     print(sql1)
102:     cu.execute(sql)
103:     ct = cu.fetchall()[0].get('ct')
104:     cu.execute(sql1)
105:     data = cu.fetchall()
106:     return jsonify({'code': 0, 'msg': '获取成功', 'data': data, 'count': ct})


107: @app.route('/adel/', methods=['POST'])
108: def adel():
109:     """ 删除用户 """
110:     pid = request.form.get('pid')
111:     con = con_db()
112:     cu = con.cursor(pymysql.cursors.DictCursor)
113:     cu.execute("delete from user where id=%s", (pid,))
114:     con.commit()
115:     return jsonify({'code': 0, 'msg': '删除成功'})


116: @app.route('/aput/', methods=['POST'])
117: def aput():
118:     """ 修改用户 """
119:     pid = request.form.get('pid')
120:     pwd = request.form.get('pwd')
121:     con = con_db()
122:     cu = con.cursor(pymysql.cursors.DictCursor)
123:     cu.execute("update user set pwd=%s where id=%s", (sha256_crypt(pwd), pid))
124:     con.commit()
125:     return jsonify({'code': 0, 'msg': '修改成功'})


126: def sha256_crypt(s):
127:     """sha256 加密"""
128:     m = hashlib.sha256()
129:     b = s.encode(encoding='utf-8')
130:     m.update(b)
131:     sm = m.hexdigest()
132:     print(sm)
133:     return sm
```

```
134: if __name__ == '__main__':
135:     app.run(host='0.0.0.0',port=5000,debug=True)
```

7. 编辑安全组

使用控制台编辑 EC2 主机安全组，添加一条入站规则，允许 5000 端口开放给 0.0.0.0/0。

8. 将 Web 应用程序部署到 EC2 云端实例

根据本地操作系统的不同，选择 SCP 命令或 PSCP 命令将 Flask 项目文件 app 上传至 EC2 云端实例。

四、项目测试

1. 连接 EC2 实例

2. 运行服务器

使用 python 命令运行 app.py，即：

```
python app.py
```

那么就可以在互联网上使用这个服务器了。

3. 测试运行

在互联网，使用 http://EC2 实例外网地址 :5000 访问，最后完成发布程序的应用测试。

用户登录页面如图 1-42 所示。单击"注册"按钮，即跳转至用户注册页面，如图 1-43 所示。在登录页面，输入用户名、密码，单击"登录"按钮，即可进入用户信息查看页面，如图 1-44 所示。

图 1-42　用户登录页面

图 1-43　用户注册页面

图 1-44　用户信息查看页面

单击"修改"按钮，即可修改用户邮箱与密码，如图 1-45 所示。

图 1-45　用户信息修改页面

使用管理员用户 admin 登录，可以查看、查询、删除、修改用户信息，如图 1-46 所示。

图 1-46　用户管理页面

练习一

1. 目前，Web 应用程序部署在了单个 Amazon EC2 Linux 实例上。随着时间的推移，流量可能会增加。这个时候可以考虑使用多个实例满足需求，使用 Elastic Load Balancing 来跨这些 EC2 实例为应用程序分配传入流量，提高应用程序的弹性 / 伸缩性。另外，也可以使用 Amazon EC2 Auto Scaling 将应用程序运行中的实例始终保持在最低数量，通过指定的条件基于需求自动向上扩展或向下收缩 Amazon EC2 容量。

1）请查阅 Amazon EC2 Auto Scaling 资料。

2）请查阅 Elastic Load Balancing 资料。

2. 简述如何备份和还原 Amazon RDS 数据库实例？请参阅亚马逊云科技官方文档。

单元 2

我的有声图书

知识目标

- 掌握文字转语音的基本知识。
- 掌握 Amazon Polly 服务知识。
- 掌握 Amazon RDS 数据库存储知识。
- 掌握 Python SDK 与 Amazon 服务知识。
- 掌握 Flask Web 程序设计知识。
- 掌握 HTML5 语音文件的播放知识。

能力目标

- 能创建有 Amazon Polly 权限的 IAM 用户。
- 能使用 Amazon RDS 数据库进行数据存储。
- 能使用 Flask 编写图书的管理程序。
- 能在 Web 页面对图书数据进行分页管理。
- 能使用 Amazon Polly 进行文字转语音。
- 能使用 Flask 编写语音管理与下载的程序。
- 能使用 HTML5 在线播放语音。

项目功能

Amazon Polly 服务是实现文字转语音的服务，能实现中文、英文等大多数语言文字转为语音。本项目通过设计一个图书网站，并利用 Amazon Polly 服务把网站图书的文字转为语音，使得读者既能阅读网站图书的文字也能聆听图书的朗读。本项目的目标就是创建一个有声图书网站。

本项目使用 Amazon RDS 创建 MySql 数据库存储图书数据，使用 Flask 创建图书网站，管理员完成图书的管理，使用 Amazon Polly 实现将文字转为语音。

项目 2.1 使用 Amazon Polly 语音服务

任务 2.1.1 创建 Amazon Polly 访问 IAM 用户

一、任务描述

Amazon Polly 是一个文字转语音的服务，要使用这个服务就必须先创建一个有访问这个服务权限的 IAM 用户。

二、知识要点

亚马逊云科技的 IAM 用户可以通过三种方式访问亚马逊云资源，一是控制台（图形化界面），二是 CLI（命令行），三是 SDK（编程访问）。

1. 亚马逊云科技管理控制台

亚马逊云科技管理控制台是一个网页界面的操作平台，可以使用这个平台操作亚马逊云科技的各种云服务。亚马逊云科技管理控制台 IAM 用户包括 IAM 用户名称 IAM 用户密码，使用它可以登录到亚马逊云科技管理控制台。

2. CLI（命令行）

需要安装亚马逊云科技的 CLI 客户端程序才能使用 CLI，限于篇幅，这里不再介绍，有兴趣的读者可以参考亚马逊云有关文档。

3. 亚马逊云科技程序 IAM 用户

除了可以使用亚马逊云科技管理控制台操作云服务外，还可以使用 Python 语言调用亚马逊云科技的 SDK 用程序操作云服务，那么要使用亚马逊云科技程序 IAM 用户，这种 IAM 用户包含一个访问密钥 ID(Access Key ID) 和一个私有访问密钥 (Access Secret Key)。通过 IAM 用户的 ID 和密钥，可采用命令配置 CLI 和 SDK 运行的账户环境。

三、任务实施

1. 创建访问亚马逊云资源的 IAM 用户

创建一个亚马逊云科技的 IAM 用户，例如名称为 "polly.audio.user"，并配置它的策略使得它有对 Polly 和 S3 的全权访问权利。

1）管理员进入亚马逊云科技管理控制台，选择 IAM 创建用户，输入用户名称 "polly.audio.user"，并选择 "编程访问" 与 "亚马逊云科技管理控制台访问"，设置控制台访问密码，如图 2-1 所示。

2）选择 "直接附加现有策略"，然后选择 "AmazonPollyFullAccess" 策略，如图 2-2 所示。

图 2-1 创建 IAM 用户

图 2-2　选择策略

3）直接下一步，最后看到 IAM 用户的审核，如图 2-3 所示，确定无误后直接单击"创建用户"按钮即可创建该用户 IAM 用户。

图 2-3　审核 IAM 用户

2. 保存亚马逊云科技 IAM 用户信息

接下来显示创建用户成功，并显示 IAM 用户信息，如图 2-4 所示。在图中有一个"下载 .csv"的按钮，单击后下载一个名称为 accessKeys.csv 的文件，这个 CSV 文件有两行，格式如下：

图 2-4　IAM 用户信息

```
Access Key ID,Access Secret Key
******,******
```

第一行是 Key 的类型，它们使用逗号分开，第二行就是对应的值，可以通过读这个 CSV 文件得到各个值。

任务 2.1.2 使用 Amazon Polly 语音服务实现文字转语音

一、任务描述

Amazon Polly 是基于人工智能的服务，它能把一段文字朗读出语音，并提供语音文件的下载。

二、知识要点

1. 认识 Amazon Polly

Amazon Polly 是一种将文本转换为逼真语音的服务，它允许创建能够说话的应用程序，并构建全新类别的支持语音功能的产品。Polly 的文本转语音 (TTS) 服务使用高级深度学习技术来合成听起来像自然人类语言的语音。Amazon Polly 提供众多语言的几十种逼真语音，可以构建适用于不同国家 / 地区的具有语音功能的应用程序。

2. Amazon Polly 文字转语音

给定一段不是太长的中文或者英文文本，Amazon Polly 会立即把该文字转为语音，并可以立即播放该语音。如果文本太长，那么 Amazon Polly 会启动一个异步的任务，把转好的语音文件存储到 Amazon S3 的存储桶中。是同步还是异步只取决于调用的接口，在控制台上看起来是自动的，其实是控制台自动区分，并调用了不同的接口。

三、任务实施

1. 登录亚马逊云科技管理控制台

使用前面创建的 polly.audio.userIAM 用户登录到亚马逊云科技控制台，找到 Amazon Polly 服务。

2. 使用 Amazon Polly 服务

单击打开 Amazon Polly 服务，如图 2-5 所示，这个界面提供了以下几个功能。

图 2-5　Amazon Polly 服务

1）输入一段文字，单击"收听语音"，就可以听到这段文字的语音。

2）在"语言和区域"下拉菜单可以选择不同的语言，例如中文或者英文。

3）在"语音"可以选择不同人的声音，例如男声或者女声。

4）单击"下载 MP3"可以下载语音的 MP3 文件。

5）单击"纯文本"或者"SSML"可以选择要转换的文本格式。

但是注意一点，Polly 只能现场转换不太长的文本（大约 3000 个字符以内），太长的文本转换比较耗时，Polly 会启动一个后台的任务进行异步转换，转换好的语音文件会自动存储到 Amazon S3 的一个存储桶中。

任务 2.1.3　使用 Boto3 访问亚马逊云科技服务

一、任务描述

使用亚马逊云科技的 Python 程序 SDK，编写程序调用 Polly 服务把文字转为语音。

二、知识要点

1. Amazon SDK

亚马逊云科技的服务不但可以使用控制台操作，而且还提供各种常用编程语言的 SDK，可以通过 IAM 用户的 ID 和密钥，采用命令配置 CLI 和 SDK 运行的账户环境。Amazon SDK 如图 2-6 所示。

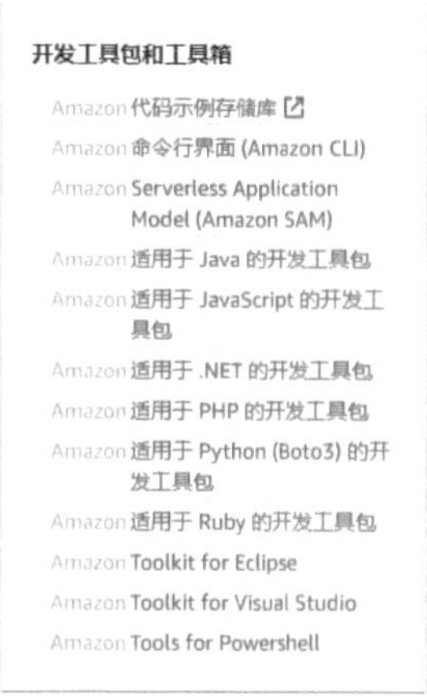

从图中可以看到适合亚马逊云服务的 Python 的 SDK 名称为 Boto3，要使用 Python 编写程序访问亚马逊云科技服务就必须先安装 Boto3。

2. IAM 用户安全凭证

在使用 Boto3 之前，首先需要设置安全凭证，Boto3 会自动从如下位置寻找安全凭证的配置：

- 创建 client 对象时所指定的参数。
- 环境变量。
- ~/.aws/config file 文件。

开发工具包和工具箱

Amazon 代码示例存储库 ↗
Amazon 命令行界面 (Amazon CLI)
Amazon Serverless Application Model (Amazon SAM)
Amazon 适用于 Java 的开发工具包
Amazon 适用于 JavaScript 的开发工具包
Amazon 适用于 .NET 的开发工具包
Amazon 适用于 PHP 的开发工具包
Amazon 适用于 Python (Boto3) 的开发工具包
Amazon 适用于 Ruby 的开发工具包
Amazon Toolkit for Eclipse
Amazon Toolkit for Visual Studio
Amazon Tools for Powershell

图 2-6　Amazon SDK

从安全性角度考量，建议使用 configure 存储 Access Key ID 与 Secret Access Key，详细操作参考项目发布中的 IAM 用户安全凭证配置步骤。

3. 创建客户端对象

Python 使用 Boto3 包的函数库访问亚马逊云服务资源，创建客户端对象的基本方法是 boto3.client 方法，并可传递使用服务的参数，例如，使用前面的 polly.audio.user 用户账号信息创建 client 如下。

```
import boto3
client = boto3.client("polly")
```

4. 文本转语音

使用 Python 调用 Boto3 中的 synthesize_speech 函数可以实现文本转语音，该函数有很多参数，但是有几个是最重要的，格式如下。

```
response = client.synthesize_speech(
LanguageCode='arb'|'cmn-CN'|'cy-GB'|'da-DK'|'de-DE'|'en-AU'|'en-GB'|'en-GB-WLS'|'en-IN'|'en-US'|'es-
ES'|'es-MX'|'es-US'|'fr-CA'|'fr-FR'|'is-IS'|'it-IT'|'ja-JP'|'hi-IN'|'ko-KR'|'nb-NO'|'nl-NL'|'pl-PL'|'pt-
BR'|'pt-PT'|'ro-RO'|'ru-RU'|'sv-SE'|'tr-TR',
```

```
    OutputFormat='json'|'mp3'|'ogg_vorbis'|'pcm',
    Text='string',
    TextType='ssml'|'text',
VoiceId='Aditi'|'Amy'|'Astrid'|'Bianca'|'Brian'|'Camila'|'Carla'|'Carmen'|'Celine'|'Chantal'|'Con
chita'|'Cristiano'|'Dora'|'Emma'|'Enrique'|'Ewa'|'Filiz'|'Geraint'|'Giorgio'|'Gwyneth'|'Hans'|'Ines'|'I
vy'|'Jacek'|'Jan'|'Joanna'|'Joey'|'Justin'|'Karl'|'Kendra'|'Kimberly'|'Lea'|'Liv'|'Lotte'|'Lucia'|'Lu
pe'|'Mads'|'Maja'|'Marlene'|'Mathieu'|'Matthew'|'Maxim'|'Mia'|'Miguel'|'Mizuki'|'Naja'|'Nicole'|'Pe
nelope'|'Raveena'|'Ricardo'|'Ruben'|'Russell'|'Salli'|'Seoyeon'|'Takumi'|'Tatyana'|'Vicki'|'Vitoria'
|'Zeina'|'Zhiyu'
)
```

参数的详细介绍可以参考亚马逊云服务资源的技术文档，下面只做简单介绍：

1）LanguageCode 参数标明了所用语言，例如 'cmn-CN' 表示中文，'en-GB' 是英语。

2）OutputFormat 参数为语音文件输出格式，一般为 mp3 格式。

3）Text 参数就是要转语音的文本。

4）TextType 参数为文本的格式，如果是纯文本，这个参数设置为 "text" 值。

5）VoiceId 参数表明是什么人员的声音类型，例如 'Zhiyu' 是一个中文的女声，'Amy' 是一个英文的女声。

函数调用后就启动一个文字转语音的后台任务，并返回转换的语音数据：

```
data=response["AudioStream"].read()
```

值得注意的是，文字转语音是比较慢的工作，尤其是文字比较长的情况下需要一定的时间才能完成，因此这个函数只对比较短（3000 字符以内）的文本起作用。更长的文本要转语音必须使用别的异步方法，而且涉及 Amazon S3 服务，这里不做讨论。

三、任务实施

1. 安装 Boto3

使用 pip 命令先安装 Boto3。

```
pip install boto3
```

在安装完毕后就可以编写程序调用亚马逊云服务的 API。

2. 查看 Boto3 文档

怎么样使用 Boto3 编写访问亚马逊云服务的程序呢？可以上亚马逊云科技官网查看 Boto3 的技术文档。

3. 编写程序

```
1:  import boto3

2:  def readKeys():
3:      try:
4:          fobj=open('accessKeys.csv','rt')
5:          rows=fobj.readlines()
6:          ks=rows[1].strip().split(",")
7:          fobj.close()
8:          return {"keyID":ks[0],"secretKey":ks[1]}
```

```
9:      except Exception as err:
10:         print(err)

11:  def convertToAudio(contents):
12:     try:
13:         keys=readKeys()
14:         client=boto3.client("polly")
15:         response = client.synthesize_speech(
16:             LanguageCode='cmn-CN',
17:             OutputFormat='mp3',
18:             Text=contents,
19:             TextType='text',
20:             VoiceId='Zhiyu')
21:         data=response["AudioStream"].read()
22:         fobj=open("audio.mp3","wb")
23:         fobj.write(data)
24:         fobj.close()
25:         print("audio.mp3",len(data),"bytes")
26:     except Exception as err:
27:         print(err)

28:  contents='''
29:  Amazon Polly 是一种将文本转换为逼真语音的服务，它允许创建能够说话的应用程序，并构建全新类别的支持语音功能的产品。Polly 的文本转语音（TTS）服务使用高级深度学习技术来合成听起来像自然人类语言的语音。Amazon Polly 提供众多语言的几十种逼真语音，可以构建适用于不同国家／地区的具有语音功能的应用程序。
30:  '''
31:  convertToAudio(contents)
```

程序中语句15–21是实现语音转换的关键语句。

4. 测试程序

执行这个程序，结果为：

```
audio.mp3 183738 bytes
```

得到一个 audio.mp3 文件，使用播放器就可以播放了。

任务 2.1.4　设计 Amazon Polly 应用程序

一、任务描述

Amazon Polly 控制台是一个 Web 程序，使用 Flask 也可以创建一个相似的程序，模仿 Amazon Polly 的控制台那样工作。

二、知识要点

1. Flask 界面模板

创建一个模板程序 polly.html，它包含一个文本输入框，一个语言选择框，一个转语音的按钮，一个下载 MP3 文件的按钮，结构如下。

```
<form name="frm" id="id_frm" action="" method="post">
<table width="600" border="0" align="center">
    <tr><td><h2>Amazon Web Service 文字语音 </h2></td></tr>
<tr><td>
     <input type="radio" name="code" id="id_chinese" value="cmn-CN" {% if code=="cmn-
CN" %}checked {% endif %} onclick="chinese()"> 中文
     <input type="radio" name="code" id="id_english" value="en-US" {% if code=="en-US" %}
checked {% endif %} onclick="english()"> 英文
          输入您的文字
</td></tr>
    <tr><td>
<textarea name="text" id="id_text" style="width:100%;height:200px;overflow:scroll"
wrap="off">{{text}}</textarea>
</td></tr>
    <tr><td align="right"><input type="button" id="id_submit" value=" 提交 "
onclick="trySubmit()" ></td></tr>
    <tr id="id_msg"><td>
    <span>{{msg}}</span>
    {% if fileName!="" %}
    <a href="download?fileName={{fileName}}" style="text-decoration:none;"> 下载 </a>
    {% endif %}
</td></tr>
<tr id="id_audio"><td>
    {% if fileName!="" %}
    <audio src="static/{{fileName}}" controls="controls"  ></audio>
    {% endif %}
</td></tr>
</table>
</form>
```

2. 设计 Flask 服务器

设计 Flask 服务器 server.py，复制显示 polly.html 模板网页，当用户输入文字提交时接收用户的输入，根据用户选择的语言与输入的文字调用一个文字转语音的函数 convertToAudio 把文字转为语音。转换的语音文件命名为 audio.mp3，存储在 Flask 的静态文件夹 static 中。server.py 的主要结构如下。

```
if flask.request.method=="POST":
    code=flask.request.form.get("code")
    text=flask.request.form.get("text","").strip()
    if text!="":
        if convertToAudio(code,text):
            fileName="audio.mp3"
    else:
        msg=" 请输入文字 "
return flask.render_template("polly.html",code=code,text=text,msg=msg,fileName=
fileName,rnd=random.random())
```

三、任务实施

1. 编写 polly.html 网页模板

在这个网页文件中添加了 JavaScript 控制函数，使得在选择中文或者英文时，例句自动出现，不需要用户自己输入。

```
1:  <script>
2:      function trySubmit()
3:      {
4:          var text=document.getElementById("id_text").value;
5:          if (text=="")
6:          {
7:              alert("请输入文字!"); return;
8:          }
9:          document.getElementById("id_submit").disabled=true;
10:          document.getElementById("id_msg").style.display="none";
11:          document.getElementById("id_audio").style.display="none";
12:          document.getElementById("id_frm").submit();
13:      }
14:      function chinese()
15:      {
16:          document.getElementById("id_text").value="这是一个文字转语音的演示，输入您的
文字，提交后会转语音！";
17:      }
18:      function english()
19:      {
20:          document.getElementById("id_text").value="This is demo converting text
into audio. Enter you text,it will be converted into audio after submit."
21:      }
22:  </script>
23:  <form name="frm" id="id_frm" action="" method="post">
24:  <table width="600" border="0" align="center">
25:      <tr><td><h2> Amazon Web Service 文字语音 </h2></td></tr>
26:  <tr><td>
27:      <input type="radio" name="code" id="id_chinese" value="cmn-CN" {% if
code=="cmn-CN" %}checked {% endif %} onclick="chinese()"> 中文
28:      <input type="radio" name="code" id="id_english" value="en-US" {% if
code=="en-US" %}checked {% endif %} onclick="english()"> 英文
29:           输入您的文字
30:  </td></tr>
31:  <tr><td>
32:  <textarea name="text" id="id_text" style="width:100%;height:100px;overflow:scro
ll" wrap="off">{{text}}</textarea>
33:  </td></tr>
34:  <tr><td align="right"><input type="button" id="id_submit" value=" 提交 "
onclick="trySubmit()" ></td></tr>
```

```
35:  <tr id="id_msg"><td>
36:      <span>{{msg}}</span>
37:      {% if fileName!="" %}
38:       <a href="download?fileName={{fileName}}" style="text-decoration:none;">下载
</a>
39:      {% endif %}
40:  </td></tr>
41:  <tr id="id_audio"><td>
42:      {% if fileName!="" %}
43:      <audio src="static/{{fileName}}?rnd={{rnd}}" controls="controls"  ></audio>
44:      {% endif %}
45:  </td></tr>
46:  </table>
47:  </form>
```

注意，在网页文件中使用

```
<audio src="static/{{fileName}}?rnd={{rnd}}" controls="controls"  ></audio>
```

来播放语音文件。因为语音文件固定为 audio.mp3，浏览器往往会缓存这个文件，这样新的语音文件就播放不了。为了解决这个问题需要在语音文件网址后加一个 rnd 的随机数，这样浏览器每次浏览的语音文件网址是不同的，浏览器就能播放最新的语音文件了。

2. 编写 server.py 服务器

```
1:  import flask
2:  import boto3
3:  import time
4:  import random
5:  import os

6:  app=flask.Flask("web")
7:  def readKeys():
8:      try:
9:          fobj=open('accessKeys.csv','rt')
10:         rows=fobj.readlines()
11:         ks=rows[1].strip().split(",")
12:         fobj.close()
13:         return {"keyID":ks[0],"secretKey":ks[1]}
14:     except Exception as err:
15:         print(err)

16: def convertToAudio(code,contents):
17:     res=False
18:     try:
19:         if code=="cmn-CN":
20:             id="Zhiyu"
21:         else:
22:             id="Amy"
23:         keys=readKeys()
```

```
24:            client=boto3.client("polly")
25:            response = client.synthesize_speech(
26:                LanguageCode=code,
27:                OutputFormat='mp3',
28:                Text=contents,
29:                TextType='text',
30:                VoiceId=id)
31:            data=response["AudioStream"].read()
32:            fobj=open("static\\audio.mp3","wb")
33:            fobj.write(data)
34:            fobj.close()
35:            res=True
36:        except Exception as err:
37:            print(err)
38:        return res


39:    @app.route("/",methods=["GET","POST"])
40:    def index():
41:        code="cmn-CN"
42:        fileName=""
43:        msg=""
44:        text="这是一个文字转语音的演示，输入您的文字，提交后会转语音！"
45:        if flask.request.method=="POST":
46:            code=flask.request.form.get("code")
47:            text=flask.request.form.get("text","").strip()
48:            if text!="":
49:                if convertToAudio(code,text):
50:                    fileName="audio.mp3"
51:            else:
52:                msg="请输入文字"
53:        return flask.render_template("polly.html",code=code,text=text,msg=msg,file
Name=fileName,rnd=random.random())


54:    @app.route("/download",methods=["GET","POST"])
55:    def download():
56:        fileName=flask.request.args.get("fileName","")
57:        if fileName=="":
58:            return b""
59:        if os.path.exists("static\\"+fileName):
60:            fobj=open("static\\"+fileName,"rb")
61:            data=fobj.read()
62:            fobj.close()
63:            response=flask.make_response(data)
64:            response.headers["Content-Disposition"] = "attachment;filename=" + fileName
65:            response.headers["ContentType"] = "application/octet-stream"
66:            response.headers["Encoding"] = "utf8"
67:            return response
68:        else:
```

```
69:          return b""

70:   app.secret_key="123"
71:   app.debug=True
72:   app.run()
```

函数 index 是程序的入口，用户使用它的界面提交文本，函数 convertToAudio 负责把文字转为 MP3 的语音文件，函数 download 负责下载这个语音文件。

3. 测试程序

执行 server.py 服务器程序，效果如图 2-7 所示，选择中文或者英文，输入文字后单击"提交"按钮就可以把文字转为语音，并且可以在网页上播放这个语音，单击"下载"按钮便可以下载这个 audio.mp3 语音文件。

图 2-7　文字转语音

到目前为止，已经可以把一段文字转为语音，接下来做一个图书管理程序，该程序管理一系列的图书，程序把这些图书转为语音，就做成有声图书网站了。

项目 2.2　设计图书管理程序

任务 2.2.1　设计图书存储数据库

一、任务描述

MySQL 数据库是常用的一种关系数据库，亚马逊云科技提供了 MySQL 的服务，将在这个有声图书项目使用它存储图书的数据。

二、知识要点

1. Amazon RDS 服务

Amazon Relational Database Service (Amazon RDS) 能够在云中轻松设置、操作和扩展关系数据库。它在自动执行耗时的管理任务（如硬件预置、数据库设置、修补和备份）的同时，可提供经济实用的可调容量。Amazon RDS 在多种类型的数据库实例（针对内存、性能或 I/O 进行了优化的实例）上均可用，并提供六种常用的数据库引擎供用户选择，包括 Amazon Aurora、PostgreSQL、MySQL、MariaDB、Oracle Database 和 SQL Server。

2. 创建 MySQL 数据库实例

MySQL 数据库是最常用的数据库之一，要使用 Amazon RDS 中的 MySQL 数据库就必须先创建一个 MySQL 数据库实例，并获取它的服务器地址。

二、知识要点

1. 创建数据库实例

创建 MySQL 实例非常简单，进入亚马逊云科技服务选择 RDS 后选择 MySQL 数据库，在创建时输入数据库实例名称（如 MySQL），访问用户名称（如 root）以及访问密码，如图 2-8 所示。

2. 获取数据库服务器

数据库创建完成后可以看到其访问的主机地址 (Endpoint)，其中端口 (Port) 为 3306，这是 MySQL 数据库的默认端口，如图 2-9 所示。

3. 设置数据库访问权限

为了能更好地使用这个数据库实例，需要设置它的 Inbound 与 Outbound 的规则为 0.0.0.0/0，即允许从任何 IP 地址的服务器访问该数据库，如图 2-10 所示。

图 2-8　设置数据库　　　　　　　　　　图 2-9　数据库地址

Security group	▲	Type	▽	Rule	▽
rds-launch-wizard-8 (sg-05707a652875f75ed)		CIDR/IP - Inbound		0.0.0.0/0	
rds-launch-wizard-8 (sg-05707a652875f75ed)		CIDR/IP - Outbound		0.0.0.0/0	

图 2-10　设置权限

4. 保存数据库信息

复制出这个地址把它保存起来，它是将来使用程序进行数据库访问的主机地址，可以把数据库地址、用户、密码等保存到一个 mySql.csv 的文件中，该文件包含两行数据，数据之间用逗号隔开，格式如下。

```
host,user,password
***,***,***
```

其中第一行是标题，第二行是对应的数据。

5. 创建图书数据库

这个数据库可以命名为 audiobooks，创建一张图书表格 books 如下。

```
create table books (BID int auto_increment primary key,title varchar(256)
unique,author varchar(64),language varchar(16),contents longtext,image varchar(16),
audio varchar(16))
```

其中 BID 是图书的 ID 编号，自动增加，关键字；title 是图书的标题，不可以重复；author 是图书的作者；language 是存储的文本的语言，可以是英文或者中文；contents 是 longtext 数据类型，存储图书的文字内容；image 是图书的封面图像文件名称；audio 是图书的语音文件名称。

为了简化程序，我们假定图书不再划分章节，如果要划分章节就需要另外创建一张关联的章节表格。

三、任务实施

1. 编写数据库程序 database.py

可以编写程序在连接远程的 Amazon RDS MySQL 数据库后创建数据库以及表。准备好数据库连接的文件 mySql.csv，然后编写 database.py 文件，该文件包含一个 BookDatabase 类如下。

```python
 1:  import pymysql
 2:  import os

 3:  class BookDatabase:
 4:      @staticmethod
 5:      def readMySql():
 6:          mySql={}
 7:          try:
 8:              fobj=open("mySql.csv","rt")
 9:              rows=fobj.readlines()
10:              row=rows[1].strip().split(",")
11:              mySql["host"]=row[0]
12:              mySql["user"]=row[1]
13:              mySql["password"]=row[2]
14:          except Exception as err:
15:              print(err)
16:          return mySql

17:      @staticmethod
18:      def initialize():
19:          res={}
20:          try:
21:              mySql=BookDatabase.readMySql()
22:              con=pymysql.connect(host=mySql["host"],user=mySql["user"],password=mySql["password"],charset="utf8")
23:              cursor=con.cursor(pymysql.cursors.DictCursor)
24:              try:
```

```
25:                    sql="drop database audiobooks"
26:                    cursor.execute(sql)
27:                    con.commit()
28:                    res["drop_database"]="success"
29:                except:
30:                    res["drop_database"]="failure"

31:                try:
32:                    sql="create database audiobooks"
33:                    cursor.execute(sql)
34:                    con.commit()
35:                    res["create_database"]="success"
36:                except:
37:                    res["create_database"]="failure"

38:                con.select_db("audiobooks")
39:                try:
40:                    sql="create table books (BID int auto_increment primary key,title
varchar(256) unique,author varchar(64),language varchar(16),contents longtext,image varchar
(16),audio varchar(16))"
41:                    cursor.execute(sql)
42:                    res["create_table_books"]="success"
43:                except:
44:                    res["create_table_books"]="failure"

45:                try:
46:                    sql="create table users (user varchar(16) primary key,pwd
varchar(256))"
47:                    cursor.execute(sql)
48:                    pwd=hashlib.md5(b"123").hexdigest()
49:                    sql="insert into users (user,pwd) values ('admin',%s)"
50:                    cursor.execute(sql,[pwd])
51:                    res["create_table_users"]="success"
52:                except:
53:                    res["create_table_users"]="failure"
54:                con.commit()
55:                con.close()

56:                #Removing all static files
57:                fs=os.listdir("static")
58:                for f in fs:
59:                    os.remove("static\\"+f)
60:            except Exception as err:
61:                print(err)
62:        return res
```

其中 BookDatabase 是一个管理数据库的类，readMySql 函数读出远程数据库的 host、user、password，然后使用 initialize 函数创建 audiobooks 数据库、books 表。最后创建一个 users 表，插

入一条 admin 的管理员记录，这个管理员今后负责全部图书的管理。

在这个系统中，图书的封面图像与语音文件都存储在 Flask 的 static 文件夹，因此初始化数据库时会清空 static 下面的所有文件。

2. 编写 Web 程序 server.py

数据库程序 database.py 作为数据访问层的程序需要一个界面程序调用，为此使用 Flask 编制 server.py 服务器程序调用 database.py 的函数实现数据库初始化。

```
1:   import flask
2:   import json
3:   from database import BookDatabase

4:   app=flask.Flask("web")

5:   @app.route("/initialize")
6:   def initialize():
7:       msg=""
8:       try:
9:           msg=BookDatabase.initialize()
10:      except Exception as err:
11:          msg=str(err)
12:      return json.dumps({"msg":msg})

13:  app.debug=True
14:  app.run()
```

执行该程序并访问 127.0.0.1:5000/initialize，结果如图 2-11 所示，可以看到数据库与表创建成功。

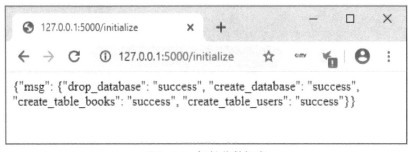

图 2-11　初始化数据库

一旦数据库初始化完成后，建议把 server.py 中的 initialize 函数注释起来，以免今后不小心再次调用后清除所有数据。

任务 2.2.2　设计图书增加程序

一、任务描述

要做一个有声图书网站就必须先增加图书，只有在数据库中存储了图书后才能存储它的章节。

二、知识要点

1. 设计增加图书的网页

这个增加网页命名为 insertBook.html，表单中包括一个图书名称或者标题的输入框 title、图书作者输入框 author、语言选择下拉列表框 yList、文本输入框 contents 等，还包括图书封面图像显示的 <img> 元素与语音播放的 <audio> 元素，主要结构如下。

```
<form name="frm" id="frm" action="" method="post" enctype="multipart/form-data">
    <table border="0" width="800" >
        <tr><td> 图书名称 (*)<input type="text" name="title" id="title" value="{{title}}">
</td>
        <td> 图书作者 <input type="text" name="author" id="author" value="{{author}}">
</td>
        <td> 图书语言
            <select name="yList" id="yList">
                <option value="chinese" {% if language=="chinese" %} selected {%
endif %}> 中文 </option>
                <option value="english" {% if language=="english" %} selected {%
endif %}> 英文 </option>
            </select>
        </td>
    </tr>
    <tr>
        <td> 图书封面
            {% if image!="" %}
            <img src="static/{{image}}?rnd={{rnd}}" width="100" >
            {% endif %}
        </td>
        <td colspan="2"><input type="file" name="imgFile" id="imgFile" ></td>
    </tr>
    <tr>
        <td colspan="3"> 图书语音
            {% if audio!="" %}
            <audio src="static/{{audio}}?rnd={{rnd}}" controls="controls" style=
"height:30px" />
            {% endif %}
        </td>
    </tr>
    <tr><td colspan="3"> 图书内容 </td></tr>
    <tr><td colspan="3">
        <textarea name="contents" id="contents" style="width:100%;height:240px;"
>{{contents}}</textarea>
    </td></tr>
    <tr><td colspan="3" align="right"><input type="button" value=" 提交 " onclick=
"return trySubmit()"></td></tr>
    <tr><td colspan="3" align="left">{{msg}}</td></tr>
    </table>
</form>
```

2. 设计文本转语音的程序

设计 audio.py 文件，在这个文件中设计 AudioClass 管理文本转语音的功能，其中的
convertToAudio 函数如下。

```
def convertToAudio(BID,language,contents):
    audio=""
    try:
        if language=="chinese":
            languageCode="cmn-CN"
            voiceId="Zhiyu"
        else:
            languageCode="en-US"
            voiceId="Amy"
        keys=AudioClass.readKeys()
        client=boto3.client("polly")
        response = client.synthesize_speech(
            LanguageCode=languageCode,
            OutputFormat='mp3',
            Text=contents,
            TextType='text',
            VoiceId=voiceId
        )
        data=response["AudioStream"].read()
        audio=("%06d"%BID)+".mp3"
        fobj=open("static\\"+audio,"wb")
        fobj.write(data)
        fobj.close()
    except Exception as err:
        print(err)
        audio=""
    return audio
```

这个函数根据语言是中文还是英文把文本转为语音文件，语音文件按图书的 BID 编号扩展
为 6 位的文件名存储在 static 文件夹。例如，BID=1 的图书，那么语音文件为 000001.mp3。这个
函数在语音转换成功后返回生成这个语音文件。

3. 设计增加图书的数据库程序

创建一个数据库管理程序 database.py，在其中设计 BookDatabase 类管理数据库，创建一个
insertBook 的函数负责增加一本图书记录。注意，在 books 表中有一个 BID 是图书的关键字，这
个 BID 只有在新记录插入后才能确定它的值，因此插入后立即获取 BID 值，再根据这个 BID 值
确定该图书的封面图像文件与语音文件的名称。

图像文件与语音文件都按图书的 BID 编号扩展为 6 位的文件名存储在 static 文件夹。例如
BID=1 的图书，那么语音文件为 000001.mp3，图像文件为 000001.jpg。

insertBook 函数代码如下。

```
def insertBook(title,author,language,contents,data):
    result={"BID":0,"image":"","audio":""}
    try:
```

```
                mySql=BookDatabase.readMySql()
                con=pymysql.connect(host=mySql["host"],user=mySql["user"],password=mySql
["password"],charset="utf8",db="audiobooks")
                cursor=con.cursor(pymysql.cursors.DictCursor)
                sql="insert into books (title,author,language,contents,image,audio)
values (%s,%s,%s,%s,%s,%s)"
                cursor.execute(sql,[title,author,language,contents,"",""])
                con.commit()
                cursor.execute("select BID from books order by BID desc limit 1")
                row=cursor.fetchone()
                BID=row["BID"]
                sBID="%06d" %BID
                image=""
                if len(data)>0:
                    fobj=open("static\\"+sBID+".jpg","wb")
                    fobj.write(data)
                    fobj.close()
                    image=sBID+".jpg"
                audio=""
                if contents!="":
                    audio=AudioClass.convertToAudio(BID,language,contents)
                if audio!="" or image!="":
                    cursor.execute("update books set image=%s,audio=%s where BID=%s",
[image,audio,BID])
                con.commit()
                con.close()
                result={"BID":BID,"image":image,"audio":audio}
            except Exception as err:
                print(err)
            return result
```

　　其中 title、author、language、contents、data 参数为图书名称、作者、语言、文字内容、封面图像数据，如果 len(data)=0 就表示暂时没有封面。这个函数调用成功后返回图书的 BID 值、图书的图像文件 image、图书语音文件 audio。

　　4. 设计增加图书 Web 程序

　　增加图书的 URL 是 "/insertBook"，它在服务器 server.py 中处理，主要结构如下。

```
            method=flask.request.method
            if method=="POST":
                title=flask.request.values.get("title","")
                author=flask.request.values.get("author","")
                language=flask.request.values.get("yList","")
                contents=flask.request.values.get("contents","")
                imgFile=flask.request.files["imgFile"]
                data=b""
                if imgFile:
                    data=imgFile.read()
```

```
            result=BookDatabase.insertBook(title,author,language,contents,data)
            if result["BID"]>0:
                msg="增加图书成功"
                image=result["image"]
                audio=result["audio"]
            else:
                msg="增加图书失败：该图书已经存在"
        return flask.render_template("insertBook.html",title=title,author=author,
language=language,contents=contents,image=image,audio=audio, msg=msg)
```

提交后，method="POST"，因此获取 title、author、language 、contents、imgFile 等的数据，其中 imgFile 是一个 <input type="file"> 的元素，提交的是图书封面图像。

三、任务实施

1. 编写文字转语音程序 audio.py

```
1:   import boto3
2:   import pymysql

3:   class AudioClass:
4:       @staticmethod
5:       def readKeys():
6:           try:
7:               fobj=open('accessKeys.csv','rt')
8:               rows=fobj.readlines()
9:               ks=rows[1].strip().split(",")
10:              fobj.close()
11:              return {"keyID":ks[0],"secretKey":ks[1]}
12:          except Exception as err:
13:              print(err)

14:      @staticmethod
15:      def convertToAudio(BID,language,contents):
16:          audio=""
17:          try:
18:              if language=="chinese":
19:                  languageCode="cmn-CN"
20:                  voiceId="Zhiyu"
21:              else:
22:                  languageCode="en-US"
23:                  voiceId="Amy"
24:              keys=AudioClass.readKeys()
25:              client=boto3.client("polly")
26:
27:
28:
29:              response = client.synthesize_speech(
30:                  LanguageCode=languageCode,
31:                  OutputFormat='mp3',
32:                  Text=contents,
```

```
33:                    TextType='text',
34:                    VoiceId=voiceId
35:                )
36:                data=response["AudioStream"].read()
37:                audio=("%06d"%BID)+".mp3"
38:                fobj=open("static\\"+audio,"wb")
39:                fobj.write(data)
40:                fobj.close()
41:         except Exception as err:
42:                print(err)
43:                audio=""
44:         return audio
```

2. 编写数据库文件 database.py

这个文件的 BookDatabase 类的 insertBook 函数负责插入一条图书记录到 books 表，返回新记录的 BID 编号、图书图像文件 image 以及语音文件 audio。

```
1:  import pymysql
2:  import hashlib
3:  import os
4:  from audio import AudioClass

5:  class BookDatabase:
6:      @staticmethod
7:      def readMySql():
8:          mySql={}
9:          try:
10:                fobj=open("mySql.csv","rt")
11:                rows=fobj.readlines()
12:                row=rows[1].strip().split(",")
13:                mySql["host"]=row[0]
14:                mySql["user"]=row[1]
15:                mySql["password"]=row[2]
16:          except Exception as err:
17:                print(err)
18:          return mySql

19:      @staticmethod
20:      def insertBook(title,author,language,contents,data):
21:          result={"BID":0,"image":"","audio":""}
22:          try:
23:                mySql=BookDatabase.readMySql()
24:                con=pymysql.connect(host=mySql["host"],user=mySql["user"],password=
mySql["password"],charset="utf8",db="audiobooks")
25:                cursor=con.cursor(pymysql.cursors.DictCursor)
26:                sql="insert into books (title,author,language,contents,image,audio)
values (%s,%s,%s,%s,%s,%s)"
27:                cursor.execute(sql,[title,author,language,contents,"",""])
28:                con.commit()
```

```
29:                cursor.execute("select BID from books order by BID desc limit 1")
30:                row=cursor.fetchone()
31:                BID=row["BID"]
32:                sBID="%06d" %BID
33:                image=""
34:                if len(data)>0:
35:                    fobj=open("static\\"+sBID+".jpg","wb")
36:                    fobj.write(data)
37:                    fobj.close()
38:                    image=sBID+".jpg"
39:                audio=""
40:                if contents!="":
41:                    audio=AudioClass.convertToAudio(BID,language,contents)
42:                if audio!="" or image!="":
43:                    cursor.execute("update books set image=%s,audio=%s where
BID=%s",[image,audio,BID])
44:                con.commit()
45:                con.close()
46:                result={"BID":BID,"image":image,"audio":audio}
47:            except Exception as err:
48:                print(err)
49:            return result
```

3. 编写 insertBook.html 表单模板

在表单提交时使用 trySubmit 函数对提交图形进行验证，要求是 jpg 文件。其中要求使用 jpg 文件是为了存储方便，简化程序。

```
1:    <script>
2:        function trySubmit()
3:        {
4:            var s=document.getElementById("title").value.trim();
5:            if(s=="")
6:            {
7:                alert("图书名称不能空"); return;
8:            }
9:            var s=document.getElementById("imgFile").value;
10:           if(s!="")
11:           {
12:               var p=s.lastIndexOf(".");
13:               var ext="";
14:               if(p>=0) ext=s.substring(p+1);
15:               if(ext!="jpg")
16:               {
17:                   alert("选择图书图像必须是JPG图像文件"); return false;
18:               }
19:           }
20:           var s=document.getElementById("contents").value.trim();
21:           if(s.length>3000)
```

```
22:            {
23:                alert("图书内容不能超过 3000 字符"); return;
24:            }
25:            document.getElementById("frm").submit();
26:        }
27:    </script>

28:    <style>
29:        a {text-decoration:none;color:blue}
30:        a:visited {color:blue}
31:    </style>

32:    <table border="0" align="center">
33:    <tr><td>
34:    <h1>增加图书</h1>
35:    <!-- The list will show with key=title when returns-->
36:    <div><a href="/selectBook">返回列表</a></div>
37:    <p></p>
38:    <form name="frm" id="frm" action="" method="post" enctype="multipart/form-data">
39:        <table border="0" width="800" >
40:            <tr><td>图书名称 (*)<input type="text" name="title" id="title" value=
"{{title}}"></td>
41:            <td>图书作者<input type="text" name="author" id="author" value=
"{{author}}"></td>
42:            <td>图书语言
43:                <select name="yList" id="yList">
44:                    <option value="chinese" {% if language=="chinese" %}
selected {% endif %}>中文</option>
45:                    <option value="english" {% if language=="english" %}
selected {% endif %}>英文</option>
46:                </select>
47:            </td>
48:        </tr>
49:        <tr>
50:            <td>图书封面
51:                {% if image!="" %}
52:                <img src="static/{{image}}?rnd={{rnd}}" width="100" >
53:                {% endif %}
54:            </td>
55:            <td colspan="2"><input type="file" name="imgFile" id="imgFile" ></td>
56:        </tr>
57:        <tr>
58:            <td colspan="3">图书语音
59:                {% if audio!="" %}
60:                <audio src="static/{{audio}}?rnd={{rnd}}" controls="controls"
style="height:30px" />
61:                {% endif %}
62:            </td>
```

```
63:          </tr>
64:          <tr><td colspan="3"> 图书内容 </td></tr>
65:          <tr><td colspan="3">
66:              <textarea name="contents" id="contents" style="width:100%;height:24
0px;" >{{contents}}</textarea>
67:          </td></tr>
68:           <tr><td colspan="3" align="right"><input type="button" value=" 提交 "
onclick="return trySubmit()"></td></tr>
69:              <tr><td colspan="3" align="left">{{msg}}</td></tr>
70:          </table>
71:  </form>
72:  </td></tr>
73:  </table>
```

4. 编写服务器程序 server.py
服务器使用 "/insertBook" URL 完成图书增加。

```
1:   import flask
2:   import sys
3:   import json
4:   from database import BookDatabase
5:   import random
6:   import os

7:   app=flask.Flask("web")

8:   @app.route("/insertBook",methods=["GET","POST"])
9:   def insertBook():
10:      try:
11:          msg=""
12:          title=""
13:          author=""
14:          language="chinese"
15:          contents=""
16:          image=""
17:          audio=""
18:          method=flask.request.method
19:          if method=="POST":
20:              title=flask.request.values.get("title","")
21:              author=flask.request.values.get("author","")
22:              language=flask.request.values.get("yList","")
23:              contents=flask.request.values.get("contents","")
24:              imgFile=flask.request.files["imgFile"]
25:              data=b""
26:              if imgFile:
27:                  data=imgFile.read()
28:                  result=BookDatabase.insertBook(title,author,language,contents,
data)
```

```
29:                if result["BID"]>0:
30:                    msg="增加图书成功"
31:                    image=result["image"]
32:                    audio=result["audio"]
33:                else:
34:                    msg="增加图书失败：该图书已经存在"
35:            key=title
36:            return flask.render_template("insertBook.html",title=title,author=auth
or,language=language,contents=contents,image=image,audio=audio,key=key,msg=msg)
37:        except Exception as error:
38:            return str(error)

39:    app.secret_key="123"
40:    app.debug=True
41:    app.run()
```

5. 测试程序

执行 server.py 服务器，使用 127.0.0.1:5000/insertBook 地址访问，结果如图 2-12 所示，增加成功后就可以单击播放语音。

图 2-12　增加图书

任务 2.2.3　设计浏览和删除图书程序

一、任务描述

增加了部分图书后，怎么样去查看到目前有什么图书呢？该任务就是设计一个查看程序。如果图书很多，查看程序应该对图书进行分页和分类。为了简单起见，目前这个查看程序只做简单的罗列，不进行分页分类。

二、知识要点

1. 设计浏览图书模板

设计 selectBook.html 的模板，把每本图书放在一个 <div> 块中，每个图书 <div> 块是一个 display:inline-block 的布局，这样多个图书 <div> 块又放在一个大的 <div> 块中，使得图书会从左到右，从上到下依次排列。代码如下。

```html
<script>
    function deleteBook(BID)
    {
        if(confirm("删除编号"+BID+"这本图书?"))
        {
            window.location.href="?cmd=delete&BID="+BID;
        }
    }
 </script>
<div style="display: inline-block; width: 1300; text-align: left;">
{% for book in books %}
<div style="display: inline-block; width:200px;overflow:hidden;margin-left: 20px;">
    <div style="white-space: nowrap;"><h4>{{book.title}}</h4></div>
    <div><img src="static/{{book.image}}" width="100" height="100"></div>
    <div>编号:{{book.BID}}</div>
    <div>作者:{{book.author}}</div>
<p>
        <a href="javascript:deleteBook('{{book.BID}}')">删除图书</a>
 </p>
</div>
{% endfor %}
</div>
```

其中嵌入一个"删除图书"的链接，单击后执行 deleteBook 的函数，这个函数使得网页再次浏览，并提供一个 cmd="delete" 的参数，网页收到该参数后就知道要删除 BID 的图书。

2. 设计服务器程序

服务器的 URL 是"/selectBook"，这个页面主要是管理员管理图书，主要程序如下。

```python
@app.route("/selectBook",methods=["GET","POST"])
def selectBook():
    try:
        cmd=flask.request.values.get("cmd","")
        if cmd=="delete":
            BID=int(flask.request.values.get("BID","0"))
            BookDatabase.deleteBook(BID)
        books=BookDatabase.listBook()
        return flask.render_template("selectBook.html",books=books)
    except Exception as error:
        return str(error)
```

该函数如果检测到 cmd 为 delete，就使用 deleteBook 函数删除这本图书，然后使用 listBook 函数获取所有图书 books 类别，传递到 selectBook.html 中显示。

3. 设计删除图书程序

删除图书时不但要从 books 表删除该图书记录，还要删除该图书相关联的图像文件以及语音文件。由于图像文件与语音文件是按 BID 号形成的 jpg 与 mp3 文件，因此给定 BID 号后就可以删除它们。

三、任务实施

1. 设计图书浏览模板 selectBook.html

```
1:   <script>
2:       function deleteBook(BID)
3:       {
4:           if(confirm("删除编号"+BID+"这本图书?"))
5:           {
6:               window.location.href="?cmd=delete&BID="+BID;
7:           }
8:       }
9:   </script>

10:  <style>
11:      a {text-decoration:none;color:blue}
12:      a:visited {color:blue}
13:  </style>

14:  <h1 align="center">图书管理</h1>
15:  <div style="text-align: center;">
16:      <div>
17:          <a href="insertBook?key={{key}}">增加图书</a>
18:      </div>
19:      <div style="display: inline-block; width: 1300; text-align: left;">
20:  {% for book in books %}
21:   <div style="display: inline-block; width:200px;overflow:hidden;margin-left:
20px;">
22:          <div style="white-space: nowrap;"><h4>{{book.title}}</h4></div>
23:          <div><img src="static/{{book.image}}" width="100" height="100"></div>
24:          <div>编号:{{book.BID}}</div>
25:          <div>作者:{{book.author}}</div>
26:          <p>
27:          <a href="javascript:deleteBook('{{book.BID}}')">删除图书</a>
28:          </p>
29:  </div>
30:  {% endfor %}
31:  </div>
32:  </div>
```

2. 设计图书数据库 database.py

```
1:  import pymysql

2:  class BookDatabase:
```

```
3:        @staticmethod
4:        def readMySql():
5:            mySql={}
6:            try:
7:                  fobj=open("mySql.csv","rt")
8:                  rows=fobj.readlines()
9:                  row=rows[1].strip().split(",")
10:                 mySql["host"]=row[0]
11:                 mySql["user"]=row[1]
12:                 mySql["password"]=row[2]
13:            except Exception as err:
14:                  print(err)
15:            return mySql

16:        @staticmethod
17:        def deleteBook(BID):
18:            res=False
19:            try:
20:                  mySql=BookDatabase.readMySql()
21:                  con=pymysql.connect(host=mySql["host"],user=mySql["user"],password=
mySql["password"],charset="utf8",db="audiobooks")
22:                  cursor=con.cursor(pymysql.cursors.DictCursor)
23:                  #Removing the associated image and audio
24:                  sBID="%06d"%BID
25:                  image="static\\"+sBID+".jpg"
26:                  if os.path.exists(image):
27:                      os.remove(image)
28:                  audio="static\\"+sBID+".mp3"
29:                  if os.path.exists(audio):
30:                      os.remove(audio)
31:                  cursor.execute("delete from books where BID="+str(BID))
32:                  con.commit()
33:                  con.close()
34:                  res=True
35:            except Exception as err:
36:                  print(err)
37:            return res

38:        @staticmethod
39:        def listBook():
40:            books=[]
41:            try:
42:                  mySql=BookDatabase.readMySql()
43:                  con=pymysql.connect(host=mySql["host"],user=mySql["user"],password=
mySql["password"],charset="utf8",db="audiobooks")
44:                  cursor=con.cursor(pymysql.cursors.DictCursor)
45:                  sql="select BID,title,author,language,image,audio from books order
by title"
```

```
46:            cursor.execute(sql)
47:            books=cursor.fetchall()
48:            con.close()
49:        except Exception as err:
50:            print(err)
51:        return books
```

3. 设计服务器 server.py

```
1:  import flask
2:  import sys
3:  import json
4:  from database import BookDatabase
5:  import datetime
6:  import random
7:  import os

8:  app=flask.Flask("web")

9:  @app.route("/selectBook",methods=["GET","POST"])
10: def selectBook():
11:     try:
12:         cmd=flask.request.values.get("cmd","")
13:         if cmd=="delete":
14:             BID=int(flask.request.values.get("BID","0"))
15:             BookDatabase.deleteBook(BID)
16:         books=BookDatabase.listBook()
17:         return flask.render_template("selectBook.html",books=books)
18:     except Exception as error:
19:         return str(error)

20: app.debug=True
21: app.run()
```

4. 测试程序

访问 127.0.0.1:5000/selectBook，结果如图 2-13 所示。

图 2-13 浏览与删除图书

任务 2.2.4　设计图书编辑程序

一、任务描述

有些图书信息是错误的，需要修改。本任务就是在查看图书的页面中增加一个修改功能。

二、知识要点

图书编辑页面模板与增加图书页面模板十分相似，这里不再赘述。

三、任务实施

1. 设计图书编辑模板 updateBook.html

```
1:   <script>
2:       function trySubmit()
3:       {
4:           var s=document.getElementById("title").value.trim();
5:           if(s=="")
6:           {
7:               alert("图书名称不能空"); return;
8:           }
9:           var s=document.getElementById("imgFile").value;
10:          if(s!="")
11:          {
12:              var p=s.lastIndexOf(".");
13:              var ext="";
14:              if(p>=0) ext=s.substring(p+1);
15:              if(ext!="jpg")
16:              {
17:                  alert("选择图书图像必须是JPG图像文件"); return false;
18:              }
19:          }
20:          var s=document.getElementById("contents").value.trim();
21:          if(s.length>3000)
22:          {
23:              alert("图书内容不能超过3000字符"); return;
24:          }
25:          document.getElementById("frm").submit();
26:      }
27:  </script>
28:  <style>
29:      a {text-decoration:none;color:blue}
30:      a:visited {color:blue}
31:  </style>
32:  <table border="0" align="center">
33:  <tr><td>
```

```
34:    <h1> 编辑图书 </h1>
35:    <div><a href="/selectBook?pageIndex={{pageIndex}}&key={{key}}"> 返回列表 </a></
div>
36:    <input type="hidden" name="BID" value='{{BID}}' >
37:    <input type="hidden" name="pageIndex" value='{{pageIndex}}' >
38:    <input type="hidden" name="key" value='{{key}}' >

39:    <p></p>
40:    <form name="frm" id="frm" action="" method="post" enctype="multipart/form-data">
41:        <table border="0" width="800" >
42:        <tr><td> 图书名称 (*)<input type="text" name="title" id="title" value="{{title}}">
</td>
43:        <td> 图书作者 <input type="text" name="author" id="author" value="{{author}}">
</td>
44:        <td> 图书语言
45:            <select name="yList" id="yList">
46:                <option value="chinese" {% if language=="chinese" %} selected {%
endif %}> 中文 </option>
47:                <option value="english" {% if language=="english" %} selected {%
endif %}> 英文 </option>
48:            </select>
49:        </td>
50:    </tr>
51:    <tr>
52:        <td> 图书封面
53:            {% if image!="" %}
54:            <img src="static/{{image}}?rnd={{rnd}}" width="100" >
55:            {% endif %}
56:        </td>
57:        <td colspan="2"><input type="file" name="imgFile" id="imgFile" ></td>
58:    </tr>
59:    <tr>
60:        <td colspan="3"> 图书语音
61:            {% if audio!="" %}
62:            <audio src="static/{{audio}}?rnd={{rnd}}" controls="controls"
style="height:30px" />
63:            {% endif %}
64:        </td>
65:    </tr>
66:    <tr><td colspan="3"> 图书内容 </td></tr>
67:    <tr><td colspan="3">
68:        <textarea name="contents" id="contents" style="width:100%;height:240px;"
>{{contents}}</textarea>
69:    </td></tr>
70:     <tr><td colspan="3" align="right"><input type="button" value=" 提交 " onclick=
"return trySubmit()"></td></tr>
71:        <tr><td colspan="3" align="left">{{msg}}</td></tr>
```

```
72:        </table>
73:     </form>

74:  </td></tr>
75:  </table>
```

2. 创建 audio.py 文件

这个文件中包含 AudioClass 类，它负责完成把文字内容转为语音文件，语音文件按图书的编号 BID 形成 mp3 文件后存储在 static 文件夹。

```python
1:   import boto3
2:   import pymysql

3:   class AudioClass:
4:       @staticmethod
5:       def readKeys():
6:           try:
7:               fobj=open('accessKeys.csv','rt')
8:               rows=fobj.readlines()
9:               ks=rows[1].strip().split(",")
10:              fobj.close()
11:              return {"keyID":ks[0],"secretKey":ks[1]}
12:          except Exception as err:
13:              print(err)

14:      @staticmethod
15:      def convertToAudio(BID,language,contents):
16:          audio=""
17:          try:
18:              if language=="chinese":
19:                  languageCode="cmn-CN"
20:                  voiceId="Zhiyu"
21:              else:
22:                  languageCode="en-US"
23:                  voiceId="Amy"
24:              keys=AudioClass.readKeys()
25:              client=boto3.client("polly")
26:
27:
28:
29:              response = client.synthesize_speech(
30:                  LanguageCode=languageCode,
31:                  OutputFormat='mp3',
32:                  Text=contents,
33:                  TextType='text',
34:                  VoiceId=voiceId
35:                  )
36:              data=response["AudioStream"].read()
37:              audio=("%06d"%BID)+".mp3"
38:              fobj=open("static\\"+audio,"wb")
39:              fobj.write(data)
```

```
40:            fobj.close()
41:        except Exception as err:
42:            print(err)
43:            audio=""
44:        return audio
```

3. 设计图书编辑数据库程序 database.py

```
1:  import pymysql
2:  import hashlib
3:  import os
4:  from audio import AudioClass

5:  class BookDatabase:
6:      @staticmethod
7:      def readMySql():
8:          mySql={}
9:          try:
10:             fobj=open("mySql.csv","rt")
11:             rows=fobj.readlines()
12:             row=rows[1].strip().split(",")
13:             mySql["host"]=row[0]
14:             mySql["user"]=row[1]
15:             mySql["password"]=row[2]
16:         except Exception as err:
17:             print(err)
18:         return mySql

19:      @staticmethod
20:      def updateBook(BID,title,author,language,contents,data):
21:          result={"BID":0,"image":"","audio":""}
22:          try:
23:              mySql=BookDatabase.readMySql()
24:              con=pymysql.connect(host=mySql["host"],user=mySql["user"],password=
mySql["password"],charset="utf8",db="audiobooks")
25:              cursor=con.cursor(pymysql.cursors.DictCursor)
26:              sBID="%06d"%BID
27:              image=""
28:              if len(data)>0:
29:                  fobj=open("static\\"+sBID+".jpg","wb")
30:                  fobj.write(data)
31:                  fobj.close()
32:                  image=sBID+".jpg"
33:              audio=""
34:              if contents!="":
35:                  audio=AudioClass.convertToAudio(BID,language,contents)
36:              else:
37:                  if os.path.exists("static\\"+sBID+".mp3"):
```

```
38:                         os.remove("static\\"+sBID+".mp3")
39:                     if image:
40:                         sql="update books set title=%s,author=%s,language=%s,contents=
%s,image=%s,audio=%s where BID="+str(BID)
41:                         cursor.execute(sql,[title,author,language,contents,image,audio])
42:                     else:
43:                         # 如果没有图像就维持原来的图像
44:                         sql="update books set title=%s,author=%s,language=%s,contents=
%s,audio=%s where BID="+str(BID)
45:                         cursor.execute(sql,[title,author,language,contents,audio])
46:                     con.commit()
47:                     con.close()
48:                     result={"BID":BID,"image":image,"audio":audio}
49:             except Exception as err:
50:                 print(err)
51:             return result
52:
53:         @staticmethod
54:         def selectBook(BID):
54:             book=None
55:             try:
56:                 mySql=BookDatabase.readMySql()
57:                 con=pymysql.connect(host=mySql["host"],user=mySql["user"],password=
mySql["password"],charset="utf8",db="audiobooks")
58:                 cursor=con.cursor(pymysql.cursors.DictCursor)
59:                 sql="select * from books where BID="+str(BID)
60:                 cursor.execute(sql)
61:                 book=cursor.fetchone()
62:                 con.close()
63:             except Exception as err:
64:                 print(err)
65:             return book
66:
67:         @staticmethod
68:         def deleteBook(BID):
68:             res=False
69:             try:
70:                 mySql=BookDatabase.readMySql()
71:                 con=pymysql.connect(host=mySql["host"],user=mySql["user"],password=
mySql["password"],charset="utf8",db="audiobooks")
72:                 cursor=con.cursor(pymysql.cursors.DictCursor)
73:                 #Removing the associated image and audio
74:                 sBID="%06d"%BID
75:                 image="static\\"+sBID+".jpg"
76:                 if os.path.exists(image):
77:                     os.remove(image)
78:                 audio="static\\"+sBID+".mp3"
```

```
79:                if os.path.exists(audio):
80:                    os.remove(audio)
81:                cursor.execute("delete from books where BID="+str(BID))
82:                con.commit()
83:                con.close()
84:                res=True
85:            except Exception as err:
86:                print(err)
87:        return res

88:        @staticmethod
89:        def listBook():
90:            books=[]
91:            try:
92:                mySql=BookDatabase.readMySql()
93:                con=pymysql.connect(host=mySql["host"],user=mySql["user"],password=
mySql["password"],charset="utf8",db="audiobooks")
94:                cursor=con.cursor(pymysql.cursors.DictCursor)
95:                sql="select BID,title,author,language,image,audio from books order
by title"
96:                cursor.execute(sql)
97:                books=cursor.fetchall()
98:                con.close()
99:            except Exception as err:
100:                print(err)
101:        return books
```

4. 设计数据编辑服务器 server.py

```
1:  import flask
2:  import sys
3:  import json
4:  from database import BookDatabase
5:  import datetime
6:  import random
7:  import os

8:  app=flask.Flask("web")

9:  @app.route("/selectBook",methods=["GET","POST"])
10: def selectBook():
11:     try:
12:         cmd=flask.request.values.get("cmd","")
13:         if cmd=="delete":
14:             BID=int(flask.request.values.get("BID","0"))
15:             BookDatabase.deleteBook(BID)
16:         books=BookDatabase.listBook()
17:         return flask.render_template("selectBook.html",books=books)
```

```
18:        except Exception as error:
19:            return str(error)

20:    @app.route("/updateBook",methods=["GET","POST"])
21:    def updateBook():
22:        try:
23:            msg=""
24:            BID=int(flask.request.values.get("BID","0"))
25:            pageIndex=int(flask.request.values.get("pageIndex","1"))
26:            key=flask.request.values.get("key","")
27:            book=BookDatabase.selectBook(BID)
28:            title=book["title"]
29:            author=book["author"]
30:            language=book["language"]
31:            contents=book["contents"]
32:            image=book["image"]
33:            audio=book["audio"]
34:            method=flask.request.method
35:            if method=="POST":
36:                title=flask.request.values.get("title","")
37:                author=flask.request.values.get("author","")
38:                language=flask.request.values.get("yList","")
39:                contents=flask.request.values.get("contents","")
40:                imgFile=flask.request.files["imgFile"]
41:                data=b""
42:                if imgFile:
43:                    data=imgFile.read()
44:                result=BookDatabase.updateBook(BID,title,author,language,contents,data)
45:                if result["BID"]>0:
46:                    msg="编辑图书成功"
47:                    if result["image"]!="":
48:                        image=result["image"]
49:                    audio=result["audio"]
50:                else:
51:                    msg="编辑图书失败：该图书已经存在"
52:            return flask.render_template("updateBook.html",BID=BID,pageIndex=pageIndex,key=key,title=title,author=author,language=language,contents=contents,image=image,audio=audio,msg=msg,rnd=random.random())
53:        except Exception as error:
54:            return str(error)
55:    app.secret_key="123"
56:    app.debug=True
57:    app.run()
```

5. 测试程序

在 selectBook.html 的语句 26 与 28 行之间增加一个编辑图书的链接：

```
<a href="/updateBook?BID={{book.BID}}">编辑图书 </a>
```

单击后就可以编辑 BID 编号的图书，如图 2-14 所示。

图 2-14　编辑图书

项目 2.3　综合实训——我的有声图书

一、项目功能

这个项目由三部分组成，第一部分是 Amazon Polly 语音服务器；第二部分是存储图书信息的 MySQL 数据库；第三部分是图书 Web 服务器。

1. Amazon Polly 语音服务

Amazon Polly 语音服务能把一段文字转为语音，如果要转换的文本不是太长的话，Polly 转换后会立即返回转换的语音文件数据。使用 Boto3 中的 synthesize_speech 函数可以完成文本到语音的转换。

2. 图书信息存储数据库

这个 MySQL 数据库可以是远程的数据库，例如 Amazon RDS 中的 MySQL 数据库。

3. 图书 Web 服务器

这个 Web 服务器负责向一般用户分页展示所有的图书，用户也可以通过搜索功能查找到所要的图书。用户选择图书后即可以进行图书文字阅读或者聆听语音朗读，也可以下载语音文件。

管理员用户登录后可对所有图书进行管理，包括增加图书、编辑图书与删除图书、完成图书文字到语音的转换等工作。

二、项目要点

这个综合项目实际上是前面各个项目的综合应用，但是在图书浏览中做了一些改进，增加了图书分页与搜索的功能，以便管理众多的图书。

当页面有分页与搜索功能时，可以使用当前页面参数 pageIndex 与当前搜索过滤关键字 key 来记录当前页面的状态。因此每次从这个页面转去别的新页面时都要把 pageIndex 与 key 传递给新的页面，以便返回时能回到目前这个页面。

1. 设计分页查看图书

有时要对图书页面进行分页，例如一个页面显示 10（pageSize=10）本图书，使用 pageIndex 记录目前是第几页，pageCount 记录总页数。显然如果图书的 books 表记录是 count 条，那么 pageCount 如下计算。

```
pageCount=count//pageSize
if count%pageSize!=0:
    pageCount+=1
```

设计"第一页"、"前一页"、"下一页"、"末一页"四个按钮，并设置对应函数：

```
<div>
    <p></p>
    <a href="javascript:firstPage({{pageIndex}},{{pageCount}},'{{key}}')"> 第一页 </a>
    <a href="javascript:prevPage({{pageIndex}},{{pageCount}},'{{key}}')"> 前一页 </a>
    <a href="javascript:nextPage({{pageIndex}},{{pageCount}},'{{key}}')"> 下一页 </a>
    <a href="javascript:lastPage({{pageIndex}},{{pageCount}},'{{key}}')"> 末一页 </a>
    第 {{pageIndex}}/{{pageCount}} 页
</div>
```

每次在显示一个 pageIndex 的页面时，必须在页面中记录 pageIndex 与 pageCount 值，当单击一个换页按钮时根据这两个值确定下一个页面。例如单击"下一页"按钮时执行下面函数。

```
function nextPage(pageIndex,pageCount,key)
{
    if(pageIndex<pageCount)
    {
     ++pageIndex;
     window.location.href="?pageIndex="+pageIndex+"&key="+key;
    }
}
```

在 pageIndex<pageCount 时，pageIndex 增加 1，转 pageIndex 的下一页面。

2. 设计服务器数据分页

服务器使用：

```
rows=BookDatabase.listBook()
```

从 books 中获取所有的记录 rows 后，使用切片：

```
rows=rows[(pageIndex-1)*pageSize:pageIndex*pageSize]
```

获取 pageIndex 这个页面的数据，把这个数据传递给 selectBook.html 模板就实现分页显示了。

3. 设计图书搜索功能

在 index.html 页面增加一个搜索文本框，在搜索时执行 seekList 的 JavaScript 函数，向页面提交一个 key 关键字，数据库使用这个 key 值取模糊匹配图书的名称，从而得到匹配这个关键字的图书列表。如果 key= "" 是空值，就获取所有图书列表。主要程序如下。

```
<script>
function seekList()
{
    var key=document.getElementById("key").value.trim();
    window.location.href="?key="+key;
}
</script>

<div>
    <p>搜索 <input type="text" name="key" id="key" value="{{key}}">
<input type="button" value="搜索" onclick="seekList()"></p>
</div>
```

三、项目实施

1. 创建 Amazon Polly 访问权限的 IAM 用户

这个 IAM 用户的密匙保存到 accessKeys.csv 文件供程序使用。

2. 创建 Amazon RDS MySQL 数据库实例

创建的 Amazon RDS MySQL 数据库用来存储图书信息，数据库的链接信息存储在 mySql.csv 文件供程序使用。

3. 创建 Web 服务器的 audio.py 文件

这个文件中包含 AudioClass 类，它负责完成把文字内容转为语音文件，语音文件按图书的编号 BID 形成 mp3 文件后存储在 static 文件夹。

```
1:   import boto3
2:   import pymysql

3:   class AudioClass:
4:       @staticmethod
5:       def readKeys():
6:           try:
7:               fobj=open('accessKeys.csv','rt')
8:               rows=fobj.readlines()
9:               ks=rows[1].strip().split(",")
10:              fobj.close()
11:              return {"keyID":ks[0],"secretKey":ks[1]}
12:          except Exception as err:
13:              print(err)

14:      @staticmethod
15:      def convertToAudio(BID,language,contents):
16:          audio=""
17:          try:
18:              if language=="chinese":
19:                  languageCode="cmn-CN"
```

```
20:                    voiceId="Zhiyu"
21:                else:
22:                    languageCode="en-US"
23:                    voiceId="Amy"
24:                keys=AudioClass.readKeys()
25:                client=boto3.client("polly")
26:
27:
28:
29:                response = client.synthesize_speech(
30:                    LanguageCode=languageCode,
31:                    OutputFormat='mp3',
32:                    Text=contents,
33:                    TextType='text',
34:                    VoiceId=voiceId
35:                )
36:                data=response["AudioStream"].read()
37:                audio=("%06d"%BID)+".mp3"
38:                fobj=open("static\\"+audio,"wb")
39:                fobj.write(data)
40:                fobj.close()
41:        except Exception as err:
42:            print(err)
43:            audio=""
44:        return audio
```

4. 创建 Web 服务器 database.py 文件

这个文件包含 BookDatabase 类，负责数据库的初始化、增加记录、删除记录、修改记录、查看记录等功能。

```
1:  import pymysql
2:  import hashlib
3:  import os
4:  from audio import AudioClass

5:  class BookDatabase:
6:      @staticmethod
7:      def readMySql():
8:          mySql={}
9:          try:
10:             fobj=open("mySql.csv","rt")
11:             rows=fobj.readlines()
12:             row=rows[1].strip().split(",")
13:             mySql["host"]=row[0]
14:             mySql["user"]=row[1]
15:             mySql["password"]=row[2]
16:         except Exception as err:
17:             print(err)
18:         return mySql
```

```
19:        @staticmethod
20:        def initialize():
21:            res={}
22:            try:
23:                mySql=BookDatabase.readMySql()
24:                con=pymysql.connect(host=mySql["host"],user=mySql["user"],password=
mySql["password"],charset="utf8")
25:                cursor=con.cursor(pymysql.cursors.DictCursor)
26:                try:
27:                    sql="drop database audiobooks"
28:                    cursor.execute(sql)
29:                    con.commit()
30:                    res["drop_database"]="success"
31:                except:
32:                    res["drop_database"]="failure"

33:                try:
34:                    sql="create database audiobooks"
35:                    cursor.execute(sql)
36:                    con.commit()
37:                    res["create_database"]="success"
38:                except:
39:                    res["drop_database"]="failure"

40:                con.select_db("audiobooks")
41:                try:
42:                    sql="create table books (BID int auto_increment primary key,
title varchar(256) unique,author varchar(64),language varchar(16),contents longtext,
image varchar(16),audio varchar(16))"
43:                    cursor.execute(sql)
44:                    res["create_table_books"]="success"
45:                except:
46:                    res["create_table_books"]="failure"

47:                try:
48:                    sql="create table users (user varchar(16) primary key,pwd
varchar(256))"
49:                    cursor.execute(sql)
50:                    pwd=hashlib.md5(b"123").hexdigest()
51:                    sql="insert into users (user,pwd) values ('admin',%s)"
52:                    cursor.execute(sql,[pwd])
53:                    res["create_table_users"]="success"
54:                except:
55:                    res["create_table_users"]="failure"

56:                con.commit()
57:                con.close()
58:                #Removing all static files
59:                fs=os.listdir("static")
```

```
60:              for f in fs:
61:                  os.remove("static\\"+f)

62:          except Exception as err:
63:              print(err)
64:          return res


65:      @staticmethod
66:      def login(user,pwd):
67:          res=False
68:          try:
69:              pwd=hashlib.md5(pwd.encode()).hexdigest()
70:              mySql=BookDatabase.readMySql()
71:              con=pymysql.connect(host=mySql["host"],user=mySql["user"],password=
mySql["password"],charset="utf8",db="audiobooks")
72:              cursor=con.cursor(pymysql.cursors.DictCursor)
73:              sql="select * from users where user=%s and pwd=%s"
74:              cursor.execute(sql,[user,pwd])
75:              if cursor.fetchone():
76:                  res=True
77:              con.close()
78:          except Exception as err:
79:              print(err)
80:          return res


81:      @staticmethod
82:      def insertBook(title,author,language,contents,data):
83:          result={"BID":0,"image":"","audio":""}
84:          try:
85:              mySql=BookDatabase.readMySql()
86:              con=pymysql.connect(host=mySql["host"],user=mySql["user"],password=
mySql["password"],charset="utf8",db="audiobooks")
87:              cursor=con.cursor(pymysql.cursors.DictCursor)
88:              sql="insert into books (title,author,language,contents,image,audio)
values (%s,%s,%s,%s,%s,%s)"
89:              cursor.execute(sql,[title,author,language,contents,"",""])
90:              con.commit()
91:              cursor.execute("select BID from books order by BID desc limit 1")
92:              row=cursor.fetchone()
93:              BID=row["BID"]
94:              sBID="%06d" %BID
95:              image=""
96:              if len(data)>0:
97:                  fobj=open("static\\"+sBID+".jpg","wb")
98:                  fobj.write(data)
99:                  fobj.close()
100:                 image=sBID+".jpg"
```

```
101:                audio=""
102:                if contents!="":
103:                    audio=AudioClass.convertToAudio(BID,language,contents)
104:                if audio!="" or image!="":
105:                    cursor.execute("update books set image=%s,audio=%s where
BID=%s",[image,audio,BID])
106:                con.commit()
107:                con.close()
108:                result={"BID":BID,"image":image,"audio":audio}
109:            except Exception as err:
110:                print(err)
111:            return result

112:        @staticmethod
113:        def updateBook(BID,title,author,language,contents,data):
114:            result={"BID":0,"image":"","audio":""}
115:            try:
116:                mySql=BookDatabase.readMySql()
117:                con=pymysql.connect(host=mySql["host"],user=mySql["user"],password
=mySql["password"],charset="utf8",db="audiobooks")
118:                cursor=con.cursor(pymysql.cursors.DictCursor)
119:                sBID="%06d"%BID
120:                image=""
121:                if len(data)>0:
122:                    fobj=open("static\\"+sBID+".jpg","wb")
123:                    fobj.write(data)
124:                    fobj.close()
125:                    image=sBID+".jpg"
126:                audio=""
127:                if contents!="":
128:                    audio=AudioClass.convertToAudio(BID,language,contents)
129:                else:
130:                    if os.path.exists("static\\"+sBID+".mp3"):
131:                        os.remove("static\\"+sBID+".mp3")
132:                if image:
133:                    sql="update books set title=%s,author=%s,language=%s,contents
=%s,image=%s,audio=%s where BID="+str(BID)
134:                    cursor.execute(sql,[title,author,language,contents,image,a
udio])
135:                else:
136:                    # 如果没有图像就维持原来的图像
137:                    sql="update books set title=%s,author=%s,language=%s,contents
=%s,audio=%s where BID="+str(BID)
138:                    cursor.execute(sql,[title,author,language,contents,audio])
139:                con.commit()
140:                con.close()
141:                result={"BID":BID,"image":image,"audio":audio}
```

```
142:        except Exception as err:
143:            print(err)
144:        return result

145:    @staticmethod
146:    def deleteBook(BID):
147:        res=False
148:        try:
149:            mySql=BookDatabase.readMySql()
150:            con=pymysql.connect(host=mySql["host"],user=mySql["user"],password
=mySql["password"],charset="utf8",db="audiobooks")
151:            cursor=con.cursor(pymysql.cursors.DictCursor)
152:            #Removing the associated image and audio
153:            sBID="%06d"%BID
154:            image="static\\"+sBID+".jpg"
155:            if os.path.exists(image):
156:                os.remove(image)
157:            audio="static\\"+sBID+".mp3"
158:            if os.path.exists(audio):
159:                os.remove(audio)
160:            cursor.execute("delete from books where BID="+str(BID))
161:            con.commit()
162:            con.close()
163:            res=True
164:        except Exception as err:
165:            print(err)
166:        return res

167:    @staticmethod
168:    def selectBook(BID):
169:        book=None
170:        try:
171:            mySql=BookDatabase.readMySql()
172:            con=pymysql.connect(host=mySql["host"],user=mySql["user"],password
=mySql["password"],charset="utf8",db="audiobooks")
173:            cursor=con.cursor(pymysql.cursors.DictCursor)
174:            sql="select * from books where BID="+str(BID)
175:            cursor.execute(sql)
176:            book=cursor.fetchone()
177:            con.close()
178:        except Exception as err:
179:            print(err)
180:        return book
181:    @staticmethod
182:    def listBook(key):
```

```
183:          books=[]
184:          try:
185:              mySql=BookDatabase.readMySql()
186:              con=pymysql.connect(host=mySql["host"],user=mySql["user"],password
=mySql["password"],charset="utf8",db="audiobooks")
187:              cursor=con.cursor(pymysql.cursors.DictCursor)
188:              sql="select BID,title,author,language,image,audio from books order
by title"
189:              if key!="":
190:                  sql="select BID,title,author,language,image,audio from books
where title like '%"+key+"%' order by title"
191:              cursor.execute(sql)
192:              books=cursor.fetchall()
193:              con.close()
194:          except Exception as err:
195:              print(err)
196:          return books
```

5. 创建 Web 服务器各个网页模板文件
（1）Web 服务器主页模板 index.html。

```
1:   <script>
2:       function firstPage(pageIndex,pageCount,key)
3:       {
4:           if(pageIndex>1) window.location.href="?pageIndex=1&key="+key;
5:       }
6:       function prevPage(pageIndex,pageCount,key)
7:       {
8:           if(pageIndex>1) { --pageIndex; window.location.href="?pageIndex="+pageI
ndex+"&key="+key; }
9:       }
10:      function nextPage(pageIndex,pageCount,key)
11:      {
12:          if(pageIndex<pageCount) { ++pageIndex; window.location.href="?pageInde
x="+pageIndex+"&key="+key; }
13:      }
14:      function lastPage(pageIndex,pageCount,key)
15:      {
16:          if(pageIndex<pageCount) { window.location.href="?pageIndex="+pageCount
+"&key="+key; }
17:      }

18:      function seekList()
19:      {
20:          var key=document.getElementById("key").value.trim();
21:          window.location.href="?key="+key;
22:      }
```

```
23:    </script>
24:    <style>
25:        a {text-decoration:none;color:blue}
26:        a:visited {color:blue}
27:    </style>
28:    <h1 align="center"> 我的有声图书 </h1>
29:    <div style="text-align: center;">
30:    <div style="text-align: center;">
31:        <p><a href="/login"> 管理员 </a>   搜索 <input type="text" name="key"
id="key" value="{{key}}"><input type="button" value=" 搜索 " onclick="seekList()"></p>
32:    </div>
33:    <div style="display: inline-block; width: 1300; text-align: left;">
34:    {% for book in books %}
35:    <div style="display: inline-block; width:200px;overflow:hidden;margin-left:
20px;">
36:        <div style="white-space: nowrap;"><h4>{{book.title}}</h4></div>
37:        <div><img src="static/{{book.image}}" width="100" height="100"></div>
38:        <div> 编号 :{{book.BID}}</div>
39:        <div> 作者 :{{book.author}}</div>
40:        <div>
41:            <a href="/readBook?BID={{book.BID}}&pageIndex={{pageIndex}}&key={{k
ey}}"> 图书阅读 </a>
42:        </div>
43:    </div>
44:    {% endfor %}
45:    </div>
46:    <div>
47:        <p></p>
48:    <a href="javascript:firstPage({{pageIndex}},{{pageCount}},'{{key}}')"> 第一页
</a>
49:    <a href="javascript:prevPage({{pageIndex}},{{pageCount}},'{{key}}')"> 前一页
</a>
50:    <a href="javascript:nextPage({{pageIndex}},{{pageCount}},'{{key}}')"> 下一页
</a>
51:    <a href="javascript:lastPage({{pageIndex}},{{pageCount}},'{{key}}')"> 末一页
</a>
52:        第 {{pageIndex}}/{{pageCount}} 页
53:    </div>
54:    </div>
```

（2）阅读图书模板 readBook.html。

```
1:    <script>
2:        function fontChanged()
3:        {
4:            var i=fontList.selectedIndex;
5:            var size=fontList.options[i].value;
```

```
 6:            document.getElementById("contents").style.fontSize=size;
 7:         }

 8:   </script>

 9:   <style>
10:         a {text-decoration:none;color:blue}
11:         a:visited {color:blue}
12:   </style>

13:   <table border="0" style="width:80%" align="center">
14:   <tr><td><h1>{{title}}</h1></td></tr>
15:   </table>

16:   <input type="hidden" name="pageIndex" id="pageIndex" value='{{pageIndex}}'>
17:   <input type="hidden" name="key" id="key" value='{{key}}'>
18:   <input type="hidden" name="BID" id="BID" value='{{BID}}'>

19:   <table border="0" style="width:80%;border:1px solid;" align="center">
20:          <tr>
21:              <td><a href="/?pageIndex={{pageIndex}}&key={{key}}">返回列表 </a></td>
22:          <td>
23:              选择字号 <select name="fontList" id="fontList" onchange="fontChanged()">
24:              <option value='18px' >18px</option>
25:              <option value='20px' >20px</option>
26:              <option value='22px' >22px</option>
27:              <option value='24px' >24px</option>
28:              <option value='26px' >26px</option>
29:              <option value='28px' >28px</option>
30:              </select>
31:          </td>
32:          <td>
33:          {% if audio!="" %}
34:          <p><a href="/download?BID={{BID}}&&audio={{audio}}" >下载音频文件 </a></p>
35:          {% endif %}
36:          </td>
37:          <td>
38:          {% if audio!="" %}
39:              <audio src="static/{{audio}}?rnd={{rnd}}" controls="controls"
style="height:30px" ></audio>
40:          {% endif %}
41:          </td>
42:      </tr>
43:   </table>
44:   <p> </p>
45:   <table border="0" id="contents" align="center" style="width:80%;border:1px
dashed;font:18px">
46:          <tr><td>{{contents|safe}}</td></tr>
```

```
47:    </table>
```

（3）管理员登录模板 login.html。

```
1:   <style>
2:       a {text-decoration:none;color:blue}
3:       a:visited {color:blue}
4:   </style>

5:   <table width="800" height="300" align="center" border="0">
6:       <tr><td valign="top">
7:       <h1 align="center"> 管理员登录 </h1>
8:       <div style="text-align:right">
9:           <form name="frm" action="" method="post">
10:          <table border="0" align="center">
11:              <tr><td> 用户名称 </td><td><input type="text" name="user" id="user"
value="{{user}}"></td></tr>
12:              <tr><td> 用户密码 </td><td><input type="password" name="pwd"
id="pwd"></td></tr>
13:               <tr><td colspan="2" align="right"><input type="submit" value=" 登录
"></td></tr>
14:              <tr><td colspan="2">{{msg}}</td></tr>
15:              <tr><td colspan="2"><a href="/"> 返回列表 </a></td></tr>
16:          </table>
17:          </form>
18:       </div>
19:       </td></tr>
20:       </table>
```

（4）增加图书网页 insertBook.html。

```
1:   <script>
2:       function trySubmit()
3:        {
4:           var s=document.getElementById("title").value.trim();
5:           if(s=="")
6:           {
7:               alert(" 图书名称不能空 "); return;
8:           }
9:           var s=document.getElementById("imgFile").value;
10:          if(s!="")
11:          {
12:              var p=s.lastIndexOf(".");
13:              var ext="";
14:              if(p>=0) ext=s.substring(p+1);
15:              if(ext!="jpg")
16:              {
17:                  alert(" 选择图书图像必须是 JPG 图像文件 "); return false;
18:              }
```

```
19:              }
20:              var s=document.getElementById("contents").value.trim();
21:              if(s.length>3000)
22:              {
23:                  alert("图书内容不能超过 3000 字符"); return;
24:              }
25:              document.getElementById("frm").submit();
26:          }
27:  </script>

28:  <style>
29:      a {text-decoration:none;color:blue}
30:      a:visited {color:blue}
31:  </style>

32:  <table border="0" align="center">
33:  <tr><td>
34:  <h1>增加图书</h1>
35:  <!-- The list will show with key=title when returns-->
36:  <div><a href="/selectBook?key={{key}}">返回列表</a></div>
37:  <p></p>
38:  <form name="frm" id="frm" action="" method="post" enctype="multipart/form-data">
39:      <table border="0" width="800" >
40:          <tr><td> 图书名称 (*)<input type="text" name="title" id="title" value=
"{{title}}"></td>
41:          <td>图书作者<input type="text" name="author" id="author" value=
"{{author}}"></td>
42:          <td>图书语言
43:              <select name="yList" id="yList">
44:                  <option value="chinese" {% if language=="chinese" %}
selected {% endif %}>中文</option>
45:                  <option value="english" {% if language=="english" %}
selected {% endif %}>英文</option>
46:              </select>
47:          </td>
48:      </tr>
49:      <tr>
50:          <td>图书封面
51:              {% if image!="" %}
52:              <img src="static/{{image}}?rnd={{rnd}}" width="100" >
53:              {% endif %}
54:          </td>
55:          <td colspan="2"><input type="file" name="imgFile" id="imgFile" ></td>
56:      </tr>
57:      <tr>
58:          <td colspan="3">图书语音
59:              {% if audio!="" %}
60:              <audio src="static/{{audio}}?rnd={{rnd}}" controls="controls"
```

```
style="height:30px" />
 61:                    {% endif %}
 62:                </td>
 63:            </tr>
 64:            <tr><td colspan="3"> 图书内容 </td></tr>
 65:            <tr><td colspan="3">
 66:                <textarea name="contents" id="contents" style="width:100%;height:24
0px;" >{{contents}}</textarea>
 67:            </td></tr>
 68:            <tr><td colspan="3" align="right"><input type="button" value=" 提交 "
onclick="return trySubmit()"></td></tr>
 69:            <tr><td colspan="3" align="left">{{msg}}</td></tr>
 70:        </table>
 71:    </form>
 72: </td></tr>
 73: </table>
```

（5）编辑图书网页模板 updateBook.html。

```
 1:  <script>
 2:      function trySubmit()
 3:      {
 4:          var s=document.getElementById("title").value.trim();
 5:          if(s=="")
 6:          {
 7:              alert(" 图书名称不能空 "); return;
 8:          }
 9:          var s=document.getElementById("imgFile").value;
10:          if(s!="")
11:          {
12:              var p=s.lastIndexOf(".");
13:              var ext="";
14:              if(p>=0) ext=s.substring(p+1);
15:              if(ext!="jpg")
16:              {
17:                  alert(" 选择图书图像必须是 JPG 图像文件 "); return false;
18:              }
19:          }
20:          var s=document.getElementById("contents").value.trim();
21:          if(s.length>3000)
22:          {
23:              alert(" 图书内容不能超过 3000 字符 "); return;
24:          }
25:          document.getElementById("frm").submit();
26:      }
27:  </script>
28:  <style>
```

```
29:        a {text-decoration:none;color:blue}
30:        a:visited {color:blue}
31:    </style>

32:    <table border="0" align="center">
33:    <tr><td>
34:    <h1>编辑图书 </h1>
35:    <div><a href="/selectBook?pageIndex={{pageIndex}}&key={{key}}">返回列表 </a></div>
36:    <input type="hidden" name="BID" value='{{BID}}' >
37:    <input type="hidden" name="pageIndex" value='{{pageIndex}}' >
38:    <input type="hidden" name="key" value='{{key}}' >

39:    <p></p>
40:    <form name="frm" id="frm" action="" method="post" enctype="multipart/form-data">
41:        <table border="0" width="800" >
42:        <tr><td>图书名称 (*)<input type="text" name="title" id="title" value=
"{{title}}"></td>
43:        <td>图书作者 <input type="text" name="author" id="author" value="{{author}}">
</td>
44:        <td>图书语言
45:            <select name="yList" id="yList">
46:                <option value="chinese" {% if language=="chinese" %} selected {%
endif %}>中文 </option>
47:                <option value="english" {% if language=="english" %} selected {%
endif %}>英文 </option>
48:            </select>
49:        </td>
50:        </tr>
51:        <tr>
52:            <td>图书封面
53:            {% if image!="" %}
54:            <img src="static/{{image}}?rnd={{rnd}}" width="100" >
55:            {% endif %}
56:        </td>
57:            <td colspan="2"><input type="file" name="imgFile" id="imgFile" ></td>
58:        </tr>
59:        <tr>
60:            <td colspan="3">图书语音
61:            {% if audio!="" %}
62:            <audio src="static/{{audio}}?rnd={{rnd}}" controls="controls"
style="height:30px" />
63:                {% endif %}
64:            </td>
65:        </tr>
66:        <tr><td colspan="3">图书内容 </td></tr>
67:        <tr><td colspan="3">
68:            <textarea name="contents" id="contents" style="width:100%;height:240px;"
>{{contents}}</textarea>
```

```
69:          </td></tr>
70:          <tr><td colspan="3" align="right"><input type="button" value="提交"
onclick="return trySubmit()"></td></tr>
71:          <tr><td colspan="3" align="left">{{msg}}</td></tr>
72:          </table>
73:    </form>

74:    </td></tr>
75:    </table>
```

（6）管理图书模板 selectBook.html。

```
1:    <script>
2:         function deleteBook(BID,pageIndex,key)
3:         {
4:             if(confirm("删除编号"+BID+"这本图书?"))
5:             {
6:                 window.location.href="?cmd=delete&BID="+BID+"&pageIndex="+pageIndex+"
&key="+key;
7:             }
8:         }
9:         function firstPage(pageIndex,pageCount,key)
10:        {
11:            if(pageIndex>1) window.location.href="?pageIndex=1&key="+key;
12:        }
13:        function prevPage(pageIndex,pageCount,key)
14:        {
15:            if(pageIndex>1) { --pageIndex; window.location.href="?pageIndex="+pageI
ndex+"&key="+key; }
16:        }
17:         function nextPage(pageIndex,pageCount,key)
18:         {
19:             if(pageIndex<pageCount) { ++pageIndex; window.location.href="?pageInde
x="+pageIndex+"&key="+key; }
20:         }
21:         function lastPage(pageIndex,pageCount,key)
22:         {
23:             if(pageIndex<pageCount) { window.location.href="?pageIndex="+pageCount
+"&key="+key; }
24:         }

25:         function seekList()
26:         {
27:             var key=document.getElementById("key").value.trim();
28:             window.location.href="?key="+key;
29:         }
```

```
30:  </script>

31:  <style>
32:      a {text-decoration:none;color:blue}
33:      a:visited {color:blue}
34:  </style>

35:  <h1 align="center"> 图书管理 </h1>
36:  <div style="text-align: center;">
37:      <div>
38:          <a href="/"> 用户退出 </a>     
39:          <a href="insertBook?key={{key}}"> 增加图书 </a>
40:      </div>
41:  <div>
42:      <p> 搜索 <input type="text" name="key" id="key" value="{{key}}"><input type=
"button" value=" 搜索 " onclick="seekList()"></p>
43:  </div>
44:  <div style="display: inline-block; width: 1300; text-align: left;">
45:  {% for book in books %}
46:  <div style="display: inline-block; width:200px;overflow:hidden;margin-left:
20px;">
47:      <div style="white-space: nowrap;"><h4>{{book.title}}</h4></div>
48:      <div><img src="static/{{book.image}}" width="100" height="100"></div>
49:      <div> 编号 :{{book.BID}}</div>
50:      <div> 作者 :{{book.author}}</div>
51:      <p>
52:          <a href="javascript:deleteBook('{{book.BID}}','{{pageIndex}}','{{key}}')">
删除图书 </a>
53:          <a href="/updateBook?BID={{book.BID}}&pageIndex={{pageIndex}}&key={{k
ey}}"> 编辑图书 </a>
54:      </p>
55:  </div>
56:  {% endfor %}
57:  </div>
58:  <div>
59:      <p></p>
60:      <a href="javascript:firstPage({{pageIndex}},{{pageCount}},'{{key}}')"> 第一页
</a>
61:      <a href="javascript:prevPage({{pageIndex}},{{pageCount}},'{{key}}')"> 前一页
</a>
62:      <a href="javascript:nextPage({{pageIndex}},{{pageCount}},'{{key}}')"> 下一页
</a>
63:      <a href="javascript:lastPage({{pageIndex}},{{pageCount}},'{{key}}')"> 末一页
</a>
64:      第 {{pageIndex}}/{{pageCount}} 页
65:  </div>
66:  </div>
```

6. Web 服务器主程序 server.py

```
1:   import flask
2:   import sys
3:   import json
4:   from database import BookDatabase
5:   from audio import AudioClass
6:   import datetime
7:   import random
8:   import time
9:   import os
10:  import urllib.request

11:  app=flask.Flask("web")

12:  '''
13:  @app.route("/initialize")
14:  def initialize():
15:      msg=""
16:      try:
17:          msg=BookDatabase.initialize()
18:      except Exception as err:
19:          msg=str(err)
20:      return json.dumps({"msg":msg})
21:  '''

22:  @app.route("/",methods=["GET","POST"])
23:  def index():
24:      flask.session["login"]=""
25:      try:
26:          books=[]
27:          pageIndex=int(flask.request.values.get("pageIndex","1"))
28:          key=flask.request.values.get("key","")
29:          pageSize=10
30:          pageCount=0
31:          rows=BookDatabase.listBook(key)
32:          if rows:
33:              pageCount=len(rows)//pageSize
34:              if len(rows) % pageSize!=0:
35:                  pageCount+=1
36:              if pageIndex>pageCount:
37:                  pageIndex=pageCount
38:              rows=rows[(pageIndex-1)*pageSize:pageIndex*pageSize]
39:              for row in rows:
40:                  book={"BID":row["BID"],"title":row["title"],"author":row["author"]}
41:                  book["image"]=row["image"]+"?rnd="+str(random.random())
42:                  books.append(book)
43:          return flask.render_template("index.html",books=books,pageCount=pageCo
```

```
unt,pageIndex=pageIndex,key=key)
44:        except Exception as error:
45:            return str(error)


46:    @app.route("/insertBook",methods=["GET","POST"])
47:    def insertBook():
48:        if flask.session.get("login","")!="OK":
49:            return flask.redirect("/")
50:        try:
51:            msg=""
52:            title=""
53:            author=""
54:            language="chinese"
55:            contents=""
56:            image=""
57:            audio=""
58:            method=flask.request.method
59:            if method=="POST":
60:                title=flask.request.values.get("title","")
61:                author=flask.request.values.get("author","")
62:                language=flask.request.values.get("yList","")
63:                contents=flask.request.values.get("contents","")
64:                imgFile=flask.request.files["imgFile"]
65:                data=b""
66:                if imgFile:
67:                    data=imgFile.read()
68:                    result=BookDatabase.insertBook(title,author,language,contents,
data)
69:                if result["BID"]>0:
70:                    msg="增加图书成功"
71:                    image=result["image"]
72:                    audio=result["audio"]
73:                else:
74:                    msg="增加图书失败：该图书已经存在"
75:            key=title
76:            return flask.render_template("insertBook.html",title=title,author=auth
or,language=language,contents=contents,image=image,audio=audio,key=key,msg=msg)
77:        except Exception as error:
78:            return str(error)


79:    @app.route("/updateBook",methods=["GET","POST"])
80:    def updateBook():
81:        if flask.session.get("login","")!="OK":
82:            return flask.redirect("/")
83:        try:
84:            msg=""
85:            BID=int(flask.request.values.get("BID","0"))
86:            pageIndex=int(flask.request.values.get("pageIndex","1"))
```

```
87:              key=flask.request.values.get("key","")
88:              book=BookDatabase.selectBook(BID)
89:              title=book["title"]
90:              author=book["author"]
91:              language=book["language"]
92:              contents=book["contents"]
93:              image=book["image"]
94:              audio=book["audio"]
95:              method=flask.request.method
96:              if method=="POST":
97:                  title=flask.request.values.get("title","")
98:                  author=flask.request.values.get("author","")
99:                  language=flask.request.values.get("yList","")
100:                 contents=flask.request.values.get("contents","")
101:                 imgFile=flask.request.files["imgFile"]
102:                 data=b""
103:                 if imgFile:
104:                     data=imgFile.read()
105:                 result=BookDatabase.updateBook(BID,title,author,language,contents,
data)
106:                 if result["BID"]>0:
107:                     msg="更新图书成功"
108:                     if result["image"]!="":
109:                         image=result["image"]
110:                     audio=result["audio"]
111:                 else:
112:                     msg="更新图书失败：该图书已经存在"
113:             return flask.render_template("updateBook.html",BID=BID,pageIndex=pageI
ndex,key=key,title=title,author=author,language=language,contents=contents,image=image,
audio=audio,msg=msg,rnd=random.random())
114:     except Exception as error:
115:         return str(error)


116: @app.route("/readBook",methods=["GET","POST"])
117: def readBook():
118:     try:
119:         BID=int(flask.request.values.get("BID","0"))
120:         pageIndex=int(flask.request.values.get("pageIndex","1"))
121:         key=flask.request.values.get("key","")
122:         book=BookDatabase.selectBook(BID)
123:         title=book["title"]
124:         contents=book["contents"]
125:         audio=book["audio"]
126:         #chinese blanks
127:         contents="    "+contents.replace("\n","<br>    ")
128:         return flask.render_template("readBook.html",BID=BID,pageIndex=pageIn
dex,key=key,title=title,contents=contents,audio=audio,rnd=random.random())
```

```
129:      except Exception as error:
130:          return str(error)


131:   @app.route("/selectBook",methods=["GET","POST"])
132:   def selectBook():
133:       if flask.session.get("login","")!="OK":
134:           return flask.redirect("/")
135:       try:
136:           books=[]
137:           pageIndex=int(flask.request.values.get("pageIndex","1"))
138:           key=flask.request.values.get("key","")
139:           pageSize=10
140:           pageCount=0
141:           cmd=flask.request.values.get("cmd","")
142:           if cmd=="delete":
143:               BID=int(flask.request.values.get("BID","0"))
144:               BookDatabase.deleteBook(BID)
145:           rows=BookDatabase.listBook(key)
146:           if rows:
147:               pageCount=len(rows)//pageSize
148:               if len(rows) % pageSize!=0:
149:                   pageCount+=1
150:               if pageIndex>pageCount:
151:                   pageIndex=pageCount
152:               rows=rows[(pageIndex-1)*pageSize:pageIndex*pageSize]
153:               for row in rows:
154:                   book={"BID":row["BID"],"title":row["title"],"author":row["auth
or"]}
155:                   book["image"]=row["image"]+"?rnd="+str(random.random())
156:                   books.append(book)
157:           return flask.render_template("selectBook.html",books=books,pageCount=
pageCount,pageIndex=pageIndex,key=key)
158:       except Exception as error:
159:           return str(error)


160:   @app.route("/download",methods=["GET","POST"])
161:   def download():
162:       BID=int(flask.request.values.get("BID","0"))
163:       audio=flask.request.values.get("audio","")
164:       if BID>0 and audio!="":
165:           if os.path.exists("static\\"+audio):
166:               fobj=open("static\\"+audio,"rb")
167:               data=fobj.read()
168:               fobj.close()
169:               response=flask.make_response(data)
170:               title=BookDatabase.selectBook(BID)["title"]
171:               fileName=urllib.parse.quote(title+".mp3")
```

```
172:                    response.headers["Content-Disposition"] = "attachment;filename=" +
fileName
173:                    response.headers["ContentType"] = "application/octet-stream"
174:                    response.headers["Encoding"] = "utf8"
175:                    return response
176:        return flask.redirect("/")

177:    @app.route("/login",methods=["GET","POST"])
178:    def login():
179:        try:
180:            msg=""
181:            user=""
182:            pwd=""
183:            flask.session["login"]=""
184:            if flask.request.method=="POST":
185:                user=flask.request.values.get("user","")
186:                pwd=flask.request.values.get("pwd","")
187:                if BookDatabase.login(user,pwd):
188:                    flask.session["login"]="OK"
189:                    return flask.redirect("/selectBook")
190:                else:
191:                    msg="登录失败"
192:            return flask.render_template("login.html",user=user,pwd=pwd,msg=msg)
193:        except Exception as error:
194:            return str(error)

195:    app.secret_key="123"
196:    app.debug=True
197:    app.run()
```

四、项目测试

网站的主页如图 2-15 所示，如果图书多的话会分页显示，用户可以搜索所要的图书。
选择一本图书后可以进行阅读、聆听语音、下载语音，如图 2-16 所示。

图 2-15　浏览图书

图 2-16　阅读图书

管理员登录后进入图书管理，如图 2-17 所示，管理员可以增加图书、编辑图书、删除图书。

图 2-17　管理图书

五、项目发布

1. 创建云盘服务器

使用 Amazon EC2 建立一个虚拟机，配置 Python 与 Flask 运行环境，并允许端口 5000 的访问。

2. 创建图书服务器

在云盘服务器建立一个文件夹，例如 AudioBook，把整个项目文件复制到这个文件夹。

3. IAM 用户安全凭证配置

在云盘服务器中输入如下命令配置亚马逊云 IAM 用户安全凭证 AK/SK。

```
aws configure
```

依次输入从 accessKeys.csv 获取的 Access Key ID、Secret Access Key、cn-northwest-1、None，以将配置存储至环境的配置文件中。

4. 配置数据库

配置数据库文件 mySql.csv，使得从云盘虚拟机能访问 Amazon Polly 服务与 Amazon RDS MySQL 数据库服务。

5. 修改 server.py 的运行语句

```
app.secret_key="123"
app.run(host="0.0.0.0",port=5000)
```

6. 运行服务器

使用 Python 命令运行 server.py，即：

```
python server.py
```

那么就可以在互联网上使用这个有声图书系统了。

7. 测试程序

最后完成发布程序的应用测试。

六、项目拓展

为了简单，同时也基于篇幅的考虑，该项目只能把不太长的文本（一般不超过 3000 字）转为语音。如果文本比较长，Amazon Polly 会在后台启动一个异步任务把文字转为语音，然后把这个语音文件存储到指定的 S3 存储桶中。由于这个转换需要时间，因此是异步完成的。

一般情况下，处理异步程序会比较麻烦，因为不知道这个过程什么时候完成。有一个可行的方法是为 S3 存储桶设置一个读写事件，当语音文件转换好后存储到 S3 存储桶时就触发一个事件，而这个事件将触发一个 lambda 函数，这个 lambda 函数负责把 S3 中的语音文件转存到 EC2 的虚拟机的 Web 网站，这样就自动完成了长文本的语音转换。有兴趣的读者可以进一步完善这个项目，实现长文本的语音转换。

练习二

1. Amazon Polly 在把文字转换为语音时，如果发现文字太长（大约超过 3000 字符），就不能立即返回语音文件数据，而是会启动一个异步的转换任务，在后台进行转换，并把转换好的语音文件存储到 Amazon S3 存储桶。

1）请查阅 Boto3 中关于 start_speech_synthesis_task 函数说明。

2）请查阅 Amazon S3 存储桶资料。

2. 目前这个有声图书网站只支持图书的简单浏览与搜索功能。使用网站的 cookies 特性编写程序增加一个"我的喜爱"功能，该功能让用户每次进入网站时能在"我的喜爱"栏目看到最近阅读过的三本图书，如图 2-18 所示。

提示：

1）在单击阅读一本图书时把图书的 BID 编号写入用户端的 cookies 中，而且 cookies 保存最近阅读的三本书。

2）在网站的 index.html 页面增加"我的喜爱"栏目，每次浏览这个页面时获取 cookies 值，列出最近的三本图书。

图 2-18

单元 3

航班数据采集及可视化分析

知识目标

- 掌握 Python 中列表、元组的使用。
- 掌握 Python 中字典的使用。
- 掌握 Python 中链式操作的使用。
- 掌握 Python 中函数的使用。
- 掌握爬虫技术的知识。
- 掌握多进程编程的知识。
- 掌握数据分析的知识。
- 掌握可视化技术的知识。

能力目标

- 能使用列表、元组和字典存储数据。
- 能使用函数进行结构化程序设计。
- 能使用 Python 熟练操作数据文件。
- 能够在 Amazon EC2 实例上安装部署 Jupyter Notebook 开发环境。
- 能够使用特定模板部署 Amazon EC2 实例。
- 能够使用 Amazon SageMaker 创建笔记本实例。
- 能使用 Notebook 开发 Python 程序。
- 能使用 Amazon S3 存取数据。
- 能使用链式操作进行复杂代码的开发。
- 能使用 Threading 包进行多线程程序开发。
- 能使用 Requests 包进行爬虫数据开发。
- 能使用 BeautifulSoup 包解析文档。
- 能使用 Multiprocessing 包设计多进程应用程序。
- 能使用 Pandas 包进行数据分析程序开发。
- 能使用 Pyecharts 包进行可视化表达。

项目
功能

国内外主要机场每天进出港的航班非常多，本项目可实现爬取各个主要机场每天进出港航班的数据，并对这些数据做分析与可视化展示，提取感兴趣的信息。

本项目使用 Amazon EC2 和 Amazon SageMaker 等服务，创建并配置 Linux2 虚机，使用 MobaXterm 等 SSH 工具远程访问 Linux2 虚机，在 Linux2 虚机中部署并配置 Jupyter Notebook 开发环境。

项目 3.1　安装部署 Amazon EC2 实例及开发环境

任务 3.1.1　部署 Amazon EC2 实例并配置开发环境

一、任务描述

以 Amazon Web Service 为例，在云计算环境中进行软件开发具有诸多优点，譬如，用户无需考虑硬件投入、部署速度快、组织灵活性高等。特别是使用云平台上的计算实例进行开发工作，是很多开发人员的选择。

Linux 操作系统能够运行主要的 UNIX 工具软件、应用程序和网络协议，逐渐成为功能完善、稳定的操作系统，在个人计算机和服务器中具有很高的占有率。

设计数据采集及可视化分析程序，开发人员可以在 Amazon EC2 实例中搭建 Python 开发环境，也可以使用预先配置好开发环境的模板安装 Amazon EC2 实例。

本任务首先要求在亚马逊云科技管理控制台中创建 Amazon EC2 实例，之后在 Amazon EC2 实例中安装配置 Jupyter Notebook。

二、知识要点

1. Python 版本介绍

Python 是一种跨平台的计算机程序设计语言，在较高层次结合了解释性、编译性、互动性和面向对象的特性。该语言最初被设计用于编写自动化脚本，随着版本的不断更新和新功能的添加，逐渐被用于独立的、大型项目的开发。

当前，Python 语言包括 2.x 版本和 3.x 版本。相比较 2.x 版本，3.x 版本有较大的改进，而且越来越多的第三方扩展包只提供对 3.x 版本的支持。随着时间的推移，3.x 版本逐渐占据 Python 语言的主流。

在 Python 3.8 中，添加了诸多实用的新特性，比如 ":=" 赋值表达式、参数位置化、多进程共享内存等。

关于 Python 语言的最新动态，可以访问网址 https://www.python.org/events/python-events。

2. Jupyter Notebook 介绍及其特点

Jupyter Notebook 是一种以网页形式打开的 Web 应用程序，可以在 Web 页面中输入说明文档、数学方程、代码和可视化内容，代码的运行结果可以直接在代码块下显示。如果开发人员在开发过程中需要编写说明文档，可在 Notebook 的同一个页面中直接编写，无需另外编写单独的文档，便于作及时的说明和解释。

其主要特点包括：

1）编程时具有语法高亮、自动缩进、Tab 自动补全的功能。

2）可直接通过浏览器运行代码，同时在代码块下方展示运行结果。

3）以富媒体格式展示计算结果。富媒体格式包括 html、LaTeX、png 和 svg 等格式或标准。

4）对代码编写说明文档或语句时，支持 Markdown 语法。

5）支持使用 LaTeX 编写数学公式。

上述特性和优势使得 Jupyter Notebook 迅速成为数据分析和机器学习等开发人员的必备工具。

3. 环境变量

环境变量（Environment Variables）是操作系统中一个具有特定名字的对象，一般是指在操作系统中用来指定操作系统运行环境的一些参数，它包含了一个或者多个应用程序所使用到的信息，如临时文件夹位置和系统文件夹位置等。

环境变量相当于给操作系统或应用程序设置的一些参数，不同的环境变量设置不同类型的参数。

Linux 操作系统中的 PATH 环境变量存储了程序的路径。当操作系统运行一个应用程序时，操作系统除了在当前目录下面寻找此程序外，还会到 PATH 环境变量存储的路径中寻找。

三、任务实施

1. 登录亚马逊云科技中国区管理控制台

使用浏览器访问亚马逊云科技中国区的网站。登录界面如图 3-1 所示。

图 3-1　亚马逊云科技中国区网站首页

从页面上方的下拉菜单中，依次选择"我的账户"→"管理控制台"，如图 3-2 所示。

在弹出的如图 3-3 所示的管理控制台登录界面中，依次输入账户、用户名和密码，登录进入管理控制台，如图 3-3 所示。

成功登录后进入管理控制台界面，如图 3-4 所示。

单击图 3-4 所示"计算"服务中的"EC2"链接，进入 EC2 管理界面，如图 3-5 所示。

图 3-2　登录亚马逊云科技管理控制台

图 3-3 亚马逊云科技管理控制台登录界面

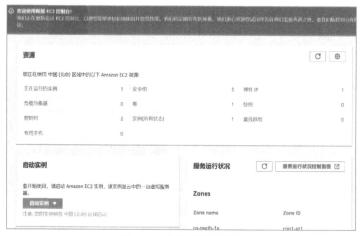

图 3-4 亚马逊云科技管理控制台界面

图 3-5 EC2 管理界面

2. 开始创建 Amazon EC2 实例

从"启动实例"选项中，选择"启动实例"下拉列表中的"启动实例"，通过这些步骤创建新实例，如图 3-6 所示。

成功运行之后，进入选择系统映像的页面，如图 3-7 所示。

图 3-6　创建新实例

图 3-7　选择 Amazon EC2 系统映像

3. 创建并配置 Amazon EC2 实例

Step 1: 选择 Amazon EC2 实例模板（AMI）

亚马逊云科技提供了多种系统模板，在这里，选择 Amazon Linux 2 模板。

在搜索栏内输入 linux，执行搜索操作后，单击"Amazon Linux 2 AMI"名称右侧的"选择"按钮，执行 Amazon EC2 实例的创建，如图 3-8 所示。

图 3-8　使用 Amazon Linux 2 模板创建 Amazon EC2 实例

Step 2: 选择 Amazon EC2 实例的实例类型

根据应用场景、资源需求和预算等要素，选择合适的实例类型。在这里，选择配置较低的类型，即 t2.micro，并单击"下一步：配置实例详细信息"按钮，如图 3-9 所示。

图 3-9 选择 Amazon EC2 实例的实例类型

Step 3: 配置该 Amazon EC2 实例的详细信息

根据需要配置该实例的详细信息，如实例的数量等。单击"下一步：添加存储"按钮，如图 3-10 所示。

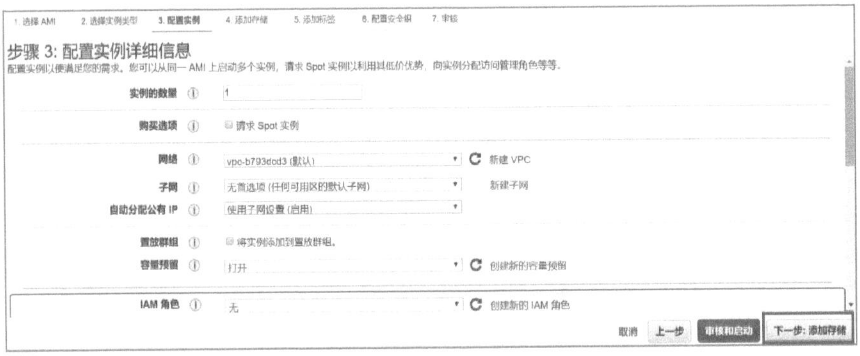

图 3-10 完成实例的详细配置

Step 4: 配置该 Amazon EC2 实例的存储

根据需要为 Amazon EC2 实例配置或添加存储资源，如磁盘的大小、类型等。单击"下一步：添加标签"按钮，如图 3-11 所示。

图 3-11 配置实例的存储

Step 5: 为该 Amazon EC2 实例添加标签

标签由一个区分大小写的键值对组成。在这里，添加一个标签用以表明该 Amazon EC2 实例的名称，该标签的键是字符串"Name"，该标签的值是字符串"Linux2_micro"。

单击"步骤 5：添加标签"页面中的"添加标签"按钮，如图 3-12 所示。

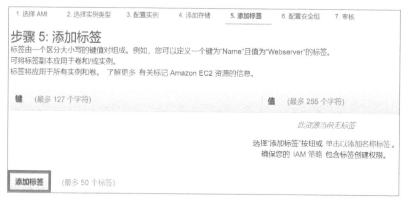

图 3-12　进入为实例添加标签的页面

在弹出的页面中，输入键值对，并勾选"实例"和"卷"，单击"下一步：配置安全组"按钮，如图 3-13 所示。

图 3-13　为实例添加新的标签

Step 6: 为该 Amazon EC2 实例配置安全组

在这里，需要设置 SSH 和 TCP 两种协议类型。具体配置参数见表 3-1。

表 3-1　Amazon EC2 实例安全组配置详细信息

配置参数	SSH 协议	TCP
类型	SSH	自定义 TCP 规则
协议	TCP	TCP
端口范围	22	8888
来源	任何位置	任何位置
描述	linux2_micro_sg_ssh	linux2_micro_sg_tcp
安全组名称	linux2_micro_sg	
描述	linux2_micro_sg created 2019-01-21T15:23:40.052+08:00	

选择"创建一个新的安全组"，根据表 3-1 的内容完成安全组的配置。单击"审核和启动"按钮，如图 3-14 所示。

Step 7: 审核 Amazon EC2 实例

在"步骤 7：核查实例启动"页面中，集中展示了配置的 Amazon EC2 实例的详细信息。展示的具体信息如图 3-15 所示。

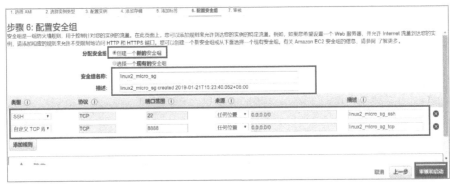

图 3-14 为实例配置安全组

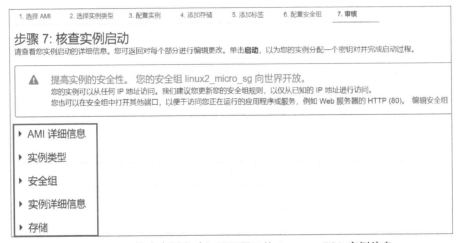

图 3-15 "核查实例启动"页面展示的 Amazon EC2 实例信息

可以在该步骤中，对这些详细配置进行编辑。例如，可以查看并修改安全组。如果确认无误，则可以单击"启动"按钮，如图 3-16 所示。

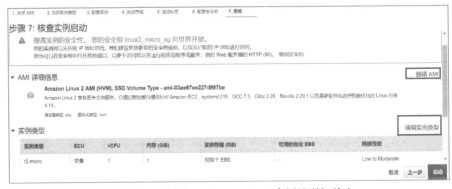

图 3-16 可以编辑 Amazon EC2 实例的详细信息

Step 8: 选择现有密钥或者创建新密钥对

在单击"启动"按钮之后，需要为该 Amazon EC2 实例选择密钥对，既可以选择已经存在的密钥对，也可以创建一个新密钥对。这里，首先创建一个新密钥对取名为"linux2-t2micro-key"。单击"下载密钥对"按钮并保存该密钥对。单击"启动实例"以开启此 Amazon EC2 实例，如图 3-17 所示。

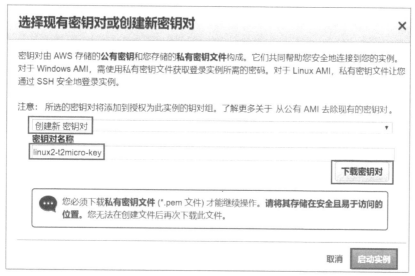

图 3-17　创建一个新密钥对

接下来，将跳转到"启动状态"页面，该页面显示了费用通知提醒、连接到该实例的方法以及一些帮助文件，如图 3-18 所示。

图 3-18　Amazon EC2 实例启动状态页面

Step 9: 查看 Amazon EC2 实例状态

进入 EC2 服务界面，在"资源"项下，可以看到正在运行的实例。在图 3-19 中可以看到，有 4 个正在运行的实例。单击"4 个正在运行的实例"链接查看正在运行的实例。

图 3-19　查看正在运行的实例

在实例页面中，可以看到之前新建的 Amazon EC2 实例正在运行中，如图 3-20 所示。

图 3-20　新建的 Amazon EC2 实例正在运行

Step 10: 修改、编辑 Amazon EC2 实例状态和信息

在实例页面中可以改变 Amazon EC2 实例的状态，如停止、重启和终止等，也可以进行实例设置、修改安全组和创建映像等操作。

在这里，将创建的 Amazon EC2 实例关闭。选中该 Amazon EC2 实例后，依次单击"操作"→"实例状态"→"停止"，如图 3-21 所示。

图 3-21　关闭新建的 Amazon EC2 实例

关闭后，可以看到 Amazon EC2 实例状态变成了关闭状态，即"stopped"，如图 3-22 所示。

图 3-22　执行"停止"操作后 Amazon EC2 实例的状态

4. 在 Amazon EC2 实例中安装使用 Jupyter Notebook

Step 1: 下载支持 Python3.8 的 Anaconda 安装包

可以通过访问 Anaconda 官方网站下载 Anaconda 的安装包。

远程登录到 Amazon EC2 实例，在命令行中输入并执行下述命令。

```
sudo wget https://repo.anaconda.com/archive/Anaconda3-2020.07-Linux-x86_64.sh
```

该命令的作用是，使用管理员权限下载文件 Anaconda3-2020.07-Linux-x86_64.sh，结果如图 3-23 所示。

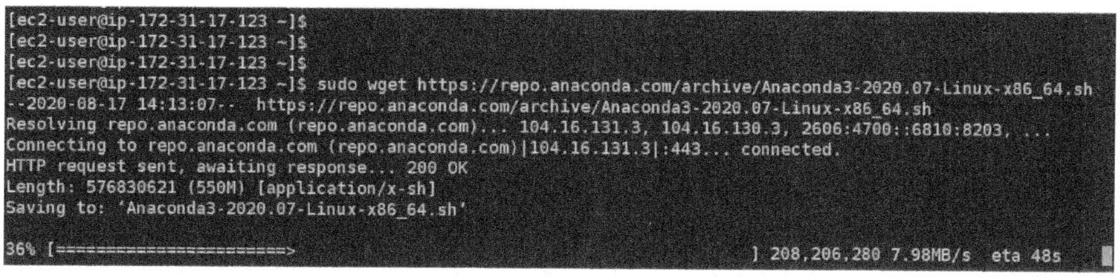

图 3-23　使用 wget 下载 Anaconda 安装包

下载完成后，查看存放该文件的路径，如图 3-24 所示。

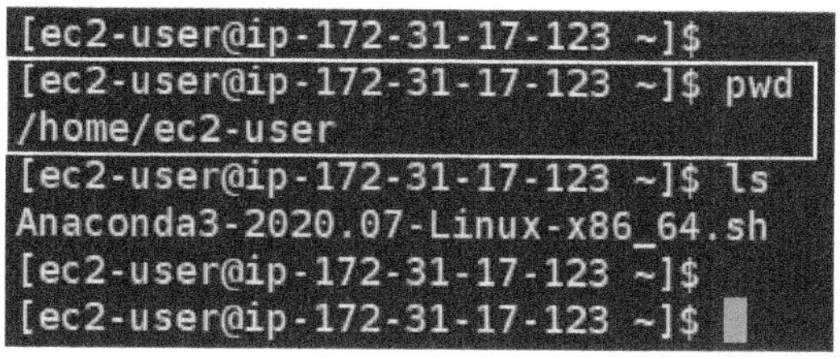

图 3-24　查看下载文件信息

Step 2: 修改安装包的权限

需要将该安装包的权限设置为当前用户可执行。

使用"ll"命令查看文件 Anaconda3-2020.07-Linux-x86_64.sh 的权限，如图 3-25 所示。

图 3-25　查看当前 Anaconda 安装文件的权限

从图 3-25 可见，当前用户具有该文件的读写权限，不具有该文件可执行权限。为了运行该安装文件，需要修改其权限为当前用户可执行。

使用下述命令为该文件添加可执行权限：

```
sudo chmod u+x Anaconda3-2020.07-Linux-x86_64.sh
```

再次使用"ll"查看这个文件的权限，如图 3-26 所示。

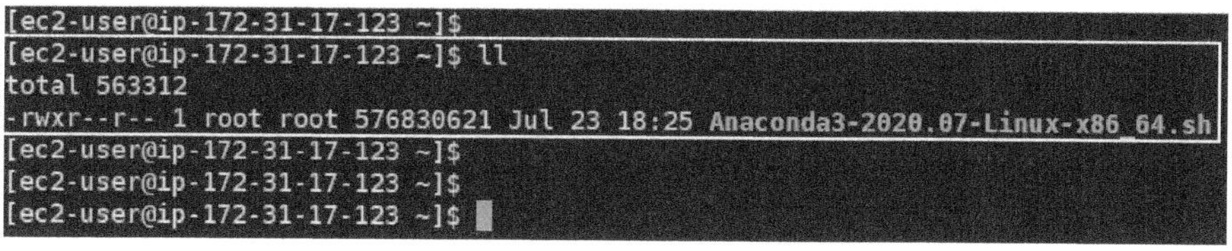

图 3-26　查看添加用户可运行权限之后 Anaconda 安装文件的权限

从图 3-26 可见，当前用户具有该文件的读、写和执行权限，其他用户也具有读权限。也可以使用下述命令为当前用户添加可执行权限，并删除其他用户的所有权限。

```
sudo chmod 700 Anaconda3-2020.07-Linux-x86_64.sh
```

再次使用"ll"查看这个文件的权限，如图 3-27 所示。

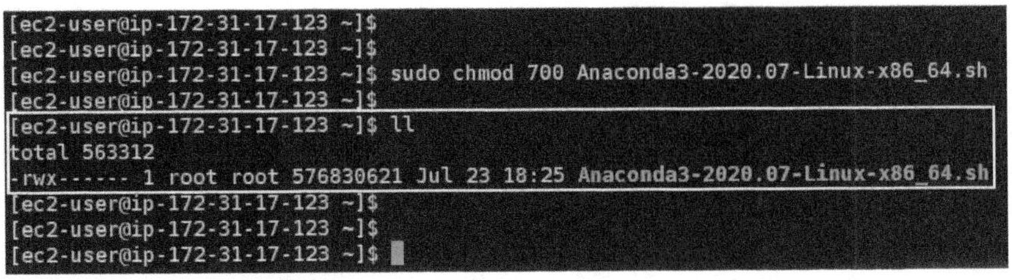

图 3-27 查看删除其他用户权限之后 Anaconda 安装文件的权限

从图 3-27 可见，现在仅有当前用户具有该文件的操作权限。

Step 3: 安装 Anaconda 开发环境

使用下述命令安装 Anaconda 开发环境。

```
sudo ./ Anaconda3-2020.07-Linux-x86_64.sh
```

输入上述命令并按 <Enter> 键，开始安装 Anaconda，如图 3-28 所示。

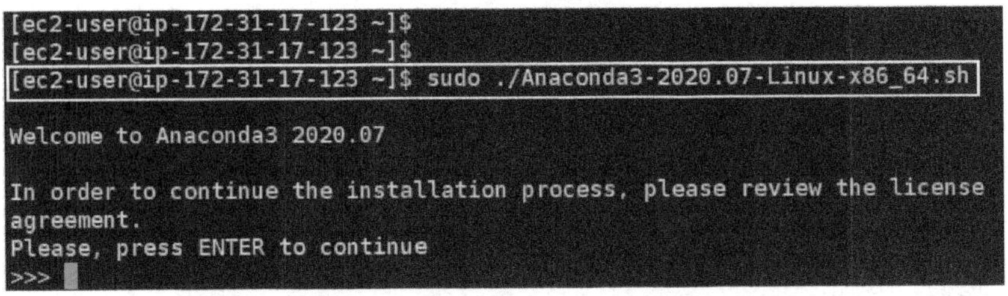

图 3-28 启动 Anaconda 安装程序

按 <Enter> 键后弹出用户许可，如图 3-29 所示。

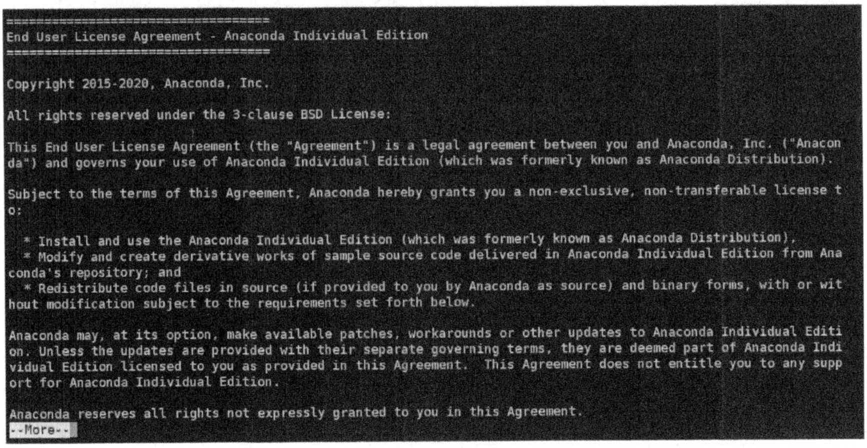

图 3-29 Anaconda 安装许可页面

在阅读完当前页面之后，通过按 <Enter> 键进入下一页，直到阅读完成安装许可。

阅读安装许可之后，在命令行中输入英文"yes"，表示同意该安装许可并继续安装过程。之后，系统提示用户选择安装路径。这里，用户既可以按 <Enter> 键选择默认路径（/root/Anaconda3），也可以输入其他安装路径。在这里，将 Anaconda 安装在路径"/usr/anaconda3"。按 <Enter> 键开始安装，如图 3-30 所示。

安装完毕后，在命令行中输入"yes"初始化 Anaconda3，如图 3-31 所示。

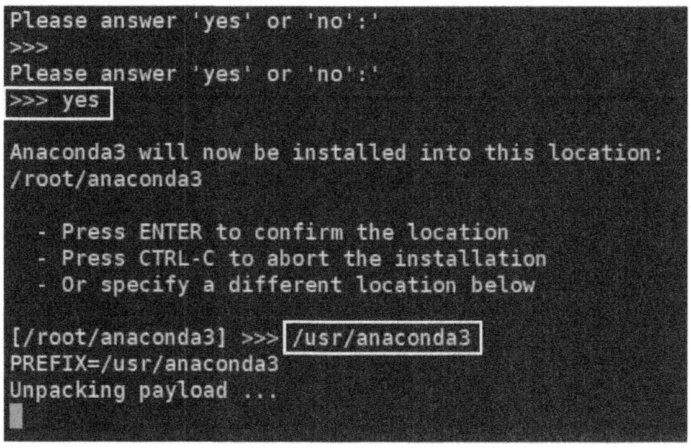

图 3-30　选择 Anaconda 安装路径

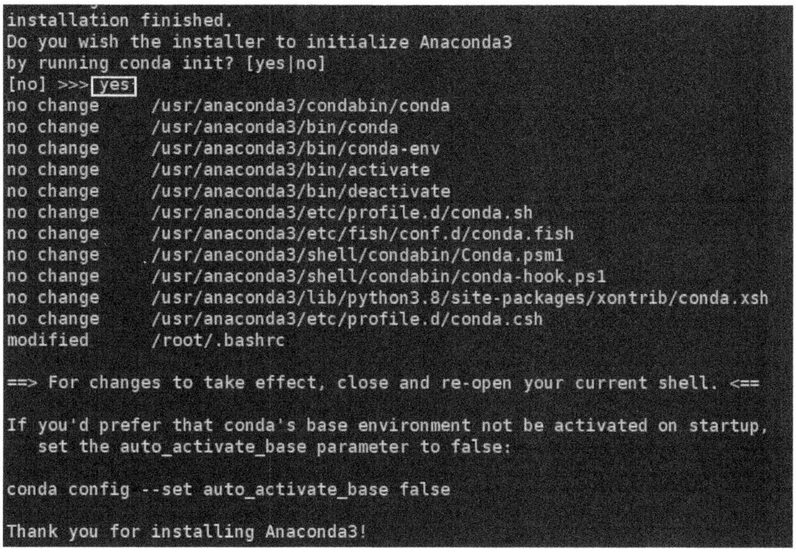

图 3-31　Anaconda 安装完成

Step 4: 配置 PATH 环境变量

需要将 Anaconda 的安装路径添加到当前用户的环境变量 PATH 中，执行如下命令查看当前用户的 PATH 值。

```
echo $PATH
```

输出结果如图 3-32 所示。

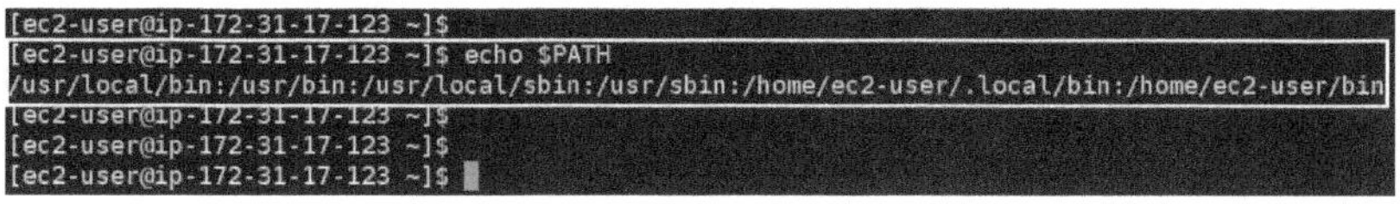

图 3-32　查看 PATH 环境变量

从图 3-32 可见，Anaconda3 的安装路径并不在当前用户的 PATH 变量列表中，因此需要修改当前用户 PATH 变量的值，将该路径添加到 PATH 变量中。可通过编辑当前用户根目录下的 .bashrc 文件来实现修改 PATH 变量。使用文本编辑器打开该文件，向该文件中添加如下代码，修改 PATH 变量的值。

```
export PATH=/usr/anaconda3/bin:$PATH
```

然后调用如下命令使得当前修改生效。

```
source ~/.bashrc
```

完成如上操作之后，需要退出 SSH 客户端并重新登录一次。

再次执行下述命令输出当前用户的环境变量 PATH。

```
echo $PATH
```

输出结果如图 3-33 所示。

图 3-33　查看修改后的 PATH 环境变量

从图 3-33 可见，当前用户的 PATH 变量包括了 Anaconda3 的安装路径。

可以通过查看 jupyter-notebook 可执行程序的路径，来验证 Anaconda 是否安装成功。通过使用如下命令实现。

```
which jupyter-notebook
```

如果安装成功并且正确配置了环境变量，那么输出结果如图 3-34 所示。

图 3-34　查看 jupyter-notebook 安装路径

Step 5：配置 Jupyter Notebook 远程访问

首先，通过执行下述命令生成 Jupyter Notebook 的配置文件。

```
jupyter notebook --generate-config
```

成功执行该命令后，生成 Jupyter Notebook 的配置文件，存储在当前用户根目录的".jupyter/"文件夹中，文件名称是"jupyter_notebook_config.py"，如图 3-35 所示。

图 3-35　生成 Jupyter Notebook 的配置文件

其次，通过执行下述命令生成 Jupyter Notebook 的密钥文件。

```
jupyter notebook password
```

执行该命令后，需要用户输入并确认密码，然后将密码文件存储到密钥文件中。该文件存储的默认路径是当前用户根目录的".jupyter/"文件夹，文件名称是"jupyter_notebook_config.json"，如图 3-36 所示。

查看之前生成的 Notebook 配置文件，可以通过如下命令实现。

```
cat /home/ec2-user/.jupyter/jupyter_notebook_config.json
```

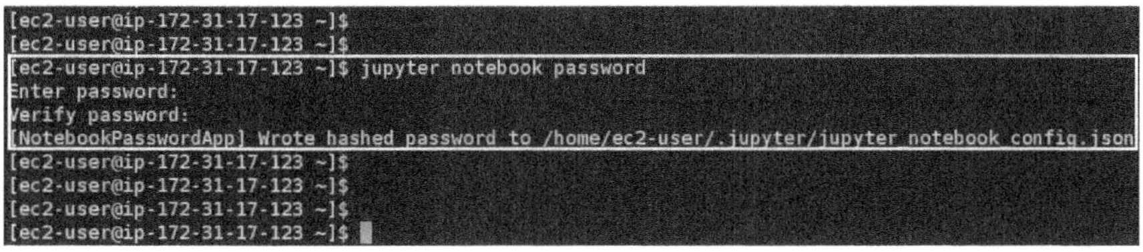

图 3-36　生成 Jupyter Notebook 的密钥文件

在该文件中，以加密的方式存储了用户设置的 Jupyter Notebok 密码。"password"键的值即为加密密钥，其格式是"sha1:----"。复制如图 3-37 中框选部分所示的密钥。

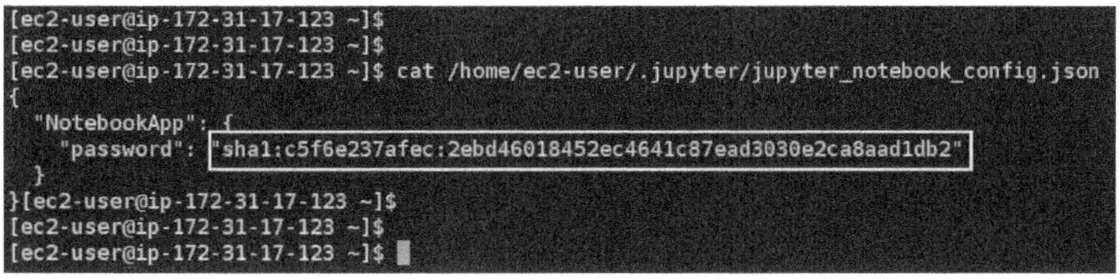

图 3-37　复制密码文件中的加密密钥

使用文本编辑工具打开上一步生成的 Jupyter Notebook 配置文件。在这里，使用 Vim 来完成对配置文件的编辑，命令如下：

```
vim /home/ec2-user/.jupyter/jupyter_notebook_config.py
```

在这里，为了能够远程使用具有图形界面的 Jupyter Notebook，需要通过修改该配置文件，配置允许访问 Jupyter Notebook 的网络 IP 地址、Jupyter Notebook 的密码、是否可以在本地使用浏览器打开，以及可以访问 Jupyter Notebook 的端口。具体来讲，需要修改的配置代码如下所示。

```
1. c.NotebookApp.ip = '*'
2. c.NotebookApp.open_browser = False
3. c.NotebookApp.password = u'sha1:--------'
4. c.NotebookApp.port = 8888
```

默认情况下，这四行命令分别位于配置文件的第 174、220、229 和 440 行。也可以使用 Vim 编辑器的查找功能快速定位到这 4 行。

其中，要使上述代码的第 4 行生效，需要在安全策略中开启 8888 端口。

完成上述配置之后，就可以在本机使用浏览器登录并使用 Amazon EC2 实例上的 notebook 进行开发。

Step 6: 测试程序——查看 S3 存储桶存储区

使用 pip 工具安装最新发行版的 Boto3 工具。使用的命令如下所示。

```
pip install boto3
```

安装 Boto3 的过程如图 3-38 所示。

在 SSH 客户端，输入如下命令启动 Notebook 服务。

```
jupyter-notebook
```

运行过程如图 3-39 所示。

```
[ec2-user@ip-172-31-17-123 ~]$
[ec2-user@ip-172-31-17-123 ~]$
[ec2-user@ip-172-31-17-123 ~]$ pip install boto3
Defaulting to user installation because normal site-packages is not writeable
Collecting boto3
  Downloading boto3-1.14.44-py2.py3-none-any.whl (129 kB)
     |                                | 129 kB 628 kB/s
Collecting botocore<1.18.0,>=1.17.44
  Downloading botocore-1.17.44-py2.py3-none-any.whl (6.5 MB)
     |                                | 6.5 MB 5.0 MB/s
Collecting s3transfer<0.4.0,>=0.3.0
  Downloading s3transfer-0.3.3-py2.py3-none-any.whl (69 kB)
     |                                | 69 kB 7.6 MB/s
Collecting jmespath<1.0.0,>=0.7.1
  Downloading jmespath-0.10.0-py2.py3-none-any.whl (24 kB)
Requirement already satisfied: urllib3<1.26,>=1.20; python_version != "3.4" in /usr/
4->boto3) (1.25.9)
Collecting docutils<0.16,>=0.10
  Downloading docutils-0.15.2-py3-none-any.whl (547 kB)
     |                                | 547 kB 9.1 MB/s
Requirement already satisfied: python-dateutil<3.0.0,>=2.1 in /usr/anaconda3/lib/pyt
Requirement already satisfied: six>=1.5 in /usr/anaconda3/lib/python3.8/site-package
3) (1.15.0)
Installing collected packages: docutils, jmespath, botocore, s3transfer, boto3
Successfully installed boto3-1.14.44 botocore-1.17.44 docutils-0.15.2 jmespath-0.10.
[ec2-user@ip-172-31-17-123 ~]$
```

图 3-38　使用 pip 安装 Boto3

```
[ec2-user@ip-172-31-17-123 ~]$
[ec2-user@ip-172-31-17-123 ~]$
[ec2-user@ip-172-31-17-123 ~]$ jupyter-notebook
[W 23:45:00.023 NotebookApp] WARNING: The notebook server i
[I 23:45:00.100 NotebookApp] JupyterLab extension loaded fr
[I 23:45:00.100 NotebookApp] JupyterLab application directo
[I 23:45:00.102 NotebookApp] Serving notebooks from local d
[I 23:45:00.102 NotebookApp] The Jupyter Notebook is runnin
[I 23:45:00.103 NotebookApp] http://ip-172-31-17-123.cn-nor
[I 23:45:00.103 NotebookApp] Use Control-C to stop this ser
```

图 3-39　启动 Jupyter Notebook 服务

启动浏览器，在地址栏中输入"Amazon EC2 实例公有 IP:Notebook 端口"，按回车键，远程登录 Notebook。在这里，将 Notebook 的端口设置为了 8888，如图 3-40 所示。

图 3-40　远程启动 Jupyter-notebook

在 notebook 中输入代码，查看 S3 存储桶的区域。代码如下所示。

```
1  from boto.s3.connection import Location

2  for i in dir(Location):
3      if i[0].isupper():
4      print(i)
```

运行上述代码，输出打印 Amazon S3 存储的区域，如图 3-41 所示。

注意： 在创建 S3 存储桶的时候不要求选择区域，但是实际上 S3 是存储在不同位置的。

```
from boto.s3.connection import Location

for i in dir(Location):
    if i[0].isupper():
        print(i)
APNortheast
APSoutheast
APSoutheast2
CNNorth1
DEFAULT
EU
EUCentral1
SAEast
USWest
USWest2
```

图 3-41　输出显示 S3 存储区

任务 3.1.2　安装预置了开发环境的 Amazon EC2 实例

一、任务描述

以 Amazon Web Service 为例，在云计算环境中进行软件开发具有诸多优点，譬如，用户无需考虑硬件投入、部署速度快、组织灵活性高等。特别是使用云平台上的计算实例进行开发工作，是很多开发人员的选择。

前面讲述了配置 Amazon EC2 实例以及开发环境的方法，用户需要完成较多的配置任务。

为了降低用户配置开发环境的难度，本任务要求创建预制了开发环境的 Amazon EC2 实例，该实例使用的模板包含了 Anaconda 软件和 Jupyter Notebook 等开发工具。

二、知识要点

AMI（Amazon Machine Image）提供了部署实例需要的信息。用户在创建实例的时候，必须指定一个 AMI。用户可以使用一个 AMI 创建多个实例。

三、任务实施

1. 登录亚马逊云科技中国区管理控制台

使用浏览器，如 Mozilla Firefox，访问亚马逊云科技平台的网址 https://www.amazonaws.cn/。登录界面如图 3-42 所示。

图 3-42　亚马逊云科技中国区网站首页

从页面上方的下拉菜单中，依次选择"我的账户"→"管理控制台"，如图 3-43 所示。

在弹出的页面中，依次输入账户、用户名和密码，登录进入管理控制台，如图 3-44 所示。

成功登录后进入管理控制台界面，如图 3-45 所示。

单击图 3-45"计算"服务中的"EC2"链接，进入 EC2 管理界面，如图 3-46 所示。

图 3-43　选择管理控制台　　　　图 3-44　亚马逊云科技管理控制台登录界面

图 3-45　亚马逊云科技管理控制台界面

图 3-46　EC2 管理界面

2. 开始创建 Amazon EC2 实例

从"启动实例"选项中，选择"启动实例"下拉菜单中的"启动实例"，通过这些步骤创建新实例，如图 3-47 所示。

成功运行之后，进入选择系统映像的页面，如图 3-48 所示。

图 3-47　创建新实例的步骤

图 3-48 选择 Amazon EC2 实例映像

3. 创建并配置 Amazon EC2 实例

Step 1: 选择实例模板（AMI）

亚马逊云科技提供了多种系统模板，在这里，使用 Deep Learning AMI 模板。

在搜索栏内输入 Deep Learning AMI，执行搜索操作后，单击"Deep Learning AMI（Amazon Linux 2）"名称右侧的"选择"按钮，执行 Amazon EC2 实例的创建，如图 3-49 所示。

图 3-49 选择并创建类型合适的 Amazon EC2 实例

Step 2: 选择 Amazon EC2 实例的实例类型

根据应用场景、资源需求和预算等要素，选择合适的实例类型。在这里，选择配置较低的类型，即 t2.micro，并单击"下一步：配置实例详细信息"按钮，如图 3-50 所示。

图 3-50 选择 Amazon EC2 实例的实例类型

Step 3: 配置该 Amazon EC2 实例的详细信息

根据需要配置该实例的详细信息，如实例的数量等。单击"下一步：添加存储"按钮，如图 3-51 所示。

图 3-51　完成实例的详细配置

Step 4: 配置该 Amazon EC2 实例的存储

根据需要为 Amazon EC2 实例配置或添加存储资源，如磁盘的大小、类型等。单击"下一步：添加标签"按钮，如图 3-52 所示。

图 3-52　配置实例的存储

Step 5: 为该 Amazon EC2 实例添加标签

标签由一个区分大小写的键值对组成。在这里，添加一个标签用以表明该 Amazon EC2 实例的名称，该标签的键是字符串"Name"，该标签的值是字符串"Linux2_micro"。

单击"步骤 5：添加标签"页面中的"添加标签"按钮，如图 3-53 所示。

图 3-53　进入为实例添加标签的页面

在弹出的页面中，输入键值对，并勾选"实例"和"卷"，单击"下一步：配置安全组"按钮，如图 3-54 所示。

图 3-54　为实例添加新的标签

Step 6: 为该 Amazon EC2 实例配置安全组

在这里，需要设置 SSH 和 TCP 两种协议类型。具体配置参数见表 3-2。

表 3-2　Amazon EC2 实例安全组配置详细信息

配置参数	SSH 协议	TCP
类型	SSH	自定义 TCP 规则
协议	TCP	TCP
端口范围	22	8888
来源	任何位置	任何位置
描述	linux2_micro_sg_ssh	linux2_micro_sg_tcp
安全组名称	linux2_micro_sg	
描述	linux2_micro_sg created 2019-01-21T15:23:40.052+08:00	

选择"创建一个新的安全组"，根据表 3-2 的内容完成安全组的配置。单击"审核和启动"按钮，如图 3-55 所示。

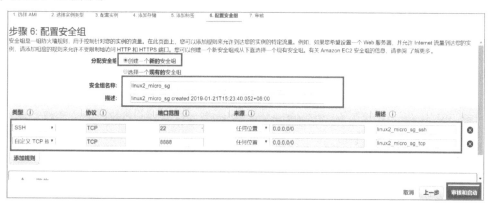

图 3-55　为实例配置安全组

Step 7: 审核 Amazon EC2 实例

在"步骤 7：核查实例启动"页面中，集中展示了配置的 Amazon EC2 实例的详细信息。展示的具体信息如图 3-56 所示。

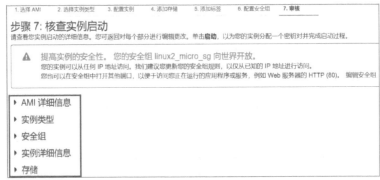

图 3-56　"核查实例启动"页面展示的 Amazon EC2 实例信息

可以在该步骤中，对这些详细配置进行编辑。例如，可以查看并修改安全组。如果确认无误，则可以单击"启动"按钮，如图 3-57 所示。

图 3-57　可以编辑 Amazon EC2 实例的详细信息

Step 8: 选择现有密钥或者创建新密钥对

在单击"启动"按钮之后，需要为该 Amazon EC2 实例选择密钥对，既可以选择已经存在的密钥对，也可以创建一个新密钥对。这里，首先创建一个新密钥对取名为"linux2-t2micro-key"。单击"下载密钥对"并保存该密钥对。单击"启动实例"以开启此 Amazon EC2 实例，如图 3-58 所示。

图 3-58　创建一个新密钥对

接下来，将跳转到"启动状态"页面，该页面提供了费用通知提醒、连接到该实例的方法以及一些帮助文件，如图 3-59 所示。

图 3-59　Amazon EC2 实例启动状态页面

任务 3.1.3　在 Amazon SageMaker 控制台中创建笔记本实例

一、任务描述

在之前的内容中，介绍了创建 Amazon EC2 实例及开发环境的两种方法。在一些应用场合，用户仅需要 Jupyter Notebook 开发环境即可完成开发任务。

本任务要求在 Amazon SageMaker 中部署笔记本实例。

二、知识要点

1. Amazon SageMaker

Amazon SageMaker 是一项完全托管的机器学习服务。借助 SageMaker，开发人员可以快速、轻松地构建和训练机器学习模型，然后直接将模型部署到生产环境中。它提供了一个集成的 Jupyter Notebook 开发环境，用户无需管理服务器，可以轻松访问数据源以便进行探索和分析。

此外，Amazon SageMaker 还提供常见的机器学习算法，这些算法经过了优化，可以在分布式环境中高效处理非常大的数据。借助对自带算法和框架的原生支持，SageMaker 可以提供灵活并且适合具体工作流程的分布式训练选项。

2. Amazon S3 服务

Amazon S3（Simple Storage Service）是一种互联网存储解决方案。使用该服务，可以降低开发人员进行大规模网络计算的难度，并为开发人员带来最大化的规模效益。

Amazon S3 提供了一个简单的 Web 服务接口，可用于随时在 Web 上的任何位置存储和检索任何数量的数据。S3 让所有开发人员都能访问同一个具备高扩展性、可靠性、安全性和快速价廉的数据存储基础设施。

三、任务实施

1. 登录亚马逊云科技中国区管理控制台

使用浏览器，如 Mozilla Firefox，访问亚马逊云科技平台的网址 https://www.amazonaws.cn/。登

录界面如图 3-60 所示。

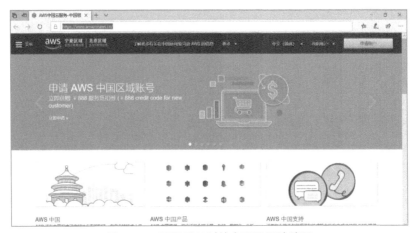

图 3-60　亚马逊云科技中国区网站首页

从页面上方的下拉菜单中，依次选择"我的账户"→"亚马逊云科技管理控制台"，如图 3-61 所示。

图 3-61　登录亚马逊云科技管理控制台

在弹出的页面中，依次输入账户、用户名和密码，登录管理控制台，如图 3-62 所示。

图 3-62　亚马逊云科技管理控制台登录界面

成功登录后进入管理控制台界面，如图 3-63 所示。

图 3-63　亚马逊云科技管理控制台界面

单击图 3-63 中"机器学习"服务中的"Amazon SageMaker"链接，进入 Amazon SageMaker 管理界面，如图 3-64 所示。

图 3-64　Amazon SageMaker 管理界面

2. 创建 Amazon SageMaker 笔记本实例

依次单击页面左侧的"笔记本"→"笔记本实例"，如图 3-65 所示。

图 3-65　进入笔记本实例

成功运行之后，进入笔记本实例管理界面，如图 3-66 所示。

图 3-66　笔记本实例管理界面

单击图 3-66 所示的"创建笔记本实例"按钮，进入"创建笔记本实例"页面，如图 3-67 所示。

图 3-67　创建笔记本实例界面

配置项的解释及参考配置见表 3-3。

表 3-3　笔记本实例配置项

配置选项	配置说明	当前填写
笔记本实例名称	笔记本实例的名称	NewNotebook
笔记本实例类型	笔记本实例支持的实例类型。其中，ml.t2.medium 是笔记本实例支持的成本最低的实例类型	ml.t2.medium
IAM 角色	此 IAM 角色自动获得访问名称 sagemaker 中包含的任何 S3 存储桶的权限。该角色通过 AmazonSageMakerFullAccess 策略获取这些权限（SageMaker 将该策略附加到该角色）	创建新角色
网络	可选	保持默认状态
标签	可选	保持默认状态

在"IAM 角色"配置中，如果选择"创建新角色"，则会弹出如图 3-68 所示的页面。

图 3-68　创建 IAM 角色页面

　　完成配置之后，单击"创建笔记本实例"页面右下角的"创建笔记本实例"按钮，如图 3-69 所示。

图 3-69　启动创建笔记本实例

　　如果配置没有错误，那么就开始创建笔记本实例，并显示状态为"Pending"，如图 3-70 所示。

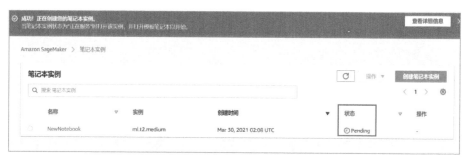

图 3-70　开始创建笔记本实例

　　等待几分钟之后，SageMaker 将启动一个笔记本实例，并向其附加 5 GB 的 Amazon EBS 存储卷。笔记本实例有一个预配置的 Jupyter 笔记本服务器、SageMaker 和亚马逊云科技开发工具包库以及一组 Anaconda 库。

3. 创建 Jupyter 笔记本

创建笔记本实例完成后，单击图 3-71 所示的"打开 Jupyter"按钮。

图 3-71　启动 Jupyter Notebook

此时将会进入 Jupyter Notebook 开发环境，如图 3-72 所示。

图 3-72　进入 Jupyter Notebook 开发环境

任务 3.1.4　使用 ssh 客户端远程登录 Amazon EC2 实例

一、任务描述

在亚马逊云科技平台上创建的 Amazon EC2 实例运行在云端，使用 SSH 协议客户端可以方便、高效地登录并访问该 Amazon EC2 实例。

本任务要求在 Windows 10 操作系统中使用 SSH 协议客户端登录 Amazon EC2 实例。

二、知识要点

1. SSH 协议

SSH，即 Secure Shell，由 IETF 的网络小组（Network Working Group）制定，是一种建立在应用层基础上的安全协议，SSH 的安全性和可靠性使其成为远程登录会话和其他网络服务的常用协议。

利用 SSH 协议可以有效防止远程管理过程中的信息泄露问题。SSH 最初是 UNIX 系统上的一个程序，后来又迅速扩展到其他操作平台。SSH 在正确使用时可弥补网络中的漏洞。SSH 客户端适用于多种平台。几乎所有 UNIX 平台——包括 HP-UX、Linux、AIX、Solaris、Digital UNIX、Irix，以及其他平台，都可运行 SSH。

2. MobaXterm 介绍及其特点

MobaXterm 是一个远程连接工具，能够在一个窗口中完成所有远程连接的任务。

其主要特点包括：

1）基于 X.org 的完全配置的 Xserver，支持 SSH、FTP、Telnet、Rs232、VNC 和 X Server 等常用协议。

2）远程显示器使用 SSH 进行安全传输。

3）支持 UNIX 基本命令（bash，grep，awk，sed，rsync 等）。

4）支持标签功能。

5）预制常用快捷键，操作方便。

6）插件丰富，方便进行功能扩展。

7）免费版功能强大。

在本任务中，讲述使用 MobaXterm 登录 Amazon EC2 实例的方法。

三、任务实施

1. 获取 Amazon EC2 实例的 IP 地址

启动 Amazon EC2 实例后，选中要连接的 Amazon EC2 实例，在下方的"描述"选项卡中，单击公有 IP 右方的复制图标，复制该 Amazon EC2 实例的公有 IP，将复制的 IP 数据使用记事本或者其他工具记录下来，如图 3-73 所示。

图 3-73　获取 Amazon EC2 实例的公有 IP

2. 使用 SSH 客户端工具连接到 Amazon EC2 实例

在这里，使用的 SSH 客户端工具是"MobaXterm"。也可以使用支持 SSH 协议的远程登录工具，如"Putty"等。

启动 MobaXterm 后，单击左上角的图标，新建一个会话，如图 3-74 所示。

在弹出的窗口中，单击左上角的图标，选择 SSH 协议。

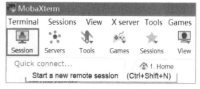

图 3-74　在工具中新建一个会话

在 SSH 基本设置（Basic SSH Settings）选项卡中，设置远程主机（Remote host）的值为上一步复制的 Amazon EC2 实例公有 IP。在 SSH 高级设置（Advanced SSH Settings）选项卡中，设置私钥文件（Use Private Key）的值为之前生成的密钥文件"linux2-t2micro-key.pem"。单击"OK"按钮，新建一个新会话，如图 3-75 所示。

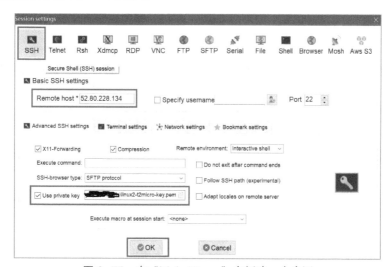

图 3-75　在"MobaXterm"中新建一个会话

3. 登录 Amazon EC2 实例

Linux2 Amazon EC2 实例的默认账户是 ec2-user。在输入用户名的提示符后，输入该账号并按 <Enter> 键，进入 Amazon EC2 实例的命令行界面，如图 3-76 所示。

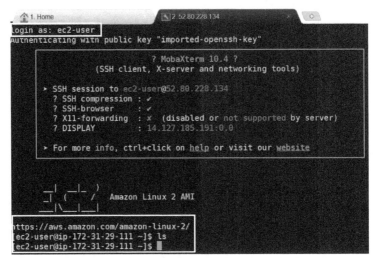

图 3-76　使用默认账号登录 Amazon EC2 实例

 **项目 3.2　深圳宝安机场进港航班数据采集及其可视化分析**

任务 3.2.1　从数据源采集深圳宝安机场进港航班信息首页 20 条航班数据

一、任务描述

本任务要求使用数据采集技术从数据源网页采集数据。具体来说，使用 Requests 包的工具向网站发送请求，使用 BeautifulSoup 包的工具解析网站服务器返回的 html 文件，从解析的文件中获取感兴趣的航班数据。

二、知识要点

1. 数据采集技术

数据采集技术是利用一种装置或技术，从系统外部采集数据并输入到系统内部。数据采集技术广泛应用在各个领域。摄像头和麦克风都是数据采集工具。

数据的含义很广，可以是能够转换为电信号的各种物理量，如温度、水位、风速、压力等，这些物理量既可以是模拟量，也可以是数字量。在互联网行业快速发展的今天，数据采集已经被广泛应用于互联网及分布式领域，数据采集领域已经发生了重大的变化。

本单元中的数据采集技术，指的是使用"爬虫"技术，从数据源网站爬取数据的技术。

2. HTTP

HTTP 是一个基于 C/S 架构的请求 – 响应协议，它通常运行在 TCP 之上。该协议指定了客户端可能发送给服务器什么样的消息以及得到什么样的响应。

Web 服务是基于 TCP 的，因此为了能够随时响应客户端的请求，Web 服务器需要监听 80

端口，使得客户端浏览器和 Web 服务器之间可以通过 HTTP 进行通信。

客户与服务器之间的 HTTP 连接是一种一次性连接，它限制每次连接只处理一个请求，当服务器返回本次请求的应答后便立即关闭连接，下次请求再重新建立连接。HTTP 是一种无状态协议，即服务器不保留与客户通信时的任何状态。这大大减轻了服务器记忆负担，从而保持较快的响应速度。HTTP 是一种面向对象的协议，允许传送任意类型的数据对象。它通过数据类型和长度来标识所传送的数据内容和大小，并允许对数据进行压缩传送。当用户在一个 HTML 文档中定义了一个超文本链后，浏览器将通过 TCP/IP 与指定的服务器建立连接。

HTTP 的客户端主要是 Web 浏览器，如 Firefox、Microsoft Edge、Safari、Opera 等。

3. Requests 包

Requests 包是关于 HTTP 的 Python 库。使用 Requests 包，用户可以向服务器发送 HTTP/1.1 请求，无需手动为 URL 添加查询字串，也不需要对 POST 数据进行表单编码。

Requests 内部使用了 urllib3，因而使用 Requests 包发送 HTTP 请求时，Keep-alive 和 HTTP 连接池的功能是完全自动化的。

4. BeautifulSoup 包

BeautifulSoup 包是一个可以从 HTML 或 XML 文件中提取数据的 Python 库。使用这个库，用户可以通过喜欢的转换器实现惯用的文档导航、查找和修改文档的功能。

5. 国际民用航空组织和 ICAO 代码

国际民用航空组织（International Civil Aviation Organization，ICAO）的前身是根据 1919 年《巴黎公约》成立的空中航行国际委员会。由于第二次世界大战对航空器技术发展起到了巨大的推动作用，世界上已经形成了一个包括客货运输在内的航线网络，但随之也引起了一系列急需国际社会协商解决的政治上和技术上的问题。因此，52 个国家于 1944 年 11 月 1 日至 12 月 7 日参加了在美国芝加哥召开的国际会议，签订了《国际民用航空公约》，按照公约规定成立了临时国际民航组织（PICAO）。

ICAO 机场代码是由国际民用航空组织规定，由四个英文字母组成的代码。如南京禄口国际机场的 ICAO 代码是 ZSNJ，其中 Z 代表中国，S 代表华东地区，ZS 表示中国上海飞行情报区，NJ 代表南京禄口国际机场。

三、任务实施

1. 分析数据源

使用的数据源是名为"FlightAware"的网站，该网站的样式如图 3-77 所示。

图 3-77　FlightAware 网站首页

从页面左上角的"实时航班跟踪"下拉菜单中，选择"按机场浏览"，如图3-78所示。

进入页面，输入机场的代码，在这里，输入深圳宝安机场的ICAO代码ZGSZ，单击"Get Airport Information"按钮，如图3-79所示。

图 3-78　FlightAware 按机场浏览菜单　　　图 3-79　输入机场代码查询航班信息

弹出的页面显示了深圳宝安机场的实时航班信息以及历史航班信息，如图3-80所示。

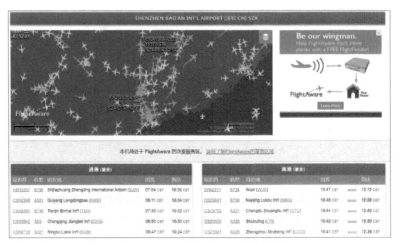

图 3-80　深圳宝安机场航班页面

单击页面中的进港航班信息中的"更多"超链接，如图3-81所示。

进港 更多				
标识符	机型	始发地	出发	到达
HBH3267	B738	Shijiazhuang Zhengding International Airport (SJW)	07:54 CST	10:36 CST
CSN2248	A321	Guiyang Longdongbao (KWE)	09:11 CST	10:34 CST
CXA8365	B738	Tianjin Binhai Int'l (TSN)	07:39 CST	10:32 CST
CSN3642	32Q	Chongqing Jiangbei Int'l (CKG)	08:50 CST	10:30 CST
CSN8738	A321	Ningbo Lishe Int'l (NGB)	08:47 CST	10:24 CST
CSZ9220	A320	Xi'an Xianyang Int'l (XIY)	07:55 CST	10:24 CST

图 3-81　深圳宝安机场进港航班页面

进入进港航班表页面，该页面默认按照时间倒序排列，列出了深圳宝安机场最近进港的20条航班信息。在页面底部可以看到名称为"后20条"的超链接，如图3-82所示。

图 3-82 深圳宝安机场进港航班页面包含"后 20 条"超链接

单击上图中的"后 20 条"超链接，进入该机场进港航班的第 2 页，如图 3-83 所示。

图 3-83 深圳宝安机场进港航班第 2 页

从图 3-83 可见，在页面上部和页面底部都可以看到名称为"后 20 条"和"前 20 条"的超链接。

下面将从这些页面采集深圳宝安机场的进港航班数据。

2. 采集 20 条宝安机场到港航班数据

使用 Requests 包的工具向页面发送 http 请求，使用 BeautifulSoup 的工具对返回的 html 文档进行解析，使用 Python 语言处理文档并获取和存储有用数据。

使用下述代码清单中的代码引入两个包。

```
1   import requests
2   from bs4 import BeautifulSoup
```

使用下述代码创建发送 http 请求需要的关键信息。

```
1  baseUrl = 'https://zh.flightaware.com/live/airport/ZGSZ/arrivals'
2  headers_w = {
       'User-Agent': 'Mozilla/5.0 (Windows NT 10.0; Win64; x64; rv:78.0)
       Gecko/20100101 Firefox/78.0',
       'connection':'close'
3  }
```

上述代码中的第 1 行创建变量 baseUrl，其值是要采集的数据源页面 URL 地址。

上述代码中的第 2、3 行创建变量 headers_w，其值是 http 请求信息头的一部分。

使用下述代码发送 http 请求。

```
1  r = requests.get(baseUrl,headers=headers_w)
```

在这里，发送请求使用了 Requests 包的 get 函数，该函数具有两个参数，第一个参数是请求的页面 URL，第二个参数是指定的请求头数据。

使用下述代码解析返回的 html 文档。

```
1  soup = BeautifulSoup(r.text,'html.parser')
2  print(soup)
```

在这里，使用 BeautifulSoup 函数进行解析，该函数具有两个参数，第一个参数指明解析的对象，第二个参数说明该函数解析的对象是 html 文档。

运行上述代码，打印输出解析的结果 soup，如图 3-84 所示。

图 3-84　打印输出结果 soup

可见，soup 对象存储的是一个 html 文档。接下来，需要结合页面和文档，提取出航班信息首页的 20 条航班信息。

使用浏览器（如 Microsoft Edge）打开网址 https://zh.flightaware.com/live/airport/ZGSZ/arrivals，单击键盘上的 <F12> 快捷键打开浏览器自带的页面分析工具，可以看到 20 条航班信息出现的位置，如图 3-85 所示。

如图 3-85 方框标注，在 html 文件中，根据下述代码中的关键 html 元素，就可匹配页面中的航班信息。

```
<div id="slideOutPanel">
  #  省略多行
<table class="prettyTable fullWidth" style="background-color: white;">
  #  省略多行
    <tr>
    <tr>
    <tr>
    <tr>
```

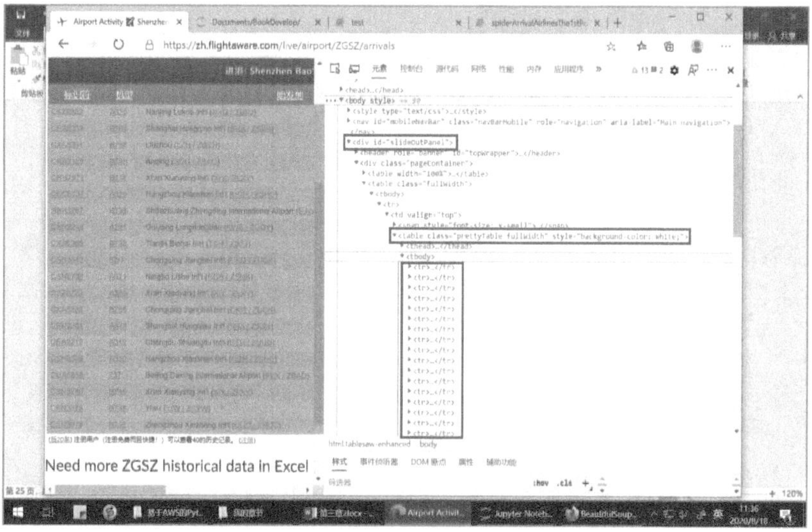

图 3-85　使用页面分析其查看航班数据

使用下述代码所示的链式操作从 soup 对象中获取航班信息并打印输出结果。

```
airlineTable = soup.find('div', attrs = {'id': 'slideOutPanel'})
               .find('table', attrs = {'class': 'prettyTable fullWidth'})
               .find_all('tr')
print(airlineTable)
```

运行上述代码的部分输出结果如图 3-86 所示。

```
[<tr><th class="mainHeader" colspan="8">进港: Shenzhen Bao'an Int'l Airport (深圳 CN)
[ZGSZ]</th></tr>, <tr><th><a href="http://flightaware.com/live/airport/ZGSZ/arrivals?;o
ffset=0;sort=DESC;order=ident">标识符</a></th><th><a href="http://flightaware.com/live/
airport/ZGSZ/arrivals?;offset=0;sort=DESC;order=aircrafttype">机型</a></th><th><a href
="http://flightaware.com/live/airport/ZGSZ/arrivals?;offset=0;sort=DESC;order=origin">
始发地</a></th><th><a href="http://flightaware.com/live/airport/ZGSZ/arrivals?;offset=
0;sort=DESC;order=actualdeparturetime">出发</a></th><th><a href="http://flightaware.co
m/live/airport/ZGSZ/arrivals?;offset=0;sort=DESC;order=actualarrivaltime">到达</a><a hr
ef="http://flightaware.com/live/airport/ZGSZ/arrivals?;offset=0;order=actualarrivaltim
e;sort=ASC"><img height="12" src="https://e0.flightcdn.com/images/live/arrow_down.gif"
width="12"/></a></th></tr>, <tr><td class="smallrow1" style="text-align: left"> <span t
itle="深圳航空公司"><a href="/live/flight/id/CSZ9852-1597540260-schedule-0525%3a0">CSZ9
852</a></span></td><td class="smallrow1" style="text-align: left"><span title="Airbus A
320 (双发)"><a href="/live/aircrafttype/A320">A320</a></span></td><td class="smallrow1"
style="text-align: left"><span class="hint" itemprop="name" title="Nanjing Lukou Int'l
(江苏 南京 CN) - NKG / ZSNJ"><span dir="ltr">Nanjing Lukou Int'l</span></span> <span di
r="ltr">(<a href="/live/airport/ZSNJ" itemprop="url">NKG / ZSNJ</a>)</span></td><td cla
ss="smallrow1" style="text-align: left">星期二 09:19  <span class="tz">CST</span></td><
td class="smallrow1" style="text-align: left">星期二 11:12  <span class="tz">CST</span>
</td></tr>, <tr><td class="smallrow2" style="text-align: left"> <span title="中国东方航
空公司 (China)"><a href="/live/flight/id/CES5333-1597540260-schedule-0342%3a0">CES5333
</a></span></td><td class="smallrow2" style="text-align: left"><span title="Boeing 787-
```

图 3-86　返回的 html 中包含的航班数据

为了更清楚地了解获取的数据，运行下述代码。

```
print(type(airlineTable), len(airlineTable))
for x in range(len(airlineTable)):
    print("第 %d 个元素：%s" % (x+1, airlineTable[x]))
```

在上述代码中，首先打印输出 airlineTable 对象的类型和元素个数，然后遍历这个对象，并输出打印每一个对象的值。输出结果如图 3-87 所示。

从图 3-87 可见，该对象的第一个元素存储的是航班到达的机场信息，从第三个元素开始是进港航班的信息。

使用下述代码创建对象 arrivalAirportName 存储到达的机场名称，并输出显示该对象的值。

```
arrivalAirportName = airlineTable[0].find('th').get_text()
print(arrivalAirportName)
```

运行结果如图 3-88 所示。

```
<class 'bs4.element.ResultSet'> 22
第 1 个元素：<tr><th class="mainHeader" colspan="8">进港: Shenzhen Bao'an Int'l Airport (深圳 CN) [ZGSZ]</th></tr>
第 2 个元素：<tr><th><a href="http://flightaware.com/live/airport/ZGSZ/arrivals?;offset=0;sort=DESC;order=ident">标识符</a></th><th><a href="http://flightaware.com/live/airport/ZGSZ/arrivals?;offset=0;sort=DESC;order=aircrafttype">机型</a></th><th><a href="http://flightaware.com/live/airport/ZGSZ/arrivals?;offset=0;sort=DESC;order=origin">始发地</a></th><th><a href="http://flightaware.com/live/airport/ZGSZ/arrivals?;offset=0;sort=DESC;order=actualdeparturetime">出发</a></th><th><a href="http://flightaware.com/live/airport/ZGSZ/arrivals?;offset=0;sort=DESC;order=actualarrivaltime">到达</a><a href="http://flightaware.com/live/airport/ZGSZ/arrivals?;offset=0;order=actualarrivaltime;sort=ASC"><img height="12" src="https://e0.flightcdn.com/images/live/arrow_down.gif" width="12"/></a></th></tr>
第 3 个元素：<tr><td class="smallrow1" style="text-align: left"> <span title="深圳航空公司"><a href="/live/flight/id/CSZ9852-1597540260-schedule-0525%3a0">CSZ9852</a></span></td><td class="smallrow1" style="text-align: left"><span title="Airbus A320 (双发)"><a href="/live/aircrafttype/A320">A320</a></span></td><td class="smallrow1" style="text-align: left"><span class="hint" itemprop="name" title="Nanjing Lukou Int'l (江苏 南京 CN) - NKG / ZSNJ"><span dir="ltr">Nanjing Lukou Int'l</span></span> <span dir="ltr">(<a href="/live/airport/ZSNJ" itemprop="url">NKG / ZSNJ</a>)</span></td><td class="smallrow1" style="text-align: left">星期二 09:19  <span class="tz">CST</span></td><td class="smallrow1" style="text-align: left">星期二 11:12  <span class="tz">CST</span></td></tr>
第 4 个元素：<tr><td class="smallrow2" style="text-align: left"> <span title="中国东方航空公司 (China)"><a href="/live/flight/id/CES5333-1597540260-schedule-0342%3a0">CES5333</a></span></td><td class="smallrow2" style="text-align: left"><span title="Boeing 787-9 (双发)"><a href="/live/aircrafttype/B789">B789</a></span></td><td class="smallrow2" style="text-align: left"><span class="hint" itemprop="name" title="Shanghai Hongqiao Int'l (上海 上海虹桥 CN) - SHA / ZSSS"><span dir="ltr">Shanghai Hongqiao Int'l</span></span> <span dir="ltr">(<a href="/live/airport/ZSSS" itemprop="url">SHA / ZSSS</a>)</span></td><td class="smallrow2" style="text-align: left">星期二 09:23  <span class="tz">CST</span></td><td class="smallrow2" style="text-align: left">星期二 11:09  <span class="tz">CST</span></td></tr>
```

图 3-87　获取的部分 <tr> 标签

```
进港: Shenzhen Bao'an Int'l Airport (深圳 CN) [ZGSZ]
```

图 3-88　从 html 中获取的机场名称

从图 3-88 可见，该变量包含了这个机场的英文名、中文名以及 ICAO 四位代码。

下面从 airlineTable 对象中提取航班信息。每一个进港航班包含航班编号（标识符）、机型、始发地、出发时间和到达时间 5 个关键信息，html 文档中的格式如图 3-89 所示。

从图 3-89 的 html 文档结构可见，航班的每一个信息都包含在一对 <td>-</td> 标签中。具体来说：

1）航班编号（标识符）可以通过第 1 对 <td>–</td> 的 text 属性获取，而且可以通过 span 标签的 title 属性获取该航班所属的航空公司名称。

2）机型可以通过第 2 对 <td>–</td> 的 text 属性获取，而且可以通过 span 标签的 title 属性获取该机型的详细信息。

3）始发地信息包含在第 3 对 <td>–</td> 标签中，通过 class 属性值为 "original–title" 的 span 标签获取。实际上，还有一些机场的 span 标签的 class 属性值是 "title"。

4）出发时间可以通过第 4 对 <td>–</td> 的 text 属性获取。

5）到达时间可以通过第 5 对 <td>–</td> 的 text 属性获取。

根据如上分析，可以使用下述代码获取 20 个航班的具体信息。

```
▼<tr>
  ▼<td class="smallrow1" style="text-align: left">
    ▼<span title="厦门航空有限公司 (Xiamen, Fujian, China)">
        <a href="/live/flight/id/CXA8371-1597545037-airline-0517%3a0">
        CXA8371</a>
      </span>
    </td>
  ▼<td class="smallrow1" style="text-align: left">
    ▼<span title="Boeing 737-800 (双发)">
        <a href="/live/aircrafttype/B738">B738</a>
      </span>
    </td>
  ▼<td class="smallrow1" style="text-align: left">
    ▼<span class="hint" itemprop="name" original-title="Shanghai Hongqiao
    Int'l (上海 上海虹桥 CN) - SHA / ZSSS">
        <span dir="ltr">Shanghai Hongqiao Int'l</span>
      </span>
    ▼<span dir="ltr">
        "("
        <a href="/live/airport/ZSSS" itemprop="url">SHA / ZSSS</a>
        ")"
      </span>
    </td>
  ▼<td class="smallrow1" style="text-align: left">
      "星期二 11:02 "
      <span class="tz">CST</span>
    </td>
  ▼<td class="smallrow1" style="text-align: left">
      "星期二 12:55 "
      <span class="tz">CST</span>
    </td>
  </tr>
```

图 3-89　单条航班数据的 html 文件结构

```
1   for oneRow in airlineTable[2:22]:
2       oneRowData = oneRow.find_all('td')
3       FlightIdent = oneRowData[0].get_text()
4       FlightType = oneRowData[1].get_text()
5       FlightDetailedType = oneRowData[1].find('span')['title']
6       FlightCompany = oneRowData[0].find('span')['title']

7   if oneRowData[2].find('span', attrs = {'class': 'hint'}) == None:
```

```
8              FlightOriginalTitle = None
9         else:
10            if oneRowData[2].find('span', attrs = {'class': 'hint'})['title'] != None:
11                FlightOriginalTitle = oneRowData[2].find('span', attrs = {'class':
'hint'})['title']
12            elif oneRowData[2].find('span', attrs= {'class': 'hint'})['original-title' !=
None ]:
13                FlightOriginalTitle = oneRowData[2].find('span',
                                            attrs = {'class': 'hint'})['original-title']

14        FlightOrigin = oneRowData[2].get_text()
15        FlightDepartureTime = oneRowData[3].get_text()
16        FlightArrivalTime = oneRowData[4].get_text()
```

使用下述代码清单输出打印其中一个航班的信息。

```
1    print("该进港航班的航班编号是: ", FlightIdent)
2    print("该进港航班的机型是: ", FlightType)
3    print("该进港航班的机型详细信息是: ", FlightDetailedType)
4    print("该进港航班所属的航空公司是: ", FlightCompany)
5    print("该进港航班的始发地是: ", FlightOrigin)
6    print("该进港航班的始发地详细信息是: ", FlightOriginalTitle)
7    print("该进港航班的出发时间是: ", FlightDepartureTime)
8    print("该进港航班的到达时间是: ", FlightArrivalTime)
```

运行结果如图 3-90 所示。

```
该进港航班的航班编号是:    CSN3975
该进港航班的机型是:   B738
该进港航班的机型详细信息是:  Boeing 737-800（双发）
该进港航班所属的航空公司是:   中国南方航空公司（China）
该进港航班的始发地是:   Zhengzhou Xinzheng Int'1（CGO / ZHCC）
该进港航班的始发地详细信息是:   Zhengzhou Xinzheng Int'1（河南 郑州 CN）- CGO / ZHCC
该进港航班的出发时间是:   星期二 07:46  CST
该进港航班的到达时间是:   星期二 09:51  CST
```

图 3-90　打印输出一个航班信息

将爬取得到的数据存储为 DataFrame 对象。

首先使用下述代码引入 pandas 包。

```
import pandas as pd
```

然后使用下面的代码创建一个 DataFrame 对象 totalDf。

```
1    columnList = ['FlightIdent','FlightType',
                   'FlightDetailedType','FlightCompany',
                   'FlightOriginalTitle','FlightOrigin',
                   'FlightDepartureTime','FlightArrivalTime']
2    totalDf = pd.DataFrame(columns = columnList)
```

从上述代码可见，totalDf 具有 8 列数据，第 1 列数据是航班编号，第 2 列数据是航班机型，第 3 列数据航班机型的详细信息，第 4 列数据是航班所属的公司，第 5 列数据是航班始发机场详细信息，第 6 列数据是航班始发机场，第 7 列数据是航班起飞时间，第 8 列数据是航班到达时间。

在分析航班的 for 循环结构末尾，添加代码为 totalDf 赋值，代码如下。

```
1  for oneRow in airlineTable[2:22]:
2      oneRowData = oneRow.find_all('td')

# 省略多行

3      FlightArrivalTime = oneRowData[4].get_text()
4      totalDf=totalDf.append(pd.DataFrame(
                             {'FlightIdent':[FlightIdent],
                              'FlightType':[FlightType],
                              'FlightDetailedType':[FlightDetailedType],
                              'FlightCompany':[FlightCompany],
                              'FlightOriginalTitle':[FlightOriginalTitle],
                              'FlightOrigin':[FlightOrigin],
                              'FlightDepartureTime':[FlightDepartureTime],
                              'FlightArrivalTime':[FlightArrivalTime]}),
                             sort=False)
```

运行该循环结构后，使用下述代码输出打印 totalDf 的值和相关信息。

```
1  totalDf = totalDf.reset_index(drop = True)
2  print(type(totalDf), len(totalDf))
3  print(totalDf.ix[:,0:3])
```

上述代码中，使用 reset_index 方法重置了该 DataFrame 对象的索引。之后分别输出打印该对象的类型、大小及其前 3 列。

运行结果如图 3-91 所示。

从图 3-91 可见，totalDf 是一个 DataFrame 对象，其长度是 20，其数据内容是采集到的进港航班数据。

为了复用数据采集功能，将前述的数据采集功能封装为函数 scracthOnePage。该函数具有两个参数。第一个参数 url 是待爬取页面的 URL 地址，第二个参数 theDf 是存储航班信息的 DataFrame 对象。使用该函数从 url 指定的页面采集数据，并将数据存储到 theDf 对象中。该函数的返回值是 theDf 对象。代码如下。

```
<class 'pandas.core.frame.DataFrame'> 20
   FlightIdent FlightType    FlightDetailedType
0     CSZ9852       A320     Airbus A320（双发）
1     CES5333       B789    Boeing 787-9（双发）
2     CXA8354       B738    Boeing 737-800（双发）
3     OKA3129       B738    Boeing 737-800（双发）
4     CHH7871       B738    Boeing 737-800（双发）
5     CDC8737       A320     Airbus A320（双发）
6     HBH3267       B738    Boeing 737-800（双发）
7     CSN2248       A321     Airbus A321（双发）
8     CXA8365       B738    Boeing 737-800（双发）
9     CSN3642        32Q
10    CSN8738       A321     Airbus A321（双发）
11    CSZ9220       A320     Airbus A320（双发）
12    CXA8389       B738    Boeing 737-800（双发）
13    CSH9331       A333    Airbus A330-300（双发）
14    UEA2217       A319     Airbus A319（双发）
15    CSN3366       A330      Airbus A330（双发）
16    CUA5855        737
17    CSN3280       B738    Boeing 737-800（双发）
18    CSN3875       B738    Boeing 737-800（双发）
19    CSN3975       B738    Boeing 737-800（双发）
```

图 3-91　输出打印获取的 DataFrame 对象

```
1  def scracthOnePage(url, theDf):
2      print('当前爬取页面: ', url)
3      r = requests.get(url,headers=headers_w)
4      soup = BeautifulSoup(r.text,'html.parser')

# 省略多行

5      FlightArrivalTime = oneRowData[4].get_text()
6      theDf= theDf.append(pd.DataFrame(
```

```
                                  {'FlightIdent':[FlightIdent],
                                   'FlightType':[FlightType],
                                   'FlightDetailedType':[FlightDetailedType],
                                   'FlightCompany':[FlightCompany],
                                   'FlightOriginalTitle':[FlightOriginalTitle],
                                   'FlightOrigin':[FlightOrigin],
                                   'FlightDepartureTime':[FlightDepartureTime],
                                   'FlightArrivalTime':[FlightArrivalTime]}),
                                   sort=False)
        return theDf
```

完成上述设计之后，使用如下代码采集深圳宝安机场的 20 条进港航班信息，并将采集到的数据存储在 Excel 文件“ICAO_ZGSZ_20_Airlines.xls”中。

```
import requests
from bs4 import BeautifulSoup
import pandas as pd
baseUrl = 'https://zh.flightaware.com/live/airport/ZGSZ/arrivals'
headers_w = {
    'User-Agent': 'Mozilla/5.0 (Windows NT 10.0; Win64; x64;
                              rv:78.0) Gecko/20100101 Firefox/78.0',
    'connection':'close'
}
columnList = ['FlightIdent','FlightType',
              'FlightDetailedType','FlightCompany',
              'FlightOriginalTitle','FlightOrigin',
              'FlightDepartureTime','FlightArrivalTime']
totalDf = pd.DataFrame(columns = columnList)
totalDf = scracthOnePage(baseUrl, totalDf)
totalDf = totalDf.reset_index(drop = True)
totalDf.to_excel('ICAO_ZGSZ_20_Airlines.xls')
print(totalDf.ix[:,[1,2,6,7]])
```

运行上述代码，输出结果如图 3-92 所示。

```
当前爬取页面: https://zh.flightaware.com/live/airport/ZGSZ/arrivals
   FlightType       FlightDetailedType FlightDepartureTime FlightArrivalTime
0        B738   Boeing 737-800 (双发)     星期二 12:06  CST     星期二 14:26  CST
1        A321      Airbus A321 (双发)     星期二 12:44  CST     星期二 14:21  CST
2        A321      Airbus A321 (双发)     星期二 12:26  CST     星期二 14:18  CST
3        A333  Airbus A330-300 (双发)     星期二 10:56  CST     星期二 14:15  CST
4        A330      Airbus A330 (双发)     星期二 12:18  CST     星期二 14:13  CST
5        B789     Boeing 787-9 (双发)     星期二 12:18  CST     星期二 14:12  CST
6        A321      Airbus A321 (双发)     星期二 11:44  CST     星期二 14:09  CST
7        B744   Boeing 747-400 (四发)    星期一 12:08  AKDT     星期二 13:59  CST
8        A333  Airbus A330-300 (双发)     星期二 11:45  CST     星期二 13:57  CST
9        A320      Airbus A320 (双发)     星期二 12:26  CST     星期二 13:54  CST
10       A321      Airbus A321 (双发)     星期二 12:48  CST     星期二 13:50  CST
11       A330      Airbus A330 (双发)     星期二 11:59  CST     星期二 13:46  CST
12       B739   Boeing 737-900 (双发)     星期二 12:07  CST     星期二 13:43  CST
13       A321      Airbus A321 (双发)     星期二 12:26  CST     星期二 13:40  CST
14       A320      Airbus A320 (双发)     星期二 11:54  CST     星期二 13:38  CST
15       A321      Airbus A321 (双发)     星期二 11:53  CST     星期二 13:35  CST
16       A320      Airbus A320 (双发)     星期二 11:49  CST     星期二 13:32  CST
17       B738   Boeing 737-800 (双发)     星期二 11:44  CST     星期二 13:29  CST
18       B789     Boeing 787-9 (双发)     星期二 11:46  CST     星期二 13:26  CST
19       E190  Embraer ERJ-190 (双发)     星期二 12:34  CST     星期二 13:24  CST
```

图 3-92　使用 scratchOnePage 函数采集到的航班数据

生成的数据文件内容如图 3-93 所示。

图 3-93　将航班数据保存到 excel 文件中的样式

任务 3.2.2　从数据源采集深圳宝安机场所有进港航班数据

一、任务描述

前面采集了宝安机场进港航班的 20 条航班信息，这 20 条航班信息也是数据源首页面记录的 20 个航班。从数据源采集宝安机场所有进港航班，需要采集所有页面记录的航班数据，并将数据进行存储。

完成该任务的思路是，首先采集数据源首个页面的航班数据和相关有用信息，然后设计一个循环结构，采集第二个页面到最后一个页面的航班数据。循环结构的停止条件是应用程序已经采集完成数据源的最后一个页面。完成数据采集之后，将数据存储到 S3 存储桶当中。

二、知识要点

1. 结构化编程

结构程序设计是一种编程模式，它采用子程序、程序区块、for 循环以及 while 循环等结构，来取代传统的 goto。使用结构化程序设计，可以改善计算机程序的明晰性、品质，减少开发时间，避免出现面条式代码。

2. Python 中的函数

函数是组织好的，可重复使用的，用来实现单一或相关联功能的代码段。

开发人员将常用的代码以固定的格式封装成一个独立的模块，通过模块的名字就可以重复使用这个模块，这个模块就叫作函数（Function）。

Python 中函数的应用非常广泛，除了可以直接使用的内置函数外，Python 还支持自定义函数，即将一段有规律的、可重复使用的代码定义成函数，从而达到一次编写多次调用的目的。

三、任务实施

1. 数据源页面分析

如前所述，数据源首页面的底部有一个"后 20 条"超链接，如图 3-94 所示。

单击此链接，跳转到数据源的下一个页面，显示另外 20 条航班信息，也就是第 21~40 条航班信息。由于在该页面之前和之后还有若干条航班信息，因而在该页面的左下角存在"前 20

条"和"后 20 条"两个超链接，如图 3-95 所示。

图 3-94 数据源页面上的"后 20 条"超链接

图 3-95 数据源页面上的"后 20 条"和"前 20 条"超链接

如果到了数据源的最后一个页面，则仅显示"前 20 条"超链接。如图 3-96 所示。

当然，上述"前 20 条"或"后 20 条"也显示在数据源网页的左上角，如图 3-97 所示。

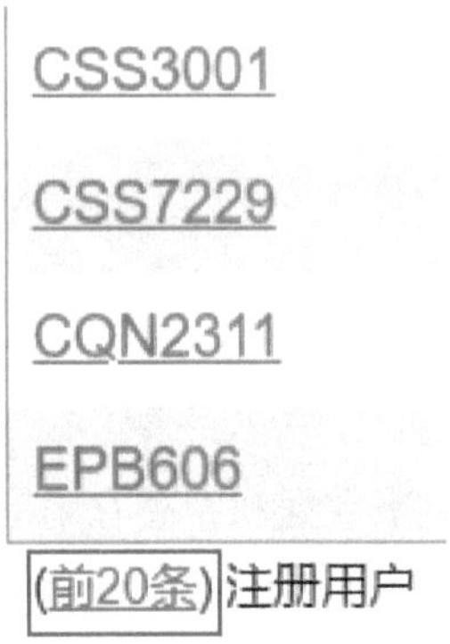

图 3-96 数据源页面上的"前 20 条"超链接

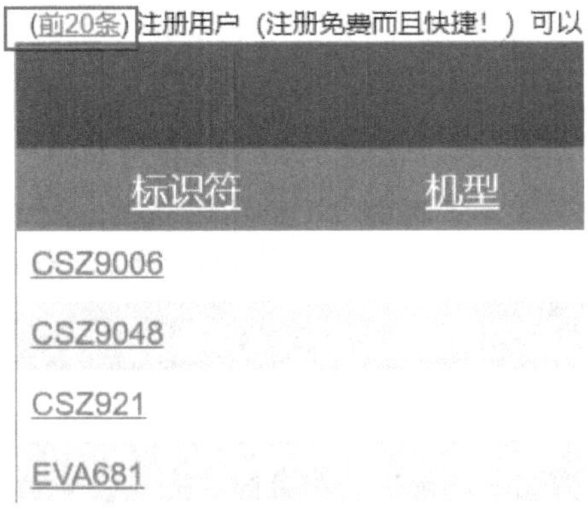

图 3-97 数据源页面左上方的"前 20 条"超链接

因此，采集数据源中的所有航班数据，需要采集数据源首页面和最后一个页面之间所有页面记录的航班数据并汇总。

2. 从数据源采集更多的数据

由于需要在返回的 soup 对象中获取"前 20 条"或"后 20 条"这两个字符串，因此需要修改采集首页面航班数据的函数 scracthOnePage，并将 soup 对象作为该函数的返回值之一。

修改之后的 scracthOnePage 函数代码如下。

```
1   def scracthOnePage(url, theDf):
2       print('当前爬取页面: ', url)
3       r = requests.get(url,headers=headers_w)
4       soup = BeautifulSoup(r.text,'html.parser')

        # 省略多行

5       return (theDf,soup)
```

使用修改后的 scracthOnePage 函数向数据源首页面发送 http 请求，并查看解析的 soup 对象。

代码清单如下所示。

```
1   baseUrl = 'https://zh.flightaware.com/live/airport/ZGSZ/arrivals'
2   headers_w = {
        'User-Agent': 'Mozilla/5.0 (Windows NT 10.0; Win64; x64;
                                    rv:78.0) Gecko/20100101 Firefox/78.0',
        'connection':'close'
    }
3   columnList = ['FlightIdent','FlightType',
                   'FlightDetailedType','FlightCompany',
                   'FlightOriginalTitle','FlightOrigin',
                   'FlightDepartureTime','FlightArrivalTime']
4   totalDf = pd.DataFrame(columns = columnList)
5   totalDf = scracthOnePage(baseUrl, totalDf)
6   (totalDf, soup) = scracthOnePage(baseUrl, totalDf)
7   print(soup)
```

运行上述代码之后，在 Notebook 输出打印 soup 对象的值，在其中查找"后 20 条"，可以看到两个用深颜色标注的查找结果。这里只标注其中的一个结果，如图 3-98 所示。

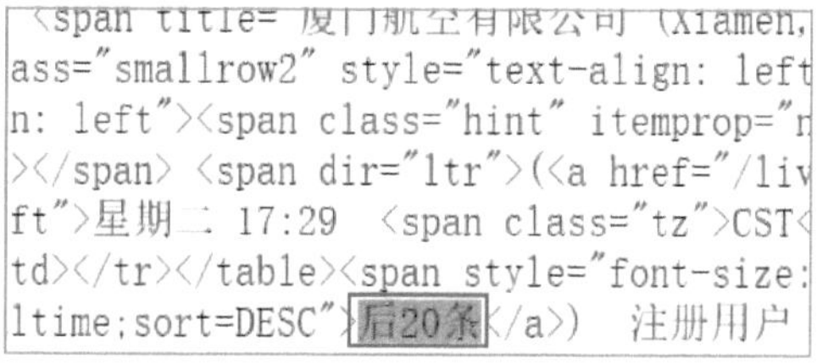

图 3-98　html 文档中的"后 20 条"字符串

使用浏览器的网页分析工具获取该页面的元素，确定页面左下角"后 20 条"在 html 中的位置，如图 3-99 所示。

图 3-99　通过标签在 html 文件定位"后 20 条"字符串的位置

从图 3-99 可见，属性 class 值为"fullWidth"的 <table> 标签中的第一对 <a>-</a> 标签间存储的文字即为"后 20 条"字符串，而且这对 <a>-<a> 标签的属性 href 存储了下一个页面的 URL。

使用下述代码清单从数据源的第二个页面采集航班数据。

```
1   pageCnt = 2
2   print('当前爬取第 %d 页' % (pageCnt))
3   theOrginalPageURL = soup.find('table', attrs = {'class': 'fullWidth'}).find('a')['href']
4   theNextPageUrl = theOrginalPageURL[0:4]+ 's' + theOrginalPageURL[4:]
5   (totalDf, soup) = scracthOnePage(theNextPageUrl, totalDf)
```

上述代码的第 1 行创建变量 pageCnt 用来存储当前采集的页面，其初值为 2。

上述代码的第 2 行输出打印提示信息。

上述代码的第 3 行从 soup 中查找 class 属性值为"fullWidth"的 <table> 标签，在该标签中找到第一个 <a> 标签。该标签的 href 属性值存储了下一个页面的 URL 地址，获取该值并赋值给变量 theOrginalPageURL。该 URL 地址的协议是 http。

上述代码的第 4 行使用字符串拼接技术，将下一个页面的 URL 地址使用的协议转换为 https 并赋值给变量 theNextPageUrl。

上述代码的第 5 行调用 scracthOnePage 函数从第 2 个页面采集航班数据。

运行上述代码之后的输出结果如图 3-100 所示。

```
当前爬取第 2 页
当前爬取页面: https://flightaware.com/live/airport/ZGSZ/arrivals?;offset=20;order=actualarrivaltime;sort=DESC
```

图 3-100　从数据源第 2 个页面采集进港航班

使用下述代码输出打印 totalDf 对象的相关信息。

```
1   totalDf = totalDf.reset_index(drop = True)
2   print("DataFrame 对象存储了 %d 条航班信息。" % len(totalDf))
3   print(totalDf.iloc[0:5,0:3])
4   print(totalDf.iloc[35:40,0:3])
```

运行结果如图 3-101 所示。

```
DataFrame对象存储了 40 条航班信息。
   FlightIdent FlightType    FlightDetailedType
0    FZA6745      737
1    CSZ9846      A320      Airbus A320（双发）
2    CSZ9504      A320      Airbus A320（双发）
3    CES5757      B738     Boeing 737-800（双发）
4    CES5349      A332    Airbus A330-200（双发）
   FlightIdent FlightType    FlightDetailedType
35   CSZ9930      A320      Airbus A320（双发）
36   CSZ9900      A320      Airbus A320（双发）
37   CHH7286      B738     Boeing 737-800（双发）
38   CSC8703      A332    Airbus A330-200（双发）
39   CSN6592      A321      Airbus A321（双发）
```

图 3-101　从数据源采集 40 条进港航班信息

图 3-102 展示了数据源网页的第 1~5 条航班信息和第 36~40 条航班信息。

标识符	机型		始发地
FZA6745	737	Meixian (MXZ / ZGMX)	
CSZ9846	A320	Nanjing Lukou Int'l (NKG / ZSNJ)	
CSZ9504	A320	Shanghai Pudong Int'l (PVG / ZSPD)	
CES5757	B738	Kunming Changshui Int'l (KMG / ZPPP)	
CES5349	A332	Shanghai Hongqiao Int'l (SHA / ZSSS)	
CSZ9930	A320	Shubuling (LYI / ZSLY)	
CSZ9900	A320	Hefei Xinqiao Airport (HFE / ZSOF)	
CHH7286	B738	Wenzhou Int'l (WNZ / ZSWZ)	
CSC8703	A332	Chengdu Shuangliu Int'l (CTU / ZUUU)	
CSN6592	A321	Ningbo Lishe Int'l (NGB / ZSNB)	

(后20条) (前20条) 注册用户（注册免费而且快捷！）可以查看40的历史记录。(注册) (当前显示第 20 - 40 个航班)

图 3-102　数据源页面上的部分航班信息

从图 3-101 和图 3-102 可见，采集到的航班数据和数据源页面上的航班数据是一致的。

3. 设计数据采集函数

在完成了第二个页面的数据采集之后，基于这部分代码，设计一个循环结构，完成其他页面的采集任务。是否完成采集，是通过判断页面中是否有"后20条"链接确定的。为了统计采集所有数据花费的时间，使用 time 包中的函数，设计程序统计总耗时。

代码清单如下所示。

```
1   import time

2   # 省略多行

3   pageCnt = 2
4   start_time = time.time()
5   while True:
6       start_time = time.time()
7       if soup.find('table', attrs = {'class': 'fullWidth'}).find('a').contents[0] == '后20条' \
8       or soup.find('table', attrs = {'class': 'fullWidth'}).find('a').contents[0] == 'Next 20':
9           print('当前爬取第 %d 页' % (pageCnt))
10          theOrginalPageURL = soup.find('table', attrs = {'class': 'fullWidth'}).
find('a')['href']
11          theNextPageUrl = theOrginalPageURL[0:4] + 's' + theOrginalPageURL[4:]
12          (totalDf, soup) = scracthOnePage(theNextPageUrl, totalDf)
13          pageCnt += 1
14      else:
15          break
16  end_time = time.time()
17  total_time = end_time - start_time
18  print('完成采集所有航班数据，共耗时 %.2f 秒。' % total_time)
```

上述代码的第 4 行使用函数 time 创建变量 start_time，用来存储当前时间。

上述代码的第 5 行创建一个 while 循环结构。

上述代码的第 7、8 行从 soup 中查找 class 属性值为"fullWidth"的 <table> 标签，在该标签中找到第一个 <a> 标签。根据该标签存储的值是否"后 20 条"判断当前页面是否数据源的最后一个页面。在该数据源的英文版网站中，"后 20 条"链接被"Next 20"代替，因此这里使用 or 关键字，涵盖这两种可能出现的情况。

上述代码的第 13 行将 pageCnt 对象的值在每一次循环中加 1，指向下一个数据源页面。

上述代码的第 14、15 行是完成数据采集之后执行的代码，使用 break 关键字结束 while 循环。

上述代码的第 16 行使用函数 time 创建变量 end_time，用来存储当前时间。

上述代码的第 17 行创建变量 total_time，存储的是运行代码耗费的时间。

上述代码的第 18 行输出打印数据采集完成的信息。

运行上述代码的输出结果如图 3-103 所示。

```
当前爬取第 305 页
当前爬取页面：https://flightaware.com/live/airport/ZSPD/departures?;offset=6080;order=actualdeparturetime;sort=DESC
当前爬取第 306 页
当前爬取页面：https://flightaware.com/live/airport/ZSPD/departures?;offset=6100;order=actualdeparturetime;sort=DESC
当前爬取第 307 页
当前爬取页面：https://flightaware.com/live/airport/ZSPD/departures?;offset=6120;order=actualdeparturetime;sort=DESC
当前爬取第 308 页
当前爬取页面：https://flightaware.com/live/airport/ZSPD/departures?;offset=6140;order=actualdeparturetime;sort=DESC
当前爬取第 309 页
当前爬取页面：https://flightaware.com/live/airport/ZSPD/departures?;offset=6160;order=actualdeparturetime;sort=DESC
当前爬取第 310 页
当前爬取页面：https://flightaware.com/live/airport/ZSPD/departures?;offset=6180;order=actualdeparturetime;sort=DESC
完成采集所有航班数据，共耗时 1651.80 秒。
```

图 3-103　从数据源采集深圳宝安机场进港航班

从上图可见，完成数据采集需要 1651.80s，大约 28min。

采用下述代码输出打印 totalDf 的部分信息。

```
1  totalDf = totalDf.reset_index(drop = True)
2  print("DataFrame 对象存储了 %d 条航班信息。" % len(totalDf))
3  print(totalDf.iloc[0:5,0:3])
4  print(totalDf.iloc[len(totalDf)-5:len(totalDf),0:3])
```

运行结果如图 3-104 所示。

```
DataFrame对象存储了 5940 条航班信息。
   FlightIdent FlightType FlightDetailedType
0     CHH446       B789    Boeing 787-9（双发）
1     EPA6260
2     CSS6948       73F
3     YZR7534       787
4     CDC8684      A320    Airbus A320（双发）
     FlightIdent FlightType FlightDetailedType
5935   CSZ8018
5936    BWJ123
5937   CSZ9014
5938   CSZ9006
5939    CSZ921
```

图 3-104　深圳宝安机场进港航班数据的部分信息

4. 将采集的航班数据存储到 S3 存储桶中

在本任务的代码中，由于 Amazon S3 的存储桶名称具有唯一性，因而使用名称 $BUCKET_

NAME 表示用户的存储桶名称。

　　完成数据采集之后，将该文件存储在 Amazon EC2 实例上，并存储到 S3 存储桶当中，这里使用的代码如下所示。

```
1   import boto3
2   totalDf.to_excel('ZGSZ_Arrivals.xlsx')
3   s3 = boto3.client('s3')
4   response = s3.upload_file('./ZGSZ_Arrivals.xlsx',
5                             $BUCKET_NAME,
6                             'ZGSZ_Arrivals.xlsx')
```

　　上述代码的第 1 行引入了操作 S3 需要的 Boto3 包。

　　上述代码的第 2 行将数据文件存储到 Amazon EC2 实例的当前路径。

　　上述代码的第 3 行创建一个 S3 对象。

　　上述代码的第 4~6 行将 Amazon EC2 实例当前路径下的数据文件"ZGSZ_Arrivals.xlsx"存储到名称为 $BUCKET_NAME 的 Amazon S3 存储桶中，并且给该文件配置同名的标签。

　　运行上述代码之后，存储桶当中存储了该数据文件，如图 3–105 所示。

图 3–105　存储在 S3 存储桶中的航班数据文件

任务 3.2.3　分析深圳宝安机场进港航班机型数据

一、任务描述

　　在本任务中要求从 S3 中读取数据文件，获取深圳宝安机场进港航班并使用这些数据，分析进港航班的机型分布情况，作可视化呈现。

二、知识要点

1. 数据分析技术

　　数据分析是指用适当的统计分析方法对收集来的大量数据进行分析，提取有用信息和形成结论并对数据加以详细研究和概括总结的过程。这一过程也是质量管理体系的支持过程。在工作和生产中，数据分析可帮助人们作出判断，以便采取适当行动。

　　数据分析的数学基础在 20 世纪早期就已确立，但直到计算机的出现才使得实际操作成为可能，数据分析得以推广。数据分析是数学与计算机科学相结合的产物。

　　在统计学领域，有些人将数据分析划分为描述性统计分析、探索性数据分析以及验证性数据分析；其中，探索性数据分析侧重于在数据之中发现新的特征，而验证性数据分析则侧重于已有假设的证实或证伪。

探索性数据分析是指为了形成值得假设的检验而对数据进行分析的一种方法，是对传统统计学假设检验手段的补充。该方法由美国著名统计学家约翰·图基（John Tukey）命名。

定性数据分析又称为"定性资料分析"、"定性研究"或者"质性研究资料分析"，是指对诸如词语、照片、观察结果之类的非数值型数据（或者说资料）的分析。

用来进行分析的数据主要来源于：搜索引擎抓取数据、网站 IP、PV 等基本数据、网站的 HTTP 响应时间数据、网站流量来源数据等。

2. CSV 文件

CSV（Comma-Separated Values），逗号分隔值，其文件以纯文本形式存储表格数据（数字和文本）。CSV 是一种通用的、相对简单的文件格式，被用户、商业和科学广泛应用。最广泛的应用是在程序之间转移表格数据，而这些程序本身是在不兼容的格式上进行操作的（往往是私有的和 / 或无规范的格式）。因为大量程序都支持某种 CSV 变体，所以其至少是一种可选择的输入 / 输出格式。

纯文本意味着 CSV 文件是一个字符序列，不含必须像二进制数字那样被解读的数据。CSV 文件由任意数目的记录组成，记录间以某种换行符分隔；每条记录由字段组成，字段间的分隔符是其他字符或字符串，最常见的是逗号或制表符。通常，所有记录都有完全相同的字段序列。通常都是纯文本文件。

CSV 文件格式的通用标准并不存在，但是在 RFC 4180 中有基础性的描述。使用的字符编码同样没有被指定，但是 7-bitASCII 是最基本的通用编码。

可以使用常用的文本编辑软件打开 CSV 文件。

3. Excel 文件

Microsoft Excel 是微软公司的办公软件 Microsoft office 的组件之一，是由 Microsoft 为 Windows 和 Apple Macintosh 操作系统的计算机编写和运行的一款试算表软件。Excel 是微软办公套装软件的一个重要的组成部分，它可以进行各种数据的处理、统计分析和辅助决策操作，广泛地应用于管理、统计财经、金融等领域。

Excel 文件也是常用的数据来源。

三、任务实施

1. 从 S3 存储桶中读取航班数据文件及预处理

在本任务的代码示例中，由于 Amazon S3 的存储桶名称具有唯一性，因而使用名称 $BUCKET_NAME 表示用户的存储桶名称。

调用亚马逊云服务 API，需要使用 Boto3 包，如果 Amazon EC2 实例中 Python 里面没有安装这个包，就需要在 Python 的 terminal 里面使用下面的命令进行安装。

```
pip install boto3
```

使用下述代码从 S3 的存储桶 $BUCKET_NAME 中读取数据文件。

```
1    import pandas as pd
2    import boto3

3    totalDf = pd.read_excel('https:// $BUCKET_NAME.s3.cn-northwest-1
                        .amazonaws.com.cn/ZGSZ_Arrivals.xlsx')
```

使用下述代码输出打印 totalDf 的列。

```
1  print(totalDf.columns)
```

运行结果如图 3-106 所示。

```
Index([ 'Unnamed: 0', 'FlightIdent', 'FlightType', 'FlightDetailedType',
       'FlightCompany', 'FlightOriginalTitle', 'FlightOrigin',
       'FlightDepartureTime', 'FlightArrivalTime'],
      dtype='object')
```

图 3-106　从 S3 存储桶中读取数据的列名称

如果输出结果存在上图中的冗余列 "Unnamed: 0"，则使用下述代码删除该列。

```
1  totalDf = totalDf.drop(['Unnamed: 0'],axis=1)
```

再次输出打印该 DataFrame 对象的列及其前 5 行的部分数据，输出结果如图 3-107 所示。

```
Index(['FlightIdent', 'FlightType', 'FlightDetailedType', 'FlightCompany',
       'FlightOriginalTitle', 'FlightOrigin', 'FlightDepartureTime',
       'FlightArrivalTime'],
      dtype='object')
  FlightIdent FlightType FlightDetailedType  \
0     CHH446       B789   Boeing 787-9 (双发)
1     EPA6260       NaN                 NaN
2     CSS6948       73F                 NaN
3     YZR7534       787                 NaN
4     CDC8684      A320    Airbus A320 (双发)
```

图 3-107　删除冗余列之后的数据列名称及部分数据

如果 totalDf 不存在冗余列，则无需进行删除列的操作。

2. 分析深圳宝安机场进港航班机型数量

这里需要对航班的机型进行分析，因此可以将机型 "FlightType" 之外的列删除，并增加值为 1 的新列 "FlightTypeCnt"。新增加的列用来存储统计的机型结果。使用的代码清单如下所示。

```
1  tmpDf = totalDf.drop(['FlightIdent', 'FlightDetailedType', \
                        'FlightCompany','FlightOriginalTitle',\
                        'FlightOrigin', 'FlightDepartureTime',\
                        'FlightArrivalTime'],
                        axis = 1)
2  tmpDf['FlightTypeCnt'] = 1
```

此时输出打印 tmpDf 的前 5 个元素，使用的测试代码和运行结果如图 3-108 所示。

接下来对 "FlightType" 列进行分组操作并统计相同值出现的次数。使用的代码如下所示。

```
1  tmpDf = tmpDf.groupby('FlightType').count()
```

此时输出打印 tmpDf 的前 5 个元素，使用的测试代码和运行结果如图 3-109 所示。

```
print(tmpDf.head(5))

   FlightType  FlightTypeCnt
0      B789              1
1       NaN              1
2       73F              1
3       787              1
4      A320              1
```

图 3-108　执行删除和添加列操作之
后的数据对象前 5 行

```
print(tmpDf.head(5))

                FlightTypeCnt
FlightType
32Q                       78
737                       85
73F                       71
73N                        2
74N                        1
```

图 3-109　执行分组及计数操作之
后的数据对象前 5 行

从图 3-109 可见，"FlightTypeCnt" 列的值发生了变化，其表示的是 "FlightType" 列相同值的元素出现的次数。另外，此时 "FlightType" 列变成了 tmpDf 对象的索引。

使用如下代码将 tmpDf 对象的元素按照 "FlightTypeCnt" 列从大到小的顺序排列，并重新设置 tmpDf 对象的索引。

```
1  tmpDf = tmpDf.sort_values(by = 'FlightTypeCnt', ascending=False)
              .reset_index(drop=False)
```

此时输出打印 tmpDf 的前 8 个元素，使用的测试代码和运行结果如图 3-110 所示。

从上图可见，机型 B738、A320 和 A321 的数量占据机型榜的前三位。

3. 设计进港航班机型分析函数

为了复用上述功能，将其封装为函数 getFlightTypeRank。该函数具有一个参数，是从数据文件读取出的 DataFrame 对象，该函数的返回值是经分析处理后的 DataFrame 对象。代码清单如下所示。

```
print(tmpDf.head(8))

   FlightType  FlightTypeCnt
0      B738            1586
1      A320            1523
2      A321             711
3      A330             439
4      B789             230
5      A333             183
6      A319             168
7      A332             149
```

图 3-110　执行排序和重设索引
操作之后的数据对象前 8 行

```
1  def getFlightTypeRank(AirLineDf):
2      tmpDf = totalDf.drop(['FlightIdent', 'FlightDetailedType', \
                             'FlightCompany','FlightOriginalTitle',\
                             'FlightOrigin', 'FlightDepartureTime',\
                             'FlightArrivalTime'],
                             axis = 1)
3      tmpDf['FlightTypeCnt'] = 1
4      tmpDf = tmpDf.groupby('FlightType').count()
5      tmpDf = tmpDf.sort_values(by = 'FlightTypeCnt', ascending=False)
                   .reset_index(drop=False)
6      return tmpDf
```

调用该函数，将函数的返回值赋值给变量 flightTypeDf。为了之后绘制图标，需要将 flightTypeDf 对象的每一列转换为一个列表对象，并取其前 6 个元素。使用的列表清单如下所示。

```
1  flightTypeDf = getFlightTypeRank(totalDf)
2  flightTypeList = list(flightTypeDf['FlightType'][0:6])
3  flightTypeCntList = list(flightTypeDf['FlightTypeCnt'][0:6])
```

输出打印获取的两个列表，使用的测试代码和运行结果如图 3-111 所示。

```
print(flightTypeList)
print(flightTypeCntList)

['B738', 'A320', 'A321', 'A330', 'B789', 'A333']
[1586, 1523, 711, 439, 230, 183]
```

图 3-111　DataFrame 对象前 6 行元素组成的列表

任务 3.2.4　可视化表达深圳宝安机场进港航班机型数据

一、任务描述

之前的分析和处理结果，已经能够提供深圳宝安机场进港航班机型的统计信息。为了能够更直观、清晰的显示机型分布情况，本任务要求使用 Pyecharts 包进行可视化呈现。

二、知识要点

1. 数据可视化

数据可视化就是用图形来表示信息和数据。借助图表、图形和地图等可视化元素，数据可视化工具能够让用户便捷地查看和了解数据中的趋势、异常值和模式。

将数据进行可视化表达，能够吸引人们的兴趣，并使用户的注意力聚焦在信息上。

2. 饼图

饼图（Pie Chart）以二维或三维格式显示每一数值相对于总数值的大小。

使用饼图进行分段可视化，能够直观地看到每个分段的人数在总人数中的比重。

3. ECharts

ECharts 是由百度开源的数据可视化工具。该工具提供了常规的折线图、柱状图、散点图、饼图、K 线图，除此之外，根据不同的应用场景，ECharts 还提供了不同的可视化表现形式。比如，用于统计的盒形图，用于地理数据可视化的地图、热力图和线图，用于关系数据可视化的关系图、treemap 和旭日图，以及用于多维数据可视化的平行坐标。使用 ECharts，开发人员不仅仅可以使用单一样式进行可视化表达，还可以在同一项目中进行多图表混合展现。

4. Pyecharts

多种语言提供了 ECharts 的扩展，其中支持 Python 语言的扩展是 Pyecharts。

Pyecharts 的主要特性包括：

1）支持链式调用。

2）内置 30 多种常见图标。

3）支持主流 Notebook 环境。

4）可快速集成至 Flask 和 Django 等主流 Web 框架。

5）高度灵活的配置项，可轻松搭配出精美的图表。

6）较为详细的文档和示例。

7）内置 400 多个地图文件以及原生的百度地图，为地理数据可视化提供强有力的支持。

在 Pyecharts 中，内置的基本图表包括：日历图（Calendar）、漏斗图（Funnel）、仪表盘（Gauge）、关系图（Graph）、水球图（Liquid）、平行坐标系（Parallel）、饼图（Pie）、极坐标系（Polar）、雷达图（Radar）、桑基图（Sankey）、旭日图（Sunburst）、主题河流图（ThemeRiver）和词云图（WordCloud）。

三、任务实施

1. 安装并引入 Pyecharts 包

使用下述命令安装 Pyecharts 包。

```
pip install pyecharts
```

安装过程如图 3-112 所示。

图 3-112　安装 Pyecharts 包

完成安装后，使用下述代码引入使用到的包。

```
1   from pyecharts import charts
2   from pyecharts import options as opts
3   from pyecharts.globals import ThemeType
```

2. 设计航班机型可视化饼图

创建一个饼图 Pie 实例，命名为 flightTypePie。将该图表的主题设置为 Dark，将画布的宽和高分别设置为 580px 和 380px，开启饼图的动画显示功能。这部分的代码清单如下所示。

```
1   flightTypePie = (
2       charts.Pie(opts.InitOpts(theme=ThemeType.DARK,
3                               width = "580px",
4                               height = "380px",
5                               animation_opts=
6                                   opts.AnimationOpts(animation=True)))
```

使用 add 方法为饼图添加数据源，并设置图像的基本属性。data_pair 设置了原始数据的来源，is_clockwise 设置是否按照数据大小顺时针显示，center 设置饼图的中心点坐标，radius 设置饼图内径和外径的大小。通过设置 label_opts 参数，将该饼图的标签文字设置为大小为 12 的文字，显示航班机型及架次。使用 itemstyle_opts 设置饼图的透明度。这部分的代码清单如下所示。

```
1   .add(series_name = '航班机型分布',
2       data_pair = [list(z) for z in zip(flightTypeList,flightTypeCntList)],
3       is_clockwise = True,
4       center=["230","165"],
5       radius=["0", "65%"],
6       label_opts=opts.LabelOpts(is_show = True,
7                                 font_size=12,
```

```
8                                    font_style='normal',
9                                    formatter=" "机型：{b} \n 架次：{c}" "),
10          itemstyle_opts=opts.ItemStyleOpts(opacity=0.8)
11             )
```

为了提高饼图的显示效果和信息表达效率，使用 set_global_opts 设置图表的全局属性。在这里，设置了该饼图的标题名称、图例显示属性、单击饼图每部分的交互功能等。

具体来说，使用 TitleOpts 方法将饼图的名称居中放置于画布的下部，字体设置为白色 24 号加粗字体。使用 LegendOpts 方法将图例设置为实心圆点，垂直排放于画布的右侧，不同图例之间的间距为 20。使用 TooltipOpts 设置了用户和饼图的交互，如果用户单击饼图的每一部分，可以用黄色文字显示不同机型在总机型数量中的占比。这部分代码清单如下所示。

```
1    .set_global_opts(
2          opts.TitleOpts(title = "深圳宝安机场进港航班机型分布图",
3                      pos_left = "center",
4                      pos_bottom = 10,
5                      title_textstyle_opts = opts.TextStyleOpts(font_
                       weight = 'bolder',
6                                                          font_size = 24,
7                                                          color = 'white')),
8          opts.LegendOpts(orient="vertical",
9                      pos_top="15%",
10                     pos_left="80%",
11                     item_gap=20,
12                     legend_icon='circle'),
13         opts.TooltipOpts(is_show = True,
14                     trigger_on="click",
15                     formatter="{b} 机型占比 \n: {d}%",
16                     textstyle_opts=opts.TextStyleOpts(color = 'yellow')
17   )
```

这部分的完整代码及结构如图 3-113 所示。

图 3-113　绘制饼图的完整代码

3. 输出显示可视化图表

在 Notebook 中，使用下述代码输出显示 Pyecharts 图表对象。

```
1  flightTypePie.render_notebook()
```

绘制的饼图如图 3-114 所示。

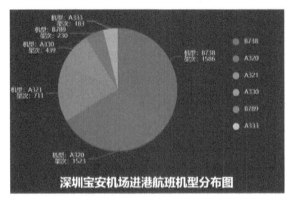

图 3-114　使用饼图可视化深圳宝安机场进港航班的机型数据

从图 3-114 可见，通过使用饼图能够清晰、直观地看到机型数量分布。
单击饼图的一部分，通过动画效果弹出信息提示框，如图 3-115 所示。

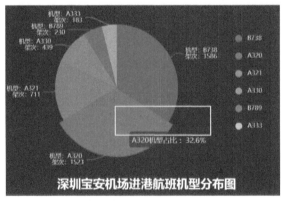

图 3-115　和饼图交互显示机型占比

从图 3-115 可见，在当前的设计中，饼图可以显示每种机型数量在总量中的百分比。

使用多进程采集上海浦东机场离港航班数据
及其可视化分析

任务 3.3.1　采集上海浦东机场离港航班数据

一、任务描述

在上一项目中，从数据源采集深圳宝安机场进港航班数据并做了可视化分析。在本任务中，
要求设计函数获取上海浦东机场离港航班数据。

二、知识要点

1. Python 中的序列对象

序列指的是一块可存放多个值的连续内存空间，这些值按一定顺序排列，可通过每个值所在位置的编号（索引）访问它们。

在 Python 中，序列类型包括字符串、列表、元组、集合和字典。

Python 中的元组（Tuple）是一种序列类型。与 C/C++ 的一维数组相似，其特点是一维、长度确定、元素不可变。

Python 中的列表（List）是一种序列类型。与元组相似，也是一维的，然而列表的长度是可变的，其元素也是可以修改的。

2. Pandas 的 Series 对象和 DataFrame 对象

Series 对象类似于 numpy 的一维数组对象，由一组数据以及一组与之相关联的索引组成。

DataFrame 是 Pandas 中另一种重要的数据结构，和 Series 类似，DataFrame 对象也是具有索引的。

一个 DataFrame 对象包含一组有序的列，每列可以是不同的值类型（整数、浮点数、字符串等）。因此，DataFrame 是一种表格型的数据结构。从某种程度上说，Series 与 numpy 中一维数组类似，DataFrame 与 numpy 的多维数组类似。

3. Python 中的链式操作

链式操作是利用运算符进行的连续运算，它的特点是在一条语句中出现两个或者两个以上相同的操作符，如连续的赋值操作、连续的输入操作、连续的输出操作、连续的相加操作等。

在 Python 当中，可以使用 "." 实现链式操作。

三、任务实施

1. 分析数据源

在上一项目中，从网站 https://zh.flightaware.com/ 采集了深圳宝安机场的进港航班信息。在本任务中，仍然使用该数据源采集上海浦东机场的离港航班数据。

从页面左上角的"实时航班跟踪"下拉菜单中选择"按机场浏览"，如图 3-116 所示。

进入的页面允许用户输入机场的代码，在这里，输入上海浦东机场的 ICAO 代码 ZSPD，单击"Get Airport Information"按钮，如图 3-117 所示。

图 3-116　数据源页面上按机场浏览菜单

图 3-117　在数据源页面上获取上海浦东机场航班信息

弹出的页面显示了上海浦东机场的实时航班信息以及历史航班信息，如图 3-118 所示。

单击页面中的离港航班信息中的"更多"超链接，如图 3-119 所示。

进入离港航班表页面，该页面默认按照时间倒序排列，列出了上海浦东机场最近离港的 20

条航班信息。在页面底部可以看到名称为"后 20 条"的超链接，如图 3-120 所示。

图 3-118　上海浦东机场航班信息页面

离港 (更多)				
标识符	机型	目的地	出发	到达
CSN6156	A320	Changchun Longjia Int'l (CGQ)	19:20 CST	21:37 CST
DKH2063	A320	Changsha Huanghua Int'l (CSX)	19:17 CST	20:45 CST
CSN6502	A321	Shenyang Taoxian Int'l (SHE)	19:08 CST	21:04 CST
CSC8974	A320	Chongqing Jiangbei Int'l (CKG)	19:07 CST	21:43 CST
CSZ8724	A320	Quanzhou Jinjiang (JJN)	19:03 CST	20:25 CST
CHH7488	B738	Changsha Huanghua Int'l (CSX)	19:03 CST	20:36 CST
DKH1261	32N	Harbin Taiping Int'l (HRB)	19:00 CST	21:30 CST
CES7053			19:00 CST	
CSN5361	B738	Zhengzhou Xinzheng Int'l (CGO)	18:58 CST	20:37 CST
CES9978	A320	Harbin Taiping Int'l (HRB)	18:52 CST	21:23 CST

图 3-119　上海浦东机场离港航班信息页面

图 3-120　上海浦东机场离港航班信息页面上具有"后 20 条"超链接

从上述分析可见，离港航班信息和进港航班信息页面的表现样式很相似。

2. 完成离港数据采集函数

在本任务的代码中，由于 Amazon S3 的存储桶名称具有唯一性，因而使用名称 \$BUCKET_
NAME 表示用户的存储桶名称。

使用浏览器（如 Microsoft Edge）打开网址 https://zh.flightaware.com/live/airport/ZSPD/
departures，按键盘上的 <F12> 快捷键打开浏览器自带的页面分析工具，可以看到每条离港航班
信息的 html 代码如图 3-121 所示。

```
▼<table class="prettyTable fullWidth" style="background-color: white;">
  ▶<thead>…</thead>
  ▼<tbody>
    ▼<tr>
      ▼<td class="smallrow1" style="text-align: left">
        ▼<span title="中国东方航空公司 (China)">
           <a href="/live/flight/id/CES6303-1597725962-airline-0134%3a0">
           CES6303</a>
         </span>
       </td>
      ▼<td class="smallrow1" style="text-align: left">
        ▼<span title="Airbus A320 (双发)">
           <a href="/live/aircrafttype/A320">A320</a>
         </span>
       </td>
      ▼<td class="smallrow1" style="text-align: left">
        ▼<span class="hint" itemprop="name" original-title="Xining Caojia
        海 西宁 CN) - XNN / ZLXN">
           <span dir="ltr">Xining Caojiabu</span>
         </span>
       ▶<span dir="ltr">…</span>
       </td>
      ▼<td class="smallrow1" style="text-align: left">
         "星期四 09:47 "
         <span class="tz">CST</span>
       </td>
      ▼<td class="smallrow1" style="text-align: left">
         "星期四 12:41 "
         <span class="tz">CST</span>
       </td>
       <td class="smallrow1" style="text-align: left"></td>
    </tr>
```

图 3-121　html 上显示上海浦东机场一条离港航班信息

从图 3-121 可见，与进港航班信息类似，每个离港航班也包含 6 个 <td> 标签，记录了航班
信息。与进港航班不同，离港航班的第 6 个 <td> 标签记录的是"预计到达时间"。

从上述分析可见，对之前采集进港航班数据的代码进行简单的修改就可以完成离港航班数
据的采集。

具体来讲，修改存储航班数据的 DataFrame 对象的第六列列名称即可。

修改后的 scracthOnePage 函数代码清单如下所示。

```
1   def scracthOnePage(url, theDf):
2       print('当前爬取页面: ', url)

        # 省略多行
```

```
3        PlannedFlightArrivalTime = oneRowData[4].get_text()
4        theDf= theDf.append(pd.DataFrame(
                        {'FlightIdent':[FlightIdent],
                         'FlightType':[FlightType],
                         'FlightDetailedType':[FlightDetailedType],
                         'FlightCompany':[FlightCompany],
                         'FlightOriginalTitle':[FlightOriginalTitle],
                         'FlightOrigin':[FlightOrigin],
                         'FlightDepartureTime':[FlightDepartureTime],
                         'PlannedFlightArrivalTime':[PlannedFlightArrivalTime]}),
                        sort=False)
5        return theDf
```

修改 totalDf 的列，使用的代码清单如下所示。

```
1    columnList = ['FlightIdent','FlightType',
                    'FlightDetailedType','FlightCompany',
                    'FlightOriginalTitle','FlightOrigin',
                    'FlightDepartureTime','PlannedFlightArrivalTime']
2    totalDf = pd.DataFrame(columns = columnList)
```

修改向 S3 存储桶存储数据文件的代码，主要是修改文件名和标签名。使用的代码清单如下所示。

```
1    totalDf.to_excel('ZSPD_Departures.xlsx')
2    s3 = boto3.client('s3')
3    response = s3.upload_file('./ZSPD_Departures.xlsx',
                               $BUCKET_NAME,
                               'ZSPD_Departures.xlsx')
```

成功运行数据采集代码，输出结果如图 3-122 所示。

图 3-122　完成上海浦东机场离港航班信息采集

从上图可见，数据采集程序从数据源的 315 个页面上进行了数据采集，完成数据采集任务花费了大约 700s，接近 12min。

任务 3.3.2　使用多进程编程采集上海浦东机场离港航班数据

一、任务描述

前面采集了上海浦东机场的大约 6300 条离港航班信息，花费了大约 12min。为了充分利用多核 CPU 的资源，降低数据采集时间，本任务要求使用多进程编程完成数据采集任务。

每个进程需要执行函数 scracthOnePageProcess，这个函数的主要作用是设计采集页面的 URL，并调用前面设计的函数 scracthOnePage 实施数据采集任务。

当某一个进程采集的页面是数据源页面的最后一页，停止所有进程的执行，退出数据采集函数。

二、知识要点

1. 多核处理器

多核处理器是指在一枚处理器中集成两个或多个完整的计算内核，此时处理器能支持系统总线上的多个处理器，由总线控制器提供所有总线控制信号和命令信号。

多核处理器比单核处理器具有性能和效率优势，多核处理器逐渐成为广泛采用的并行计算硬件。在以云计算技术为代表的虚拟化技术中，多核处理器扮演着中心作用，这些安全性和虚拟化技术的开发为商业计算市场提供更大的安全性、更好的资源利用率，创造了更大价值。

2. 多线程技术和多进程编程

线程也可称为轻量级进程，是操作系统能够进行运算调度的最小单位，它被包含在进程之中，是进程中的实际运作单位。线程自己不拥有系统资源，只拥有在运行中必不可少的资源，但它可与同属一个进程的其他线程共享进程所拥有的全部资源。

与分隔的进程相比，进程中线程之间的隔离程度要小，它们共享内存、文件句柄和其他线程应有的状态。因为线程的划分尺度小于进程，使得多线程程序的并发性高。进程在执行过程中拥有独立的内存单元，而多个线程共享内存，从而极大地提高了程序的运行效率。

Python 中的多线程无法利用多核优势，如果需要使用多核 CPU 的多核资源，可以使用多进程开发技术。

3. Python 模块和包

Python 模块 (Module) 是一个 Python 文件，其扩展名是 ".py"。模块当中可以包含变量、函数和类等，也可以包含可执行的代码。使用模块可以有逻辑地组织 Python 代码段，把相关的代码分配到一个模块可以使工程更易于维护。

包是一个分层次的文件目录结构，它定义了一个由模块、子包、子包下的子包等组成的 Python 应用环境。"__init__.py" 文件用于标识当前文件夹是一个包，因而 Python 包中必须存在一个 "__init__.py" 文件。该文件的内容可以为空。

4. multiprocessing 包

multiprocessing 是一个支持使用与 Threading 模块类似的 API 来产生进程的包。multiprocessing 包同时提供了本地和远程并发操作，通过使用子进程而非线程有效地绕过了全局解释器锁。因此，multiprocessing 模块允许程序员充分利用给定机器上的多个处理器。它在 UNIX 和 Windows 上均可运行。

multiprocessing 模块还引入了在 Threading 模块中没有的 API。一个主要的例子就是 Pool 对象，它提供了一种快捷的方法，赋予函数并行化处理一系列输入值的能力，可以将输入数据分配给不同进程处理（数据并行）。

三、任务实施

1. 设计有效页面判断函数

设计多进程程序从数据源网页上采集数据，需要设计页面的 URL，然后从该 URL 指向的页面上采集数据。

有些页面不包含任何航班数据，因而需要首先设计函数判断生成的页面是否有效。

在这里，设计一个函数 getGoodPage，判断一个页面是否是有效页面。如果是有效页面，该页面返回布尔值 True，否则该页面返回布尔值 False。

该函数的代码清单如下所示。

```
1  def getGoodPage(url):
2      r = requests.get(url,headers=headers_w)
3      soup = BeautifulSoup(r.text,'html.parser')
4      airlineTable = soup.find('div', attrs = {'id': 'slideOutPanel'})
5                          .find('table', attrs = {'class': 'prettyTable fullWidth'})
6                          .find_all('tr')
7      if len(airlineTable) > 3:
8          return True
9      else:
10         return False
```

上述代码的第 1 行定义函数 getGoodPage，该函数具有一个参数 URL，是数据源网页的 URL 地址。

上述代码的第 2、3 行向页面发送请求，并进行解析。

上述代码的第 4~6 行获取 html 页面上包含了航班数据的 <tr> 标签。每个页面上 <tr> 标签的数量是航班数量加 3。

上述代码的第 7~10 行判断页面上的 <tr> 是否大于 3。如果大于 3，说明该页面上含有航班信息，返回布尔值 True。否则返回布尔值 False。

2. 设计单个页面数据采集函数

在 Notebook 中使用 multiprocessing 包进行多进程程序开发，需要将进程调用的函数或代码存放在独立的 Python 源文件中。

从数据源页面采集数据，使用之前设计的 scracthOnePage 函数。

设计具有三个参数的函数 scracthOnePageProcess，完成数据源页面 URL 地址的生成、数据源结束页面的判断。该函数的代码清单如下所示。

```
1  def scracthOnePageProcess(direction, cityICAO, pageIndex):
2      columnList = ['FlightIdent','FlightType',
3                    'FlightDetailedType','FlightCompany',
4                    'FlightOriginalTitle','FlightOrigin',
5                    'FlightDepartureTime','PlannedFlightArrivalTime']
6      totalDf = pd.DataFrame(columns = columnList)
7      baseUrl = 'https://zh.flightaware.com/live/airport/'
8      airportBaseUrl = baseUrl + cityICAO
9      url = airportBaseUrl + '/' + direction + '/all?;offset='
10     offset = str(20 * pageIndex)
11     finalUrl = url + offset + ";order=actualdeparturetime;sort=DESC"
12     if getGoodPage(finalUrl) == True:
13         (totalDf, soup) = scracthOnePage(finalUrl, totalDf)
14         return ((totalDf,False))
15     else:
```

```
16              print("当前页面的编码是 %d ，到达数据源的尾页。当前进程是%d。"
17                  % (pageIndex,os.getpid()))
18              return ((totalDf,True))
```

上述代码的第 1 行定义具有三个参数的 scracthOnePageProcess 函数。第一个参数 direction 有两个值，分别是 "arrivals" 和 "departures"，表示进港或者离港。第二个参数 cityICAO 是机场的 ICAO 代码。第三个参数 pageIndex 是数据源的网页号码，每一个网页记录 20 条航班信息。

上述代码的第 2~6 行创建一个 DataFrame 对象。

上述代码的第 7~11 行根据 direction 和 cityICAO 的值，创建数据源页面的 URL 地址，数据源首页面对应的 pageIndex 值为 0，即 offset 的值为 0。如 https://zh.flightaware.com/live/airport/ZSPD/departures?;offset=20;order=actualdeparturetime;sort=DESC。

上述代码的第 12~18 行首先调用 getGoodPage 函数，确定当前页面是否包含有航班数据。如果包含，则调用 scracthOnePage 函数从页面上采集航班数据，并返回采集到的 DataFrame 对象和布尔值 False。否则，打印输出完成采集的提示，并返回一个空的 DataFrame 对象和布尔值 True。

将上述函数存储在名为 "OneCityAllAirlines.py" 的 Python 源文件中。

3. 使用多进程函数从数据源采集上海浦东机场离港航班数据

通过多进程采集数据的代码清单如下所示。

```
1   from multiprocessing import Pool
2   N = 8
3   pageCnt = range(99999999)
4   pageIndex = 0
5   if __name__ == '__main__':
6       endPage = False
7       totalResult = []
8       totalEndPage = []
9       start_time = time.time()
10      while True:
11          with Pool(N) as p:
12              func = partial(scracthOnePageProcess, 'departures', ZSPD)
13              result = p.map(func, pageCnt[pageIndex:pageIndex + N])
14              for i in range(len(result)):
15                  totalResult.append(result[i][0])
16                  totalEndPage.append(result[i][1])
17              if True in totalEndPage:
18                  endPage =  True
19                  end_time = time.time()
20                  total_time = end_time - start_time
21                  print('完成采集所有航班数据，共耗时 %.2f 秒。' % total_time)
22                  p.terminate()
23                  break
24          pageIndex += N
```

上述代码的第 1 行从 Multiprocessing 中引入 Pool 方法。

上述代码的第 2 行定义创建变量 N 并赋初值，表示数据采集过程中使用的进程数。

上述代码的第 3 行创建最小值是 0 的整数数组 pageCnt，该数组的最大值应该足够大。

上述代码的第 4 行创建变量 pageIndex，用以在后序程序中操作数组 pageCnt。

上述代码的第 5 行是程序的入口，这在使用 multiprocessing 包的 Python 程序中经常是必需的。

上述代码的第 6 行创建变量 endPage，该变量存储对象是布尔值，用以标记是否数据源网页的尾页。如果是，则该变量值为 True，否则该变量值为 False。

上述代码的第 7 行创建列表 totalResult，运行每个进程后返回的 DataFrame 对象成为该列表的一个元素。

上述代码的第 8 行创建列表 totalEndPage，运行每个进程后返回的布尔值成为该列表的一个元素。

上述代码的第 9、19、20 行使用 time 包的方法，创建变量 start_time、end_time，并以此求解 total_time，实现统计采集数据时间的目的。

上述代码的第 10 行创建循环结构，其停止条件是 endPage 的值为 True，即完成数据源最后一个网页的数据采集。

上述代码的第 11 行创建进程池 p。

上述代码的第 12 行使用 partial 函数创建 func 函数。

上述代码的第 13 行使用进程池的进程执行 func 函数。

上述代码的第 14~16 行使用循环结构将每个进程获取的两个返回值分别添加到列表 totalResult 和 totalEndPage 中。

上述代码的第 17~23 行判断 totalEndPage 是否存在值为 True 的元素。如果存在，说明已经完成数据源所有页面的数据采集，则结束所有进程，结束循环结构。

上述代码的第 24 行为变量 pageIndex 赋新值，每次循环过程都将该值增加 N。

运行上述代码，完成数据采集。运行结果如图 3-123 所示。

图 3-123　使用多进程采集上海浦东机场离港航班数据

从图 3-123 可见，数据采集程序能够识别出包含航班数据的页面，并从页面采集数据。在同时使用 8 个进程的情况下，大约需要 170s 完成全部数据的采集，耗费的时间不到 3min。与没有使用多进程技术的情况相比，节省了大约 9min，可以节约 75% 的时间。

使用下述代码输出打印变量 totalResult 的相关信息。

```
1  print(len(totalResult))
2  print(type(totalResult))
3  print(type(totalResult[0]))
```

运行结果如图 3-124 所示。

```
320
<class 'list'>
<class 'pandas.core.frame.DataFrame'>
```

图 3-124 采集的航班数据信息

从图 3-124 可见，totalResult 是一个包含 320 个元素的列表，元素的类型是 DataFrame 对象。这些 DataFrame 对象是获每个进程完成之后的返回值。

因此，需要将列表 totalResult 的所有元素拼接在一起，生成一个 DataFrame 对象。使用的代码清单如下所示。

```
1   columnList = ['FlightIdent','FlightType',
                  'FlightDetailedType','FlightCompany',
                  'FlightOriginalTitle','FlightOrigin',
                  'FlightDepartureTime',
                  'PlannedFlightArrivalTime']
2   finalDf = pd.DataFrame(columns = columnList)
3   dataLength = 0
4   for i in range(len(totalResult)):
5       finalDf = finalDf.append(totalResult[i])
6   finalDf = finalDf.reset_index(drop = True)
```

输出打印 finalDf 的相关信息，使用的代码和输出结果如图 3-125 所示。

```
print("DataFrame对象存储了 %d 条航班信息。" % len(finalDf))

DataFrame对象存储了 6267 条航班信息。
```

图 3-125 采集的离港航班总数

4. 将采集的上海浦东机场离港航班数据存储到 S3 存储桶中

在本任务的代码中，由于 Amazon S3 的存储桶名称具有唯一性，因而使用名称 $BUCKET_NAME 表示用户的存储桶名称。

将上一步骤采集到的数据存储到 S3 存储桶中。

使用的代码清单如下所示。

```
1   finalDf.to_excel('ZSPD_Departures_multiprocessing.xlsx')
2   s3 = boto3.client('s3')
3   response = s3.upload_file('./ZSPD_Departures_multiprocessing.xlsx',
4                             $BUCKET_NAME,
5                             'ZSPD_Departures_multiprocessing.xlsx')
```

上述代码的第 1 行将数据文件存储到 Amazon EC2 实例的当前路径。

上述代码的第 2 行创建一个 S3 对象。

上述代码的第 3~5 行将 Amazon EC2 实例的当前路径下的数据文件 "ZSPD_Departures_multiprocessing.xlsx" 存储到名称为 $BUCKET_NAME 的存储桶中，并且给该文件标准同名的标签。

运行上述代码之后，存储桶当中存储了该数据文件，如图 3-126 所示。

图 3-126　将采集到的上海浦东机场离港航班数据存储到 S3 存储桶中

任务 3.3.3　分析上海浦东机场每日离港航班机型及其可视化

一、任务描述

在本任务中，要求从 S3 中读取数据文件，获取上海浦东机场离港航班。使用这些数据，分析过去一周上海浦东机场每天离港航班最多的机型，并使用柱状图作可视化呈现。

二、知识要点

1. 柱状图

柱状图展示多个分类的数据变化和同类别各变量之间的比较情况，直观展示各组数据的差异性，强调个体与个体之间的比较，适用于需要数据展示和对比的场合。其缺陷在于，如果分类过多则对比效果差。

2. Python 中的字典

字典（Dict）是 Python 重要的内置数据结构，它是一种大小可变的键值对集合，其中键（Key）和值（Value）都是 Python 的数据类型。字典是一种无序、可变和有索引的集合可变容器模型，且可存储任意类型的对象。

3. functools 模块

functools 模块应用于高阶函数，即参数或（和）返回值为其他函数的函数。通常来说，此模块的功能适用于所有可调用对象。

functools 模块中的 partial 对象是由 partial() 创建的可调用对象。partial 对象与 function 对象的类似之处在于它们都是可调用、可弱引用的对象并可拥有属性。但两者也存在一些重要的区别。例如，前者不会自动创建 __name__ 和 __doc__ 属性。而且，在类中定义 partial 对象的行为类似于静态方法，并且不会在实例属性查找期间转换为绑定方法。

三、任务实施

1. 命名存储桶

在本任务的代码中，由于 Amazon S3 的存储桶名称具有唯一性，因而使用名称 $BUCKET_NAME 表示用户的存储桶名称。

2. 从 S3 存储桶中读取航班数据文件

使用下述代码从 S3 的存储桶 $BUCKET_NAME 中读取数据文件。

```
1   import pandas as pd
2   import boto3

3   totalDf = pd.read_excel('https:// $BUCKET_NAME.s3.cn-northwest-1
                .amazonaws.com.cn/ZSPD_Departures_multiprocessing.xlsx')
```

使用下述代码输出打印 totalDf 的列。

```
print(totalDf.columns)
```

运行结果如图 3-127 所示。

```
Index(['Unnamed: 0', 'FlightIdent', 'FlightType', 'FlightDetailedType',
       'FlightCompany', 'FlightOriginalTitle', 'FlightOrigin',
       'FlightDepartureTime', 'PlannedFlightArrivalTime'],
      dtype='object')
```

图 3-127　从 S3 存储桶中读出的 DataFrame 对象列

如果输出结果存在上图中的冗余列 "Unnamed: 0"，则使用下述代码删除该列。

```
1   totalDf = totalDf.drop(['Unnamed: 0'],axis=1)
```

再次输出打印该 DataFrame 对象的列及其前 5 行的部分数据，使用的代码和输出结果如图 3-128 所示。

```
print(totalDf.columns)
print(totalDf.head(5).iloc[:,0:3])

Index(['FlightIdent', 'FlightType', 'FlightDetailedType', 'FlightCompany',
       'FlightOriginalTitle', 'FlightOrigin', 'FlightDepartureTime',
       'PlannedFlightArrivalTime'],
      dtype='object')
   FlightIdent FlightType FlightDetailedType
0      ALK867        NaN                  NaN
1     CSN2288       A320    Airbus A320（双发）
2     CQH8533       A320    Airbus A320（双发）
3     CES9026       A321    Airbus A321（双发）
4      CKK205        NaN                  NaN
```

图 3-128　删除冗余列之后的 DataFrame 对象列

3. 数据预处理

这里需要对航班的机型进行分析，因此可以将机型 "FlightType" 和 "FlightDepartureTime" 之外的列删除掉。使用的代码清单如下所示。

```
1   tmpDf = totalDf.drop(['FlightIdent', 'FlightDetailedType',\
                          'FlightCompany','FlightOriginalTitle',\
                          'FlightOrigin',PlannedFlightArrivalTime'],
                          axis = 1)
```

此时输出打印 tmpDf 的前 8 个元素，使用的代码和运行结果如图 3-129 所示。

由于需要统计的时间格式是 "星期几"，并不关心具体时间，因此可以通过切片操作截取 "FlightDepartureTime" 值的前 3 个字符组成新的字符串，也就是将形如 "星期四 14:31 CST" 的字符串转换为 "星期四"。

```
print(tmpDf.head(8))

  FlightType FlightDepartureTime
0        NaN      星期四 14:49 CST
1       A320      星期四 14:45 CST
2       A320      星期四 14:40 CST
3       A321      星期四 14:39 CST
4        NaN      星期四 14:38 CST
5       A320      星期四 14:34 CST
6       A320      星期四 14:33 CST
7       A321      星期四 14:31 CST
```

图 3-129　执行删除列操作之后的数据对象前 8 行

使用下面的代码，给 tmpDf 添加一列"WeekDay"，并将该列的值赋值为同一行中 "FlightDepartureTime"列的前三个字符，即形如"星期四"的格式。

```
1  WeekDay = []
2  WeekDay = [data[0:3] for data in tmpDf['FlightDepartureTime']]
3  tmpDf["WeekDay"] = WeekDay
4  tmpDf = tmpDf.drop(['FlightDepartureTime'],axis = 1)
```

上述代码的第 1 行创建一个空列表 WeekDay。

上述代码的第 2 行为 WeekDay 赋值，其每个元素的值是 tmpDf 列中每个元素的前三个字符组成的字符串。

上述代码的第 3 行为 tmpDf 创建新列 WeekDay 并赋值为列表 WeekDay。

上述代码的第 4 行删除掉 tmpDf 中的列"'Flight Departure Time'"。

现在输出打印 tmpDf 的前 8 行，输出结果如图 3-130 所示。

```
  FlightType WeekDay
0        NaN   星期四
1       A320   星期四
2       A320   星期四
3       A321   星期四
4        NaN   星期四
5       A320   星期四
6       A320   星期四
7       A321   星期四
```

图 3-130　执行添加和删除列操作之后的数据对象前 8 行

从图 3-130 可见，现在 DataFrame 对象 tmpDf 包含两列数据，分别存储机型和形如"星期四"的日期。

4. 从数据表中获取过去一周的航班

实际上，数据表中的航班包含两个星期的航班数据，为了分析统计的客观性，需要从其中筛选出完整一个星期的航班数据。

在这里，首先确定第一条航班信息所在的日期 A。从数据表第一行，即从 A 开始向后找到数据表中和日期 A 不同的第一条航班 B，再从 B 向后查找到和日期 A 相同的最后一条航班 C。日期 B 和 C 之间的航班即为一整个星期的完整航班信息。

使用如下代码可以实现上述功能。

```
1  dataLength = len(tmpDf.index)
2  aDay = 0
```

```
3   bDay = 0
4   cDay = 0
5   firstday = tmpDf['WeekDay'][aDay]
6   index = 0
7   while index < dataLength:
8       currentDay = tmpDf['WeekDay'][index]
9       if tmpDf['WeekDay'][index] !=  firstday:
10          bDay = index
11          break
12      index += 1


13  index = bDay
14  while index  < dataLength:
15      currentDay = tmpDf['WeekDay'][index]
16      if tmpDf['WeekDay'][index] ==  firstday:
17          tmpDay = index
18          break
19      index += 1


20  index = tmpDay
21  while index < dataLength:
22      currentDay = tmpDf['WeekDay'][index]
23      if tmpDf['WeekDay'][index] !=  firstday:
24          cDay = index - 1
25          break
26  index += 1
```

上述代码的第 1 行获取 tmpDf 的元素个数。

上述代码的第 2~4 行创建变量 aDay、bDay 和 cDay，用来存储 tmpDf 中不同行的索引值。为这三个变量分别赋初值 0。

上述代码的第 5 行获取 tmpDf 中"WeekDay"列第 1 个元素的值并赋值给变量 firstday。

上述代码的第 6~12 行从索引为 0 的行遍历 tmpDf，直到找到"WeekDay"列和 firstday 不同的第一个元素，将该元素的索引赋值给变量 bDay。bDay 是数据表中完整一周的开始日期。

上述代码的第 13~19 行从索引为 bDay 的行向后遍历 tmpDf，直到找到"WeekDay"列和 firstday 相同的第一个元素，将该元素的索引赋值给变量 tmpDay。

上述代码的第 20~26 行从索引为 tmpDay 的行向后遍历 tmpDf，直到找到"WeekDay"列和 firstday 不同的第一个元素，将该元素的索引赋减 1 值给变量 cDay。cDay 是数据表中完整一周的结束日期。

使用切片操作截取 tmpDf 从 bDay 到 cDay 之间的部分，将新值赋值给 tmpDf。现在 tmpDf 存储的航班数据即为完整一周的航班数据。重设 tmpDf 的索引。这部分代码清单如下所示。

```
tmpDf = tmpDf[bDay:cDay].reset_index(drop=True)
```

此时输出打印 tmpDf 的值，使用的代码和运行结果如图 3-131 所示。

```
print(tmpDf)

     FlightType WeekDay
0         A321    星期三
1          NaN    星期三
2         A320    星期三
3         A320    星期三
4         A306    星期三
...        ...    ...
3564      B744    星期四
3565      B744    星期四
3566       NaN    星期四
3567       73F    星期四
3568      A321    星期四

[3569 rows x 2 columns]
```

图 3-131　执行切片和重设索引操作之后的数据对象

从图 3-131 可见，上海浦东机场在这一周一共有 3569 个离港航班。

5. 分析每天离港航班机型数量

为了统计每一天机型的数量，为 tmpDf 添加一列，该列的值是一个具有两个元素的元组。元组的第一个元素是日期，第二个元素是机型。之后删除原有的 "FlightType" 和 "WeekDay"列，并添加初始值为 1 的新列 "FlightCnt"。

使用的代码清单如下所示。

```
1  tmpDf['WeekDayFlightType'] = [(str(tmpDf['WeekDay'][index]),
                                  str(tmpDf['FlightType'][index]))
                                 for index in range(len(tmpDf.index) )]
2  tmpDf = tmpDf.drop(['FlightType', 'WeekDay'],axis = 1)
3  tmpDf['FlightCnt'] = 1
```

上述代码中的第 1 行为 tmpDf 添加新列 "WeekDayFlightType"，该列的值为同一行另外两列的值组成的元组。

上述代码中的第 2 行删除掉 tmpDf 中的两列。

上述代码中的第 3 行添加新列 "FlightCnt"。

此时输出打印 tmpDf 的前 5 行，使用的测试代码和运行结果如图 3-132 所示。

```
print(tmpDf.head(5))

   WeekDayFlightType  FlightCnt
0    (星期四, nan)          1
1    (星期四, A320)         1
2    (星期四, A320)         1
3    (星期四, A321)         1
4    (星期四, nan)          1
```

图 3-132　执行添加列和删除列操作之后的数据对象前 5 行

接下来对 "WeekDayFlightType" 进行分组操作并统计个数，完成之后重新设置索引。

使用的代码清单如下所示。

```
1  tmpDf = tmpDf.groupby('WeekDayFlightType').count()
2  tmpDf = tmpDf.reset_index(drop=False)
```

此时输出打印 tmpDf 的前 5 行，使用的测试代码和运行结果如图 3-133 所示。

在之前的代码中，添加了值为元组的一列 "WeekDayFlightType"。下面需要进行相反操作，

即提取 "WeekDayFlightType" 列的值，组成两个新列 "WeekDay" 和 "FlightType"，之后删除掉列 "WeekDayFlightType"。

```
print(tmpDf.head(5))

  WeekDayFlightType  FlightCnt
0      (星期一, 32N)         4
1      (星期一, 737)        33
2      (星期一, 73F)         2
3      (星期一, 74F)         2
4      (星期一, 74N)         4
```

图 3-133 执行分组和重设索引操作之后的数据对象前 5 行

使用的代码清单如下所示。

```
1  tmpDf['WeekDay']   = [(str(tmpDf['WeekDayFlightType'][index][0]))
                          for index in range(len(tmpDf.index) )]
2  tmpDf['FlightType'] = [(str(tmpDf['WeekDayFlightType'][index][1]))
                          for index in range(len(tmpDf.index) )]
3  tmpDf = tmpDf.drop(['WeekDayFlightType'],axis = 1)
```

此时输出打印 tmpDf 的前 5 行，使用的测试代码和运行结果如图 3-134 所示。

```
print(tmpDf.head(5))

   FlightCnt WeekDay FlightType
0       2     星期一       32N
1      17     星期一       737
2       2     星期一       73F
3       1     星期一       74F
4       1     星期一       74N
```

图 3-134 执行列变化操作之后的数据对象前 5 行

创建一个列表 "weekDayList"，每个元素的值是一个日期。使用的代码清单如下所示。

```
1  weekDayList = ['星期一','星期二','星期三','星期四','星期五','星期六','星期日']
```

接下来创建一个函数，该函数的主要功能是使用链式操作，提取出 tmpDf 中每个日期的航班数据，并将该数据添加到列表中。使用的代码清单如下所示。

```
1  def getWeekdayFlightType(flightDf, topNo):
2      tmpList = []
3      for i in range(len(weekDayList)):
4          tmpDf = flightDf[flightDf['WeekDay'] == weekDayList[i]]
                  .sort_values(by = 'FlightCnt', ascending=False)[0:topNo]
                  .reset_index(drop=True)
5          tmpList.append(tmpDf)
6      return tmpList
```

上述代码中的第 1 行创建函数 getWeekdayFlightType，该函数具有两个参数。第一个参数是 DataFrame 对象，第二个参数是要统计的航班型号排名个数。

上述代码中的第 2 行创建空列表 tmpList。

上述代码中的第 4 行根据列中是否存在和日期相等的元素对 DataFrame 对象进行筛选。将筛选结果按照降序排列，并取其前若干行。最后重新设置索引。最终得到的 DataFrame 对象添加到列表 tmpList 中，也就是说列表 tmpList 的每个元素是一个 DataFrame 对象，存储了每天的机型及其数量。

上述代码中的第 6 行将 tmpList 返回。

此时如果调用上述函数，可以获得一个由 DataFrame 对象组成的列表。该列表存储了每天航班的机型数量。使用的代码和输出结果如图 3-135 所示。

从上图可见，当前的测试代码输出显示了每天离港航班中数量排名前三的机型。而且每天排名前三的机型相同，分别是"A320"、"B738"和"A321"。

6. 将上海浦东机场每天离港航班数据进行可视化

使用柱状图可视化这一周内，每天离港航班数量排名前三的机型。

柱状图具有横轴和纵轴两个方向，因此需要创建横纵轴的数据。使用如下代码清单创建这两个方向的数据源。

```
weekDayFlightTypeTotalList = getWeekdayFlightType(tmpDf,3)

for x in weekDayFlightTypeTotalList:
    print(x)

   FlightCnt WeekDay FlightType
0        193    星期一      A320
1         90    星期一      B738
2         57    星期一      A321
   FlightCnt WeekDay FlightType
0        178    星期二      A320
1         86    星期二      B738
2         56    星期二      A321
   FlightCnt WeekDay FlightType
0        165    星期三      A320
1         82    星期三      B738
2         52    星期三      A321
   FlightCnt WeekDay FlightType
0        171    星期四      A320
1         85    星期四      B738
2         65    星期四      A321
   FlightCnt WeekDay FlightType
0        194    星期五      A320
1         98    星期五      B738
2         61    星期五      A321
   FlightCnt WeekDay FlightType
0        183    星期六      A320
1         96    星期六      B738
2         67    星期六      A321
   FlightCnt WeekDay FlightType
0        185    星期日      A320
1         99    星期日      B738
2         64    星期日      A321

print(len(tmpDf))
```

图 3-135　从数据对象中去除排名前 3 的机型

```
1  xAxisLabel = []
2  gradeFlightCnt1 = []
3  gradeFlightCnt2 = []
4  gradeFlightCnt3 = []
5  flightType = []
6  for i in range(len(weekDayFlightTypeTotalList)):
7      xAxisLabel.append(weekDayFlightTypeTotalList[i]['WeekDay'][0])
8      gradeFlightCnt1.append(int(weekDayFlightTypeTotalList[i]['FlightCnt'][0]))
9      gradeFlightCnt2.append(int(weekDayFlightTypeTotalList[i]['FlightCnt'][1]))
10     gradeFlightCnt3.append(int(weekDayFlightTypeTotalList[i]['FlightCnt'][2]))
11 for i in range(len(weekDayFlightTypeTotalList[0])):
12     flightType.append(weekDayFlightTypeTotalList[0]['FlightType'][i])
```

上述代码的第 1 行创建空列表 xAxisLabel，用来存储柱状图的横坐标。

上述代码的第 2 行创建空列表 gradeFlightCnt1，用来存储每一天离港航班最多的机型数量。

上述代码的第 3 行创建空列表 gradeFlightCnt2，用来存储每一天离港航班排名第二的机型数量。

上述代码的第 4 行创建空列表 gradeFlightCnt3，用来存储每一天离港航班排名第三的机型数量。

上述代码的第 5 行创建空列表 flightType，用来存储每一天离港航班排名前三的机型型号。从前面的分析可以看出，每一天离港航班数量排名前三的机型均相同。

上述代码的第 6~12 行使用循环结构为之前创建的空列表添加元素。

输出打印列表 xAxisLabel 的值。使用的代码和输出结果如图 3-136 所示。

```
print(xAxisLabel)
['星期一', '星期二', '星期三', '星期四', '星期五', '星期六', '星期日']
```

图 3-136　输出打印列表 xAxisLabel 的值

从图 3-136 可见，当前列表的元素是从"星期一"开始，到"星期日"结束的 7 天。事实上，从数据源获取的数据是倒序的，而且开始日期是"星期四"，结束日期是"星期三"。因而需要使用如下代码调整横纵轴数据列表元素的顺序。

```
1  xAxisLabel = xAxisLabel[3:7] + xAxisLabel[0:3]
2  gradeFlightCnt1 = gradeFlightCnt1[3:7] + gradeFlightCnt1[0:3]
3  gradeFlightCnt2 = gradeFlightCnt2[3:7] + gradeFlightCnt2[0:3]
4  gradeFlightCnt3 = gradeFlightCnt3[3:7] + gradeFlightCnt3[0:3]
```

再次输出打印列表 xAxisLabel 的值。使用的代码和输出结果如图 3-137 所示。

```
print(xAxisLabel)

['星期四', '星期五', '星期六', '星期日', '星期一', '星期二', '星期三']
```

图 3-137　重新排序后输出打印列表 xAxisLabel 的值

从图 3-137 可见，现在数据的排列顺序，和前面采集的数据顺序相同。

创建一个柱状图 Bar 实例，命名为 departureFlightTypeBar。将该图表的主题设置为 SHINE，将画布的宽和高分别设置为 750px 和 480px，开启柱状图的动画显示功能。这部分的代码清单如下所示。

```
1  departureFlightTypeBar= (
2       charts.Bar(opts.InitOpts(theme=ThemeType.SHINE,
                                 width = "750px",
                                 height = "480px",
                                 animation_opts=
                                 opts.AnimationOpts(animation=True))))
```

使用 add_xaxis 方法为柱状图添加横轴数据，使用 add_yaxis 方法为柱状图添加纵轴数据。在这里，需要添加三个纵轴。该柱状图的标签文字设置为大小为 14 的黑色文字。这部分的代码清单如下所示。

```
1  .add_xaxis(xAxisLabel)
2  .add_yaxis(series_name = flightType[0],
           y_axis = gradeFlightCnt1,
           color = 'blue',
           label_opts = opts.LabelOpts(font_size = 14,
                                       color = 'black')
              )
3  .add_yaxis(series_name = flightType[1],
           y_axis = gradeFlightCnt2,
           color = 'green',
           label_opts = opts.LabelOpts(font_size = 14,
                                       color = 'black')
              )
4  .add_yaxis(series_name = flightType[2],
           y_axis = gradeFlightCnt3,
           color = 'red',
           label_opts = opts.LabelOpts(font_size = 14,
                                       color = 'black')
              )
```

为了提高柱状图的显示效果和信息表达效率，使用 set_global_opts 设置图表的全局属性。在这里，设置了该柱状图的标题名称、图例显示位置等。

具体来说，使用 TitleOpts 方法将柱状图的名称居中放置于画布的上部，字体设置为黑色 24号加粗字体。使用 LegendOpts 方法将图例设置为实心圆点，垂直排放于画布的右侧，不同图例之间的间距为 16。这部分代码清单如下所示。

```
1    .set_global_opts(opts.TitleOpts(title = "上海浦东机场一周离港航班机型数量示意图",
                                     pos_left = "center",
                                     title_textstyle_opts =
                                 opts.TextStyleOpts(font_weight = 'bolder',
                                                    font_size = 24,
                                                    color = "black")),
2                    opts.LegendOpts(orient="vertical",
                                     pos_top="3%",
                                     pos_left="85%",
                                     item_height=15,
                                     item_gap=16,
                                     legend_icon="circle",
                                     textstyle_opts =
                                 opts.TextStyleOpts(font_weight = "bolder",
                                                    font_size = 12,
                                                    color = "black")),
3                    yaxis_opts=opts.AxisOpts(axislabel_opts=
                                             opts.LabelOpts(
                                             formatter="{value} 架次"))
                     )
```

这部分的完整代码及结构如图 3-138 所示。

```
departureFlightTypeBar= (
    charts.Bar(opts.InitOpts(theme=ThemeType.SHINE,
                             width = "750px",
                             height = "480px",
                             animation_opts= opts.AnimationOpts(animation=True)))
    .add_xaxis(xAxisLabel)
    .add_yaxis(series_name = flightType[0],
               y_axis = gradeFlightCnt1,
               color = 'blue',
               label_opts = opts.LabelOpts(font_size = 14,
                                           color = 'black')
               )
    .add_yaxis(series_name = flightType[1],
               y_axis = gradeFlightCnt2,
               color = 'green',
               label_opts = opts.LabelOpts(font_size = 14,
                                           color = 'black')
               )
    .add_yaxis(series_name = flightType[2],
               y_axis = gradeFlightCnt3,
               color = 'red',
               label_opts = opts.LabelOpts(font_size = 14,
                                           color = 'black')
               )
    .set_global_opts(opts.TitleOpts(title = "上海浦东机场一周离港航班机型数量示意图",
                                    pos_left = "center",
                                    title_textstyle_opts = opts.TextStyleOpts(font_weight = 'bolder',
                                                                              font_size = 24,
                                                                              color = 'black')),
                     opts.LegendOpts(orient="vertical",
                                     pos_top="3%",
                                     pos_left="85%",
                                     item_height=15,
                                     item_gap=16,
                                     legend_icon='circle',
                                     textstyle_opts = opts.TextStyleOpts(font_weight = 'bolder',
                                                                         font_size = 12,
                                                                         color = 'black')),
                     yaxis_opts=opts.AxisOpts(axislabel_opts=opts.LabelOpts(formatter="{value} 架次"))
                     )
)
```

图 3-138　设计的 Pyecharts 柱状图源代码

7. 输出显示可视化图表

在 Notebook 中，使用下述代码输出显示 Pyecharts 图表对象。

```
departureFlightTypeBar.render_notebook()
```

运行结果如图 3-139 所示。

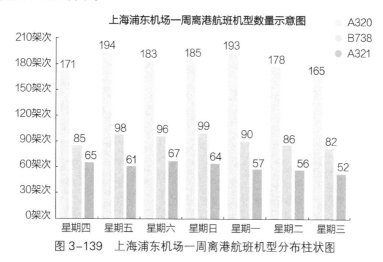

图 3-139 上海浦东机场一周离港航班机型分布柱状图

从图 3-139 可以清晰地看到每一天离港航班的机型分布。

将鼠标悬停在柱状图的图例上，可以显示这部分的数字信息，如图 3-140 所示。

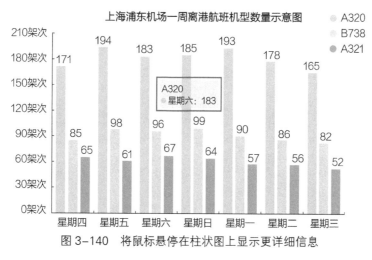

图 3-140 将鼠标悬停在柱状图上显示更详细信息

从图 3-140 可见，将鼠标悬停在红色数据图上，可以显示当前机型及对应的日期。

综合实训——粤港澳大湾区五个机场航班数据爬取及分析

项目 3.4

一、项目功能

这个项目的主要功能是：

1）使用多进程技术从数据源网站采集粤港澳大湾区五个机场的进港航班数据。

2）使用多进程技术从数据源网站采集粤港澳大湾区五个机场的离港航班数据。

3）通过这五个机场的进离港航班数，分析机场的繁忙程度并以图标的方式进行可视化呈现。

二、项目要点

本任务基于前面学习的内容，完成一个综合性较强的项目，着重加强了结构化开发和多进程程序设计的能力。

三、项目实施

1. 引入程序运行使用的包

在该源文件中，首先引入必须要的包，代码清单如下所示。

```
1    import requests
2    from bs4 import BeautifulSoup
3    import pandas as pd
4    import os
```

2. 设计从一个数据源页面采集航班数据的函数

```
1    def scracthOnePage(url, theDf, direction, cityICAO):
2
3
4        r = requests.get(url,headers=headers_w)
5        soup = BeautifulSoup(r.text,'html.parser')
6        print('当前进程 %d 爬取页面 %s' % (os.getpid(), url))
7        airlineTable = soup.find('div', attrs = {'id': 'slideOutPanel'})
8                      .find('table', attrs = {'class': 'prettyTable fullWidth'})
9                      .find_all('tr')
10       arrivalAirportName = airlineTable[0].find('th').get_text()
11       for oneRow in airlineTable[2:22]:
12           oneRowData = oneRow.find_all('td')
13           if oneRowData[0] == None or oneRowData[1] == None
14             or oneRowData[2] == None  or oneRowData[3] == None
15             or oneRowData[4] == None :
16                   continue
17           else:
18               FlightIdent = oneRowData[0].get_text()
19               FlightType = oneRowData[1].get_text()
20               FlightDetailedType = oneRowData[1].find('span')['title']
21               FlightCompany = oneRowData[0].find('span')['title']
22           if oneRowData[2].find('span', attrs = {'class': 'hint'}) == None:
23               FlightOriginalTitle = None
24           else:
25               if oneRowData[2].find('span', attrs = {'class': 'hint'})['title'] != None:
26                   FlightOriginalTitle = oneRowData[2].find('span',
                                            attrs = {'class': 'hint'})['title']
27               elif oneRowData[2].find('span', attrs =
                                     {'class': 'hint'})['original-title'] != None ]:
28                   FlightOriginalTitle = oneRowData[2].find('span',
                                            attrs = {'class': 'hint'})['original-title']
```

```
29          FlightOrigin = oneRowData[2].get_text()
30          FlightDepartureTime = oneRowData[3].get_text()
31          if direction == 'arrivals':
32              FlightArrivalTime = oneRowData[4].get_text()
33              theDf=theDf.append(pd.DataFrame({'AirportICAO':cityICAO,
                                    'FlightIdent':[FlightIdent],
                                    'FlightType':[FlightType],
                                    'FlightDetailedType':[FlightDetaildType],
                                    'FlightCompany':[FlightCompany],
                                    'FlightOriginalTitle':[FlightOriginalTitle],
                                    'FlightOrigin':[FlightOrigin],
                                    'FlightDepartureTime':[FlightDepartureTime],
                                    'FlightArrivalTime':[FlightArrivalTime]}),
                                    sort=False)
34          else:
35              PlannedArrivalTime = oneRowData[4].get_text()
36              theDf=theDf.append(pd.DataFrame({'AirportICAO':cityICAO,
                                    'FlightIdent':[FlightIdent],
                                    'FlightType':[FlightType],
                                    'FlightDetailedType':[FlightDetailedType],
                                    'FlightCompany':[FlightCompany],
                                    'FlightOriginalTitle':[FlightOriginalTitle],
                                    'FlightOrigin':[FlightOrigin],
                                    'FlightDepartureTime':[FlightDepartureTime],
                                    'PlannedArrivalTime':[PlannedArrivalTime]}),
                                     sort=False)
37      return (theDf, soup)
```

在上述代码中，scracthOnePage 函数具有 4 个参数，其中参数 direction 可以有两个值，分别是 "arrivals" 和 "departures"。如果传递给 direction 参数的值是其他值，则程序运行会出错。根据 direction 的值不同，函数中创建的 DataFrame 对象 theDf 具有不同的列。

3. 设计采集一个城市所有航班信息的函数

```
1   def scracthAllPages(direction, cityICAO):
2       if direction == 'arrivals':
3           columnList = ['AirportICAO','FlightIdent',
                        'FlightType','FlightDetailedType',
                        'FlightCompany','FlightOriginalTitle',
                        'FlightOrigin','FlightDepartureTime',
                        'FlightArrivalTime']
4       else:
5           columnList = ['AirportICAO','FlightIdent',
                        'FlightType','FlightDetailedType',
                        'FlightCompany','FlightOriginalTitle',
                        'FlightOrigin','FlightDepartureTime',
                        'PlannedArrivalTime']
6       totalDf = pd.DataFrame(columns = columnList)
```

```
7          baseUrl = 'https://zh.flightaware.com/live/airport/'
8          airportBaseUrl = baseUrl + cityICAO
9          url = airportBaseUrl + '/' + direction + '/all'

10         (totalDf, soup) = scracthOnePage(url, totalDf,direction,cityICAO)

11         pageCnt = 2

12         while True:
13             if soup.find('table', attrs = {'class': 'fullWidth'})
                       .find('a').contents[0] == '后 20 条'
                   or soup.find('table', attrs = {'class': 'fullWidth'})
                       .find('a').contents[0] == 'Next 20':
14                 pageCnt += 1
15 #                print('当前进程 %d 爬取第 %d 页。' % (os.getpid(), pageCnt))
16                 theOrginalPageURL = soup.find('table', attrs = {'class': 'fullWidth'})
                                          .find('a')['href']
17                 theNextPageUrl = theOrginalPageURL[0:4] + 's'
18                             + theOrginalPageURL[4:]
19                 (totalDf, soup) = scracthOnePage(theNextPageUrl, totalDf
                                          ,direction,cityICAO)
20             else:
21                 print("当前机场 %s 全部页面爬取结束。" % cityICAO)
22                 break
23     return totalDf
```

在上述代码中，scracthAllPages 函数具有 2 个参数，其中参数 direction 可以有两个值，分别是 "arrivals" 和 "departures"。如果传递给 direction 参数的值是其他值，则程序运行会出错。

根据 direction 的值不同，函数中创建的 DataFrame 对象 theDf 具有不同的列。

4. 采用多进程技术采集这五个城市的进离港航班

创建采集的机场 ICAO 代码列表，使用的代码如下所示。

```
1. airportICAOList = ['ZGGG','ZGSZ','ZGSD','VHHH','VMMC']
```

创建变量 direction，该变量是一个字符串，其允许的值是 "arrivals" 和 "departures"。如果给 direction 赋其他值，则程序无法正确执行。

使用的代码如下所示。

```
1. direction = 'arrivals'
```

通过多进程采集这五个城市进港数据的控制代码如下所示。

```
1. totalResult = []
2. if __name__ == '__main__':
3.     with Pool(5) as p:
4.         func = partial(scracthAllPages, direction)
5.         result = p.map(func, airportICAOList)
6.         totalResult.append(result)
```

由于采集航班数据的机场共有 5 个，因此上述代码中创建 5 个进程，每个进程采集一个机场的航班数据。

完成采集之后，需要将采集的进港数据存储并赋值给一个 DataFrame 对象。使用的代码如下所示。

```
1. if direction == 'arrivals':
2.     columnList = ['AirportICAO','FlightIdent',
                     'FlightType','FlightDetailedType',
                     'FlightCompany','FlightOriginalTitle',
                     'FlightOrigin','FlightDepartureTime',
                     'FlightArrivalTime']
3. else:
4.     columnList = ['AirportICAO','FlightIdent',
                     'FlightType','FlightDetailedType',
                     'FlightCompany','FlightOriginalTitle',
                     'FlightOrigin','FlightDepartureTime',
                     'PlannedArrivalTime']
5. finalDf = pd.DataFrame(columns = columnList)
6. dataLength = 0
7. for i in range(len(totalResult[0])):
8.     finalDf = finalDf.append(totalResult[0][i])
9.     dataLength += len(totalResult[0][i])
```

最后将处理得到的 DataFrame 对象 finalDf 保存到本地及 S3 存储桶中。这部分使用的代码如下所示。

```
1. dateTime = datetime.date.today()
2. fileName = str(dateTime) + "_" + direction + "_" + str(dataLength)
           + "_" + "records_" + "Airlines"  + ".xls"
3. finalDf = finalDf.reset_index( drop = True )
4. finalDf.to_excel(fileName)
5. s3 = boto3.client('s3')
6. response = s3.upload_file(fileName,$BUCKET_NAME,fileName)
```

上述代码的一个重要功能是可以根据当前日期和采集的航班数量创建一个字符串，将该字符串作为存储的文件名称。

本程序中采用了参数化设计。所以采集这五个机场的离港航班数据，只需要 direction 变量重新赋值，然后执行其后的功能代码即可。

为 direction 赋值的代码如下所示。

```
direction = 'departures'
```

5.分析五个机场的航班总数

航班包含进港航班和离港航班。因此，需要分别读取存储在 S3 存储桶中的两个数据文件，然后对这两个数据文件中的航班数据进行处理，统计出这五个机场的航班总数。

使用下述代码从 S3 的存储桶 $BUCKET_NAME 中读取数据文件。这里 $BUCKET_NAME 是用户的存储桶。

```
1. arrivalTotalDf = pd.read_excel('https://$BUCKET_NAME.s3.cn-northwest-1
                      .amazonaws.com.cn/2020-08-21_arrivals_15101
```

```
                                      _records_Airlines.xls')
2. departuresTotalDf = pd.read_excel('https:// $BUCKET_NAME.s3.cn-northwest-1
                          .amazonaws.com.cn/2020-08-21_departures_15912
                          _records_Airlines.xls')
```

使用下述代码创建存储机场 ICAO 代码和机场名称的字典。

```
1. airportICAODict = {'ZGGG':'广州白云机场',
                'ZGSZ':'深圳宝安机场',
                'ZGSD':'珠海金湾机场',
                'VHHH':'香港国际机场',
                'VMMC':'澳门国际机场'}
```

由于仅需要统计机场 ICAO 代码，因而可以将 arrivalTotalDf 和 departuresTotalDf 中无关的列删除掉。使用下述代码删除冗余列。

```
1. arrivalTotalDf = arrivalTotalDf.drop(['Unnamed: 0', 'FlightIdent',
                          'FlightType', 'FlightDetailedType',
                          'FlightCompany', 'FlightOriginalTitle',
                          'FlightOrigin', 'FlightDepartureTime',
                          'FlightArrivalTime'],
                          axis=1)
2. departuresTotalDf = departuresTotalDf.drop(['Unnamed: 0', 'FlightIdent',
                          'FlightType', 'FlightDetailedType',
                          'FlightCompany', 'FlightOriginalTitle',
                          'FlightOrigin', 'FlightDepartureTime',
                          'PlannedArrivalTime'],
                          axis=1)
```

现在，arrivalTotalDf 和 departuresTotalDf 仅包含一列。将这两个 DataFrame 对象拼接在一起，创建一个新的 DataFrame 对象 totalDf。为 totalDf 添加初值为 1 的新列"FlightCnt"，对其进行变换操作，完成航班数量统计。使用的代码如下所示。

```
1. totalDf['FlightCnt'] = 1
2. totalDf = totalDf.groupby('AirportICAO').count()
                    .reset_index(drop = False)
                    .sort_values(by = 'FlightCnt', ascending=False)
                    .reset_index(drop = True)
```

此时的 totalDf 仅包含 5 行数据。

6. 将五个机场航班总数进行可视化

使用柱状图可视化这五个航班进离港航班数量。

柱状图具有横轴和纵轴两个方向，因此需要创建横纵轴的数据。使用如下代码创建这两个方向的数据源。

```
1 airportICAOList = list(totalDf['AirportICAO'])
2 flightCntList = list(totalDf['FlightCnt'])
3 xAxisLabel = [airportICAODict[key] for key in airportICAODict.keys()]
4 yAxisLabel = [ int(totalDf[totalDf['AirportICAO'].isin([icao])]['FlightCnt'])
                for icao in airportICAODict.keys() ]
```

上述代码的第 1 行提取出 totalDf 的 "AirportICAO" 列，转换为 list 对象之后赋值给变量 airportICAOList。airportICAOList 的元素是机场的 ICAO 代码。

上述代码的第 2 行提取出 totalDf 的 "FlightCnt" 列，转换为 list 对象之后赋值给变量 flightCntList。flightCntList 的元素是机场进离港的航班总数。

上述代码的第 3 行创建列表 xAxisLabel，该列表的元素是字典 airportICAODict 中每个 ICAO 代码对应的机场中文名称。将 xAxisLabel 作为绘制柱状图的横轴数据。

上述代码的第 4 行创建列表 yAxisLabel，该列表的元素从 totalDf 获取的每个 ICAO 代码航班数量。将 yAxisLabel 作为绘制柱状图的纵轴数据。

7. 使用柱状图对航班总数进行可视化显示

创建一个柱状图 Bar 实例，命名为 airportBusyBar。将该图表的主题设置为 SHINE，将画布的宽和高分别设置为 700px 和 400px，开启柱状图的动画显示功能。这部分的代码如下所示。

```
1. departureFlightTypeBar= (
   charts.Bar(opts.InitOpts(theme=ThemeType.SHINE,
                            width = "700px",
                            height = "400px",
                            animation_opts =
                            opts.AnimationOpts(animation=True))))
```

使用 add_xaxis 方法为柱状图添加横轴数据，使用 add_yaxis 方法为柱状图添加一个纵轴数据。该柱状图的宽度为 40px 大小，将其标签文字设置为大小为 14 的黑色文字。这部分的代码如下所示。

```
1. .add_xaxis(xAxisLabel)
2. .add_yaxis(series_name =进离港航班总数,
             y_axis = yAxisLabel,
             bar_width = '40px',
             label_opts = opts.LabelOpts(font_size = 14,
                                         color = 'black')
             )
```

为了提高柱状图的显示效果和信息表达效率，使用 set_global_opts 设置图表的全局属性。在这里，设置了该柱状图的标题名称、图例显示位置等。

具体来说，使用 TitleOpts 方法将柱状图的名称居中放置于画布的上部，字体设置为黑色 24 号加粗字体。使用 LegendOpts 方法将图例设置为实心圆点，垂直排放于画布的右侧。这部分代码如下所示。

```
1. .set_global_opts(opts.TitleOpts(title = "粤港澳大湾区五个机场繁忙程度柱状图",
                                   pos_left = "center",
                                   title_textstyle_opts =
                                   opts.TextStyleOpts(font_weight = 'bolder',
                                                      font_size = 24,
                                                      color = 'black')),
2.                 opts.LegendOpts(orient="vertical",
                                   pos_top="10%",
                                   pos_left="65%",
                                   item_height=15,
```

```
                                     item_gap=16,
                                     legend_icon='circle',
                                     textstyle_opts =
                                     opts.TextStyleOpts(font_weight = 'bolder',
                                                        font_size = 16,
                                                        color = 'black')),
3.                  yaxis_opts=opts.AxisOpts(axislabel_opts=opts.LabelOpts(
                                            formatter="{value} 架次"))
                    )
```

这部分的完整代码如下所示。

```
1.  airportBusyBar= (
2.      charts.Bar(opts.InitOpts(theme=ThemeType.SHINE,
                            width = "700px",
                            height = "400px",
                            animation_opts= opts.AnimationOpts(animation=True)))
3.      .add_xaxis(xAxisLabel)
4.      .add_yaxis(series_name = "进离港航班总数",
                y_axis = yAxisLabel,
                bar_width = '40px',
                label_opts = opts.LabelOpts(font_size = 14,
                                        color = 'black')
                )
5.      .set_global_opts(opts.TitleOpts(title = "粤港澳大湾区五个机场繁忙程度柱状图",
                            pos_left = "center",
                            title_textstyle_opts =
                            opts.TextStyleOpts(font_weight = 'bolder',
                                                font_size = 24,
                                                color = 'black' )),
6.                  opts.LegendOpts(orient="vertical",
                            pos_top="10%",
                            pos_left="65%",
                            item_height=15,
                            item_gap=16,
                            legend_icon='circle',
                            textstyle_opts =
                            opts.TextStyleOpts(font_weight = 'bolder',
                                                font_size = 16,
                                                color = 'black' )),
7.                  yaxis_opts=opts.AxisOpts(axislabel_opts=opts.LabelOpts(
                                        formatter="{value} 架次"))
8.                  )
9.  )
```

四、项目测试

在 Notebook 中，依次执行上一部分的 Python 代码。

在执行过程中，可以看到如图 3-141 所示的数据采集过程。

图 3-141　使用多进程技术采集上海浦东机场航班数据

航班数据采集完成之后，能够在 S3 存储桶中看到采集到的数据文件，如图 3-142 所示。最后，使用下述代码输出显示 Pyecharts 图表对象。

```
1. airportBusyBar.render_notebook()
```

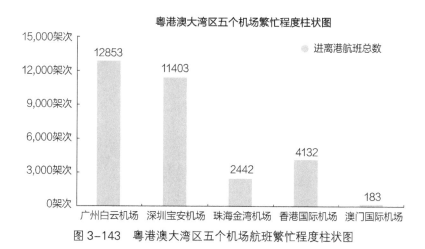

图 3-142　五个机场的航班数据存储在 S3 存储桶中

运行结果如图 3-143 所示。

粤港澳大湾区五个机场繁忙程度柱状图

```
15,000架次
                                              ● 进离港航班总数
                12853
12,000架次        ▉        11403
                           ▉
 9,000架次

 6,000架次
                                              4132
 3,000架次                        2442          ▉
                                  ▉                        183
    0架次
            广州白云机场  深圳宝安机场  珠海金湾机场  香港国际机场  澳门国际机场
```

图 3-143　粤港澳大湾区五个机场航班繁忙程度柱状图

从图 3-143 可见，在粤港澳大湾区的这 5 个机场中，广州白云机场和深圳宝安机场最繁忙，澳门国际机场的航班总数最少。

练习三

一、填空题

1. 使用 pip 安装 Boto3 包，需要使用命令_____。

2. 列表 aList 的值是 [1,2,3,4]，现在创建列表 bList，其元素是的值是 aList 相应位置的元素加 1，可以使用的单行语句是＿＿＿＿＿＿＿。

3. pandas 提供的两种主要的数据类型是：＿＿＿＿＿＿和＿＿＿＿＿＿。

4. 使用语句 a = {"name"："wang"} 创建了变量 a，a 的类型是＿＿＿＿＿＿。

5. 执行如下代码的输出结果是＿＿＿＿＿＿。

```
def makeBool(data):
if data > 10:
        return True
else:
return False
print(makeBool(10))
```

二、选择题

1. 执行如下代码的输出结果是（　　　）。

```
strFormat = "姓名：%s\t 年龄：%d 岁 \t 性别：%s"
print(strFormat % ("保罗", 29, "男"))
```

（a）姓名：保罗　　　　年龄：29 岁　　　　性别：男
（b）姓名：保罗 t　年龄：29 岁 t　性别：男
（c）保罗　　　　　　29 岁　　　　　　男
（d）姓名："保罗"　　年龄：29　　　　性别："男"

2. 执行如下代码的输出结果是（　　　）。

```
A = [1,2,3,4]
B = A
A[1:3] = (8,9)
print("修改列表 A 的第 2、3 个元素的值。")
print(B)
```

（a）A　　　（b）[1,2,3,4]　　　（c）B　　　（d）[1,8,9,4]

3. 执行如下代码的输出结果是（　　　）。

```
aStr = "hello world"
aList = list(aStr[0:7])
print(aList)
```

（a）0,1,2,3,4,5,6
（b）0,1,2,3,4,5,6,7
（c）'h','e','l','l','o',' ','w'
（d）'h','e','l','l','o',' ','w','o'

三、编程题

1. 从 https://www.flightaware.com 网站采集北京首都机场近期的离港航班信息。分析并可视化近期北京首都机场前往最多的 5 个机场。

2. 使用多进程技术从 https://www.flightaware.com 网站上采集中国省会和直辖市近期的进港、离港航班数据，并在地图上绘制机场繁忙程度热力图。

单元 4

我的记账本

知识目标

- 掌握 Amazon API Gateway 托管服务知识。
- 掌握 RESTful API 知识。
- 掌握 Amazon Lambda 的概念及优势。
- 掌握 Amazon Lambda 的开发知识。
- 掌握 Amazon DynamoDB 的知识。

能力目标

- 能使用 Amazon API Gateway 建立托管服务。
- 能使用 RESTful API 处理网络请求。
- 能编写 Lambda 函数。
- 能够通过 Lambda 构建无服务应用程序。
- 能够对 DynamoDB 进行增删改查操作。
- 能够基于 DynamoDB 构建应用程序。

项目功能

　　记账本具备简单记账功能，实现用户的注册和登录、记账本信息插入及查询、用户信息的查询、更新、删除、导出。

　　本项目使用 Amazon Lambda 计算服务、Amazon S3、Amazon API Gateway、Amazon DynamoDB 实现了一个无服务架构的 Web 应用。S3 存储网页文件，DynamoDB 存储用户数据，API Gateway 实现 Web 请求路由，Lambda 负责应用逻辑。无服务的特点就是 Web 应用不需要特别的部署，使得应用程序高效而且简单。

项目 4.1　Lambda 基础

任务 4.1.1　创建 Lambda 函数

一、任务描述

Amazon Lambda 是一种计算服务，可以运行代码而无需配置或管理服务器。Amazon Lambda 以函数形式存在，仅在代码运行时计费，代码未运行时不产生费用。Amazon Lambda 在高可用性计算基础架构上运行代码，并负责计算资源的所有管理工作，包括服务器和操作系统维护、容量供应和自动扩展、代码监视和日志记录，无需用户任何手动干预。

使用 Amazon Lambda 服务需要首先在 Amazon Lambda console（Amazon Lambda 控制台）中创建一个 Lambda 函数。在本任务中，要求使用 Amazon Lambda 控制台创建 Lambda 函数。接下来，使用示例事件数据手动测试 Lambda 函数，Amazon Lambda 执行代码并返回结果。

二、知识要点

1. 函数

Lambda 函数是一种资源，可以调用该资源在其中运行代码。函数需要定义处理事件的代码，以及具有在事件和函数代码之间传递请求和响应的运行时。用户提供了代码，然后可以使用亚马逊云科技提供的运行时或创建自己的运行时。

2. 运行时

处理程序过程中，加上运行处理程序（比如 NodeJS 解释器），再加上一段初始化程序（bootstrap），就构成了 Lamda 的运行时。Lambda 运行时允许使用不同语言的函数在相同的基本执行环境中运行。用户可以将函数配置为使用与用户的编程语言匹配的运行时。可以使用 Lambda 提供的运行时，也可以构建自己的运行时。

3. 事件

Lambda 中的事件通常是 JSON 格式的文档，其中包含 Lambda 函数要处理的数据。Lambda 运行时将事件转换为对象，并将其传递给用户的功能代码。调用函数时，需要确定事件的结构和内容。

4. 触发器

Lambda 的触发器是调用 Lambda 函数的入口。这包括可配置为调用功能的亚马逊云科技服务、所开发的应用程序以及事件源映射。事件源映射是 Lambda 中的一种资源，它从流或队列中读取项目并执行函数代码。

三、任务实施

1. 进入 Amazon Lambda 服务界面

登录到亚马逊云科技管理控制台，找到 Amazon Lambda 服务，进入 Amazon Lambda 服务界面，单击右上角创建函数，如图 4-1 所示。

图 4-1　Amazon Lambda 服务界面

2. 创建 Lambda 函数

选择"从头开始创作",如图 4-2 所示。

图 4-2　创建函数

基本信息中函数名称填入名称,如 myFirstFunc。运行时选择 Python3.7 即可使用 Python 进行 Lambda 函数的编写,如图 4-3 所示。

图 4-3　创建函数

由于本任务只进行基础功能测试,所以权限部分选择"创建具有基本 Lambda 权限的新角色",如图 4-4 所示。

图 4-4　选择函数角色

单击"创建函数"按钮，进入函数创建页面，如图 4-5 所示。

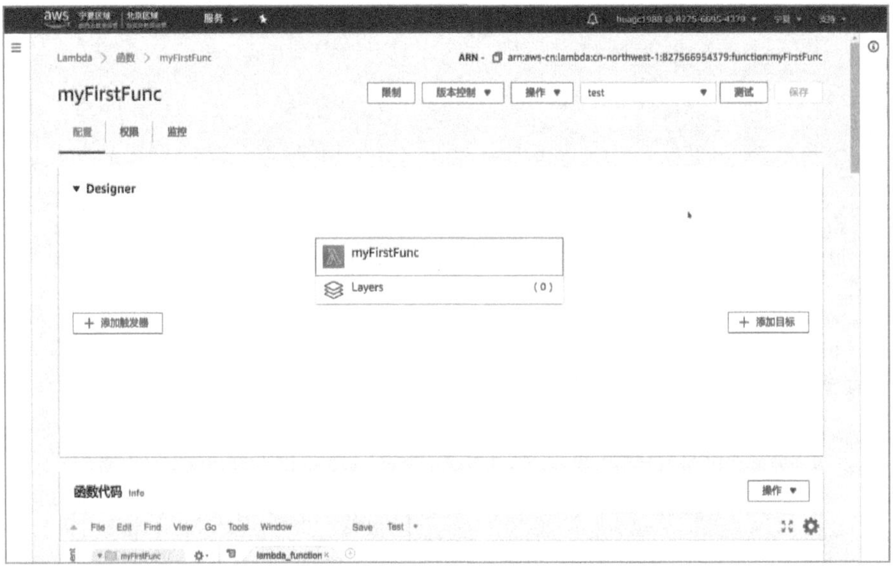

图 4-5　函数创建界面

3. 编写、测试 Lambda 函数

在"函数代码"部分的编辑器中，填入以下代码。

```python
import json


def lambda_handler(event, context):
    # TODO implement
    mes = ""
    try:

        # TODO: write code...
        mes = event['mes']
        return "获得消息 " + mes
    except Exception as e:
        print(e)
        return {
                'statusCode': 400,
                'body': ('获取消息失败')
        }
```

该段代码以 Python 实现了一个函数，函数名为"lambda_handler"，这一函数即为 Lambda 处理事件的函数。本任务中，lambda_handler 函数的功能为解析 event，获取 event 中的 'mes' 字段的内容。event 的类型可以理解为 Python 的字典（Dict），函数代码如图 4-6 所示。

接下来对该 Lambda 函数进行测试，下拉栏中单击"配置测试事件"，如图 4-7 所示。

选择"创建新测试事件"，事件模板选择"hello-world"，事件名称为"Lambdatest"，如图 4-8 所示。

事件的内容为 json 格式，这里把"key1"的键改为"mes"，值改为"Hello Lambda!"，单击"创建"按钮，如图 4-9 所示。

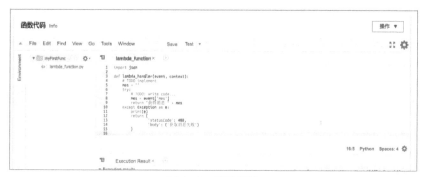

图 4-6　函数代码

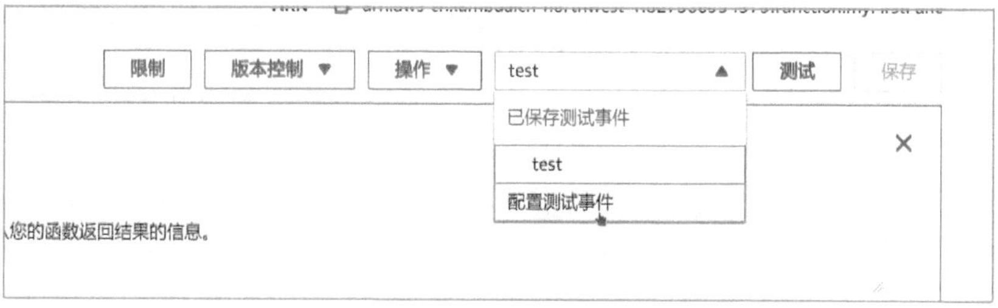

图 4-7　配置测试事件

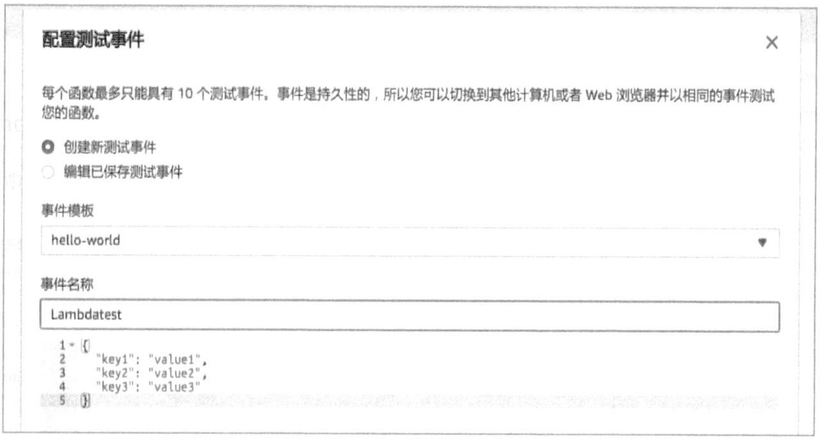

图 4-8　配置测试事件内容 1

图 4-9　配置测试事件内容 2

在下拉栏选择 "Lambdatest"，单击 "测试" 按钮，如图 4-10 所示。

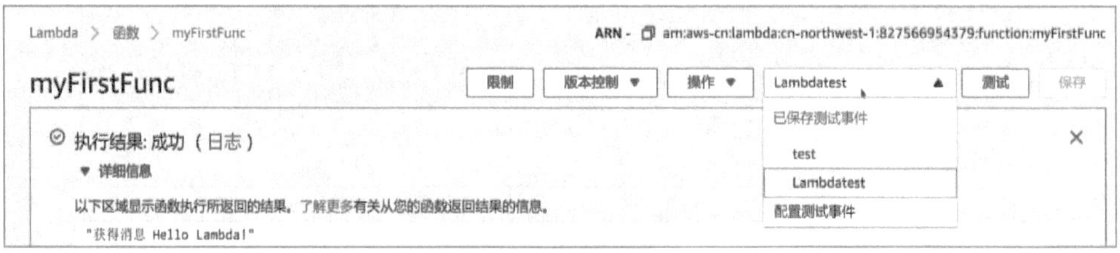

图 4-10　运行测试

得到如图 4-11 所示结果即运行成功。

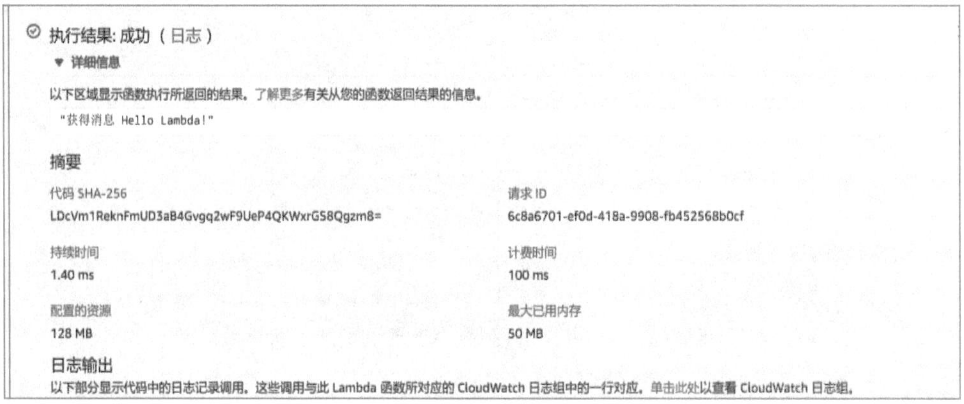

图 4-11　成功运行测试

任务 4.1.2　开发无需预置或管理服务器的 Web 后端

一、任务描述

本任务要求使用 Amazon API Gateway 结合 Amazon Lambda 开发出一个简单的 ServerlessWeb 后端应用。在这个应用中 Amazon API Gateway 接受 HTTP 请求后作为触发器对 Lambda 函数进行调用，Lambda 返回值通过 Amazon API Gateway 传送至 Web 客户端。

二、知识要点

1. Amazon API Gateway

Amazon API Gateway 是一项亚马逊云科技服务，用户能够以任意规模创建、发布、维护、监控和保护自己的 REST 和 WebSocket API。用户可以创建健壮、安全和可扩展的 API，这些 API 可以访问亚马逊云科技或其他 Web 服务以及存储在亚马逊云科技中的数据。可以创建在自己的客户端应用程序（应用程序）中使用的 API。或者，可以将 API 供第三方应用程序开发人员使用。

2. Serverless 计算（Serverless Computing）

Serverless 计算是一种云计算执行模型，其中云计算平台提供了程序运行的环境，并动态管理机器资源的分配。定价基于应用程序实际消耗的资源量，而不是预先购买的容量单位。Serverless 计算可以简化将代码部署到生产中的过程。扩展，容量规划和维护操作可对开发人员或操作员隐藏。Serverless 代码可以与以传统样式（如微服务）部署的代码结合使用。或者，可以将应用程序编写为完全 Serverless 的，并且完全不使用预配置的服务器。

三、任务实施

1. 创建 API Gateway

登录 API Gateway 控制台，单击"创建 API"按钮，如图 4-12 所示。

图 4-12　创建 API

选择构建 REST API，如图 4-13 所示。

图 4-13　构建 REST API

本任务选择"REST"，选择"新建 API"。API 的名词设置为"MyFirstAPI"，终端节点类型为"区域性"，单击"创建 API"按钮，如图 4-14 所示。

图 4-14　设置 API 属性

2. 创建 Lambda 函数

创建名为"SimpleHTML"的 Lambda 函数，相关属性配置如图 4-15 所示。

函数主要功能为返回一个 HTML 文档，文字内容为"Hello API GateWay!"，代码如下。

```
import json


def lambda_handler(event, context):
    # TODO implement
    return {
```

```
    'statusCode': 200,
    "headers": {'Content-Type': 'text/html'},
    'body': '<p>Hello API GateWay!</p>'
}
```

图 4-15　创建 Lambda 函数

3. 配置 API Gateway

选择"操作"→"创建方法"命令，如图 4-16 所示。

图 4-16　创建方法

选择"GET"，即创建 GET 方法。该方法集成类型选择为 Lambda 函数，Lambda 函数名为刚创建的"SimpleHTML"。此时即建立了该 API Gateway 到 Lambda 函数的映射，如图 4-17 所示。

回到 Lambda 控制台，可以看到 API Gateway 被作为一个触发器添加到"SimpleHTML"中，如图 4-18 所示。

图 4-17　创建函数映射

图 4-18　创建函数映射后可以发现已经映射成功

4. 测试 API Gateway

在 API Gateway 控制台选择 GET 方法，即可看到 API Gateway 的 GET 方法执行流程，如图 4-19 所示。

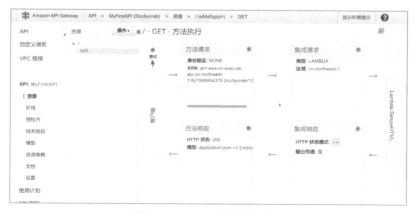

图 4-19　GET 方法执行流程

单击"测试"按钮，即可运行 API Gateway 模拟测试，得到以下相应正文则测试通过，如图 4-20 所示。

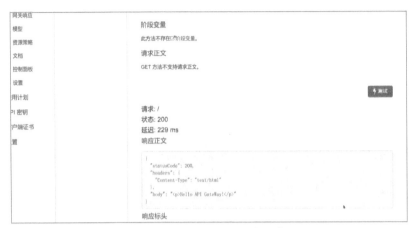

图 4-20　运行 GET 方法测试

连接读写数据库

任务 4.2.1　创建数据库及项目

一、任务描述

本任务要求利用亚马逊云科技管理控制台创建一个 DynamoDB 数据库的表格。该表格包括一个分区键和一个排序键。

二、知识要点

1. Amazon DynamoDB

Amazon DynamoDB 是一种完全托管的 NoSQL 数据库服务，提供快速且可预测的性能，同时还能够实现无缝扩展。使用 DynamoDB，用户可以免除操作和扩展分布式数据库的管理工作负担，因而无需担心硬件预置、设置和配置、复制、软件修补或集群扩展等问题。DynamoDB 还提供静态加密，这消除了在保护敏感数据时涉及的操作负担和复杂性。使用 DynamoDB，用户可以创建数据库表来存储和检索任意量级的数据，并提供任意级别的请求流量。用户可以扩展或缩减用户的表的吞吐容量，而不会导致停机或性能下降。此外，用户还可以使用亚马逊云科技管理控制台来监控资源使用情况和各种性能指标。DynamoDB 提供了按需备份功能。它允许用户创建表的完整备份以进行长期保留和存档，从而满足监管合规性需求。

2. 主键（Primary Key）

主键可包含一个属性（分区键）或两个属性（分区键和排序键）。用户需要提供每个属性的属性名称、数据类型和角色：HASH（针对分区键）和 RANGE（针对排序键）。

DynamoDB 支持两种不同类型的主键：

分区键——一个简单的主键，由一个称为分区键的属性组成。

DynamoDB 使用分区键的值作为内部哈希函数的输入。哈希函数的输出确定存储项目的分区（DynamoDB 内部的物理存储）。

在只有分区键的表中，没有两个项目可以具有相同的分区键值。

分区键和排序键——称为复合主键，此类型的键由两个属性组成。第一个属性是分区键，第二个属性是排序键。

DynamoDB 使用分区键值作为内部哈希函数的输入。哈希函数的输出确定存储项目的分区（DynamoDB 内部的物理存储）。具有相同分区键值的所有项目按排序键值的排序顺序存储在一起。

在具有分区键和排序键的表中，两个项目可能具有相同的分区键值。但是，这两项必须具有不同的排序键值。

三、任务实施

1. 进入 DynamoDB 服务界面创建表页面

登录亚马逊云科技管理控制台，选择 DynamoDB 服务，进入 DynamoDB 服务界面，如图 4-21 所示。

图 4-21　DynamoDB 服务界面

单击"创建表"按钮，进入创建表页面。输入表详细信息：表名称输入 User；项目键，输入 ID，类型改为数字；选择 Add sort key（添加排序键）；输入 Name 作为排序键。选择"创建"以创建表，如图 4-22 所示。

图 4-22　设置 DynamoDB 表结构

2. 创建项目

完成表创建后，自动跳转到如图 4-23 所示页面。

图 4-23　创建 DynamoDB 表

单击"项目"按钮，可以看到当前表中没有任何项目，如图 4-24 所示。

图 4-24　DynamoDB 表项目

单击"创建项目"按钮。选择 Name 旁边的加号 (+)。

选择附加，然后选择 String 类型。将该字段命名为 Sex。

重复此过程以创建 Number 类型的 Age。

项选择以下值：

对于 ID，输入 0 作为值。

对于 Name，输入 John。

对于 Sex，输入 男。

对于 Age，输入 20。

单击"保存"按钮，如图 4-25 所示。

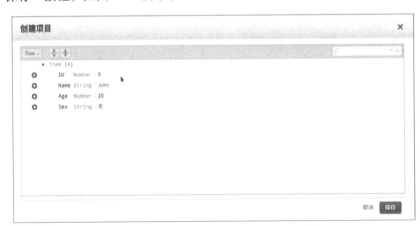

图 4-25　将插入 DynamoDB 表的项目内容

在项目页面可以看到项目被成功添加，如图 4-26 所示。

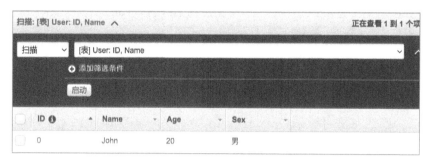

图 4-26　DynamoDB 表项目插入成功

任务 4.2.2　Lambda 连接 DynamoDB

一、任务描述

本任务将创建 Lambda 函数连接上一任务创建的 DynamoDB 表，创建新的项目并读取表中所有信息。

二、知识要点

boto3 库读写 DynamoDB

利用 Python 的 boto3 库可以方便地对 DynamoDB 进行增删改查操作，本任务即使用 put_item 及 scan 方法对 Music 表进行项目插入及项目信息读取。

三、任务实施

1. Lambda 函数写入 DynamoDB

进入 Lambda 函数创建页面，函数名称填入"InsertDynamoDB"，如图 4-27 所示。

图 4-27　创建函数

由于此 Lambda 函数需要读取 DynamoDB，则需要新建一个执行角色，给该角色赋予读取
DynamoDB 的权限。单击进入 IAM 控制台。常见使用案例选择 Lambda，如图 4-28 所示。

图 4-28　创建函数

单击"下一步：权限"按钮。权限选择"AmazonDynamoDBFullAccess"，该权限包括对
DynamoDB 操作的所有权限，如果仅赋予读取权限，可选择"AmazonDynamoDBReadOnlyAccess"。
最后创建角色名称为"DynamoDBFullAccess_Role"，如图 4-29 所示。

图 4-29　选择角色权限

在 Lambda 创建页面选择执行角色为 "DynamoDBFullAccess_Role"，单击 "创建函数" 按钮，如图 4-30 所示。

图 4-30　选择函数的执行角色

该 Lambda 函数代码如下。

```python
import json
import boto3

def lambda_handler(event, context):
    dynamodb = boto3.resource('dynamodb')

    user = dynamodb.Table('User')
    print(type(event))

    try:

        user.put_item(Item=event)

        return {
            'statusCode': 200,
            'body': json.dumps('Succesfully inserted Item!')
        }
    except Exception as e:
        print(e)
        return {
                'statusCode': 400,
                'body': json.dumps('Error saving the Item')
        }
```

创建一个测试事件 "test"，包含一个需要插入至 User 表中的项目信息，如图 4-31 所示。

单击 "测试" 按钮，即可测试插入 Music 表的操作是否成功，成功则返回状态码为 200，如图 4-32 所示。

查看 Music 表的内容，可以看到新的项目被成功插入了，如图 4-33 所示。

图 4-31　函数测试事件

图 4-32　函数测试成功

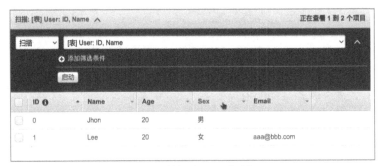

图 4-33　数据库项目成功插入

2. Lambda 函数读取 DynamoDB

进入 Lambda 函数创建页面，函数名称填入"ReadDynamoDB"。在 Lambda 创建页面选择执行角色为"DynamoDBFullAccess_Role"，单击"创建函数"按钮，如图 4-34 所示。

图 4-34　创建函数

函数代码如下。

```python
import json
import boto3


def lambda_handler(event, context):
    dynamodb = boto3.resource('dynamodb')

    user = dynamodb.Table('User')

    try:

        contents = user.scan()

        return {
            'statusCode': 200,
            'body': contents
        }
    except Exception as e:
        print(e)
        return {

            'statusCode': 400,
            'body': json.dumps('Error Read Items')
        }
```

创建一个测试事件"test"，内容可以任意指定，如图 4-35 所示。

图 4-35　函数代码

单击"测试"按钮，即可测试读取 Music 表的操作是否成功，成功则返回状态码为 200，如图 4-36 所示。

图 4-36　函数测试成功

项目 4.3 创建用户及账本数据表

任务 4.3.1 用户注册与登录

一、任务描述

本任务要求使用 S3 托管静态 HTML 文件，用户访问 HTML 文件，由 HTML 文件中 JavaScript 代码发起 XMLHttpRequest 对象请求至 API Gateway，API Gateway 调用相应 Lambda 函数完成对 DynamoDB 的读写，最后结果由 API Gateway 回传至客户端。

二、知识要点

1. XMLHttpRequest 对象

所有现代浏览器都支持 XMLHttpRequest 对象。XMLHttpRequest 对象用于同幕后服务器交换数据。这意味着可以更新网页的部分，而不需要重新加载整个页面。在本任务中 XMLHttpRequest 发送请求至 API Gateway，并使用其 onreadystatechange 方法处理相关的响应。

2. 跨域资源共享（CORS）

跨域资源共享 (CORS) 是一种机制，它使用额外的 HTTP 头来告诉浏览器：允许运行在一个 origin (domain) 上的 Web 应用访问来自不同源服务器上的指定资源。当一个资源从与该资源本身所在的服务器不同的域、协议或端口请求一个资源时，资源会发起一个跨域 HTTP 请求。比如，站点 http://domain-a.com 的某 HTML 页面通过的 src 请求 http://domain-b.com/image.jpg。网络上的许多页面都会加载来自不同域的 CSS 样式表、图像和脚本等资源。

出于安全原因，浏览器限制从脚本内发起的跨源 HTTP 请求。例如，XMLHttpRequest 和 Fetch API 遵循同源策略。这意味着使用这些 API 的 Web 应用程序只能从加载应用程序的同一个域请求 HTTP 资源，除非响应报文包含了正确 CORS 响应头。

在本任务中，网页文件存储在 S3 中，与 API Gateway 的域名不同，所以必须设置 API Gateway 为允许跨域访问才能让网站顺利运行。

三、任务实施

1. 创建 Lambda 函数

创建名为 "InsertUser" 的 Lambda 函数，其作用为注册用户时往 User 表中插入用户数据，角色为 "DynamoDBFullAccess_Role"。需要注意的是，客户端必须通过 Json 格式发送 "Name" "Sex" "Password" 三个字段的信息，ID 字段则由代码在当前最大 ID 值的基础上自动生成。除此之外，DynamoDB 允许插入创建表时定义之外的字段，所以 event ["Others"] 里面包含了用户自定义的其他信息，代码如下。

```
import json
import boto3
```

```
def lambda_handler(event, context):

    dynamodb = boto3.resource('dynamodb')

    user = dynamodb.Table('User')
    # TODO implement
    ID_Max = 0

    try:
        contents = user.scan()
        if len(contents["Items"]) > 0:
            for i in contents["Items"]:
                print(i["ID"])
                if i["ID"]>ID_Max:
                    ID_Max = i["ID"]
        event["ID"] = ID_Max + 1
        if "Name" not in event or "Sex" not in event or "Password" not in event:
            raise Exception("Invalid data!")
        if "Others" in event:
            l = event["Others"].split(",")
            for i in l:
                l2 = i.split(":")
                event[l2[0]]= l2[1]
            del event["Others"]

        print(event)

        user.put_item(Item=event)

        return {
            'statusCode': 200,
            'id': ID_Max + 1,
            'body': "Sign in successfully!"
        }
    except Exception as e:
        print(e)
        return {
                'statusCode': 400,
                'body': str(e)
        }
```

创建名为"Login"的 Lambda 函数，其作用为验证用户登录信息。该函数因为不需要写入 DynamoDB，所以创建一个角色，赋予其对 DynamoDB 表只读权限"DynamoDBReadOnlyAccess_Role"，如图 4-37 和图 4-38 所示。

图 4-37　创建角色 1

图 4-38　创建角色 2

"Login" 的 Lambda 函数代码如下。

```python
import json
import boto3

def lambda_handler(event, context):
    dynamodb = boto3.resource('dynamodb')

    user = dynamodb.Table('User')

    try:
        ID = 0
        login_info = {}
        contents = user.scan()
        if len(contents["Items"]) > 0:
            for i in contents["Items"]:
                    if event["ID"]==i["ID"] and event["Name"] == i["Name"] and
event["Password"] == i["Password"]:
                    ID = i["ID"]
                    return {
```

```
                                        'statusCode': 200,
                                        'body': "Login successfully!",
                                        "id": ID
                            }

                    return {
                            'statusCode': 200,
                            'body': "Login failed!"
                    }
            except Exception as e:
                print(e)
                return {
                            'statusCode': 400,
                            'body': str(e)
                }
```

2. 创建 API Gateway

创建 REST API，名称为 MyAPI，如图 4-39 所示。

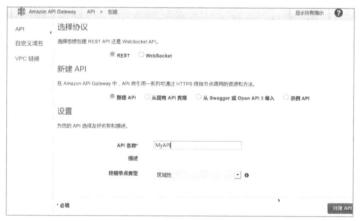

图 4-39　创建 API

创建 login 及 signin 两个子资源，需要启用 API Gateway CORS。对两个子资源都新建 POST 方法，两个方法对应的 Lambda 函数分别为 "Login" 和 "InsertUser"，如图 4-40 所示。

图 4-40　新建子资源

需要注意的是，POST 方法建立后，还需要再次对 login 及 signin 两个子资源启用 CORS 才能使用，如图 4-41 和图 4-42 所示。

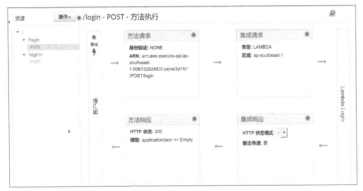

图 4-41　POST 方法执行过程

图 4-42　启用 CORS

3. 部署 API

选择部署 API，阶段名称为 test，如图 4-43 所示。

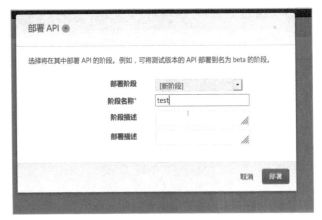

图 4-43　部署 API

记录两个 POST 方法的"调用 URL"，后面编写前端代码时需要填入，如图 4-44 所示。

图 4-44　调用 URL

4. 前端网页编写及上传

编写 3 个文件"index.html""login.html""signin.html"，"login.html""signin.html"中的"XXXXXX"需要填入上一步骤记录的两个 POST 方法的"调用 URL"，如图 4-45～图 4-47 所示。

index.html：

```
<!DOCTYPE html>
<html lang="en">
<head>
    <meta charset="UTF-8">
    <title>Welcome</title>
</head>
<body>
<button onclick="window.location.href='/signin.html'">注册</button>
<button onclick="window.location.href='/login.html'">登录</button>
</body>
</html>
```

图 4-45　index.html 界面

login.html：

```
<!DOCTYPE html>
<html lang="en">
<head>
    <meta charset="UTF-8">
    <title>login</title>
    <style>
        .a {
            width: 300px;
            height: 30px;
        }

        #b {
            width: 400px;
            text-align: right;
        }
    </style>
</head>
<div id="b">
<form id="frm1" action="/test" method="get">

    ID: <input type="text" class="a" name="ID"><br>
    用户名: <input type="text" class="a" name="user_name"><br>
    密码: <input type="text" class="a" name="password"><br><br>
    <input type="button" value="提交" onclick="login()">
</form>
</div>

<p id="demo"></p>
```

```
<script>

    function login() {
        var xhttp = new XMLHttpRequest();
        var x = document.getElementById("frm1");
        if (x.elements[0].value == "admin" && x.elements[1].value == "admin") {
            window.location.href = '/manage.html';
        }
        xhttp.onreadystatechange = function () {
            if (this.readyState == 4 && this.status == 200) {
                var obj = JSON.parse(this.responseText);
                if (obj.body == "Login successfully!") {
                    alert("Login successfully!")
                    window.location.href = "/cashbook.html" + "?ID=" + obj.id;

                } else {
                    document.getElementById("demo").innerHTML = obj.body;
                    document.cookie = obj.body;
                }
            }
        };

            myObj = {Name: x.elements[1].value, Password: x.elements[2].value, id:
Number(x.elements[0].value)};
        xhttp.open("POST", "XXXXXX"(这里需要换成/login 的调用 API), true);
        xhttp.send(JSON.stringify(myObj));
    }
</script>

</body>
</html>
```

图 4-46 login.html 界面

signin.html：

```
<!DOCTYPE html>
<html>
<head>
```

```html
<meta charset="UTF-8">
        <style>
        .a {
            width: 300px;
            height: 30px;
        }

        #b {
            width: 420px;
            text-align: right;
        }
    </style>
</head>
<body>
    <p> 请输入注册信息 </p>
<div id="b">
<form id="frm1" action="/test" method="get">

    用户名: <input type="text" class="a" name="user_name"><br>
    性别: <input type="text" class="a" name="sex"><br>
    密码: <input type="text" class="a" name="password"><br>
    其他信息: <input type="text" class="a" name="others"><br>
    <p> 其他信息的键和值用 ":" 分开，键值对用 "," 分开 </p>
    <input type="button" value=" 提交 " onclick="signin()">
</form>
</div>

<p id="demo"></p>

<script>
    function signin() {
        var xhttp = new XMLHttpRequest();
        var x = document.getElementById("frm1");
        xhttp.onreadystatechange = function () {
            if (this.readyState == 4 && this.status == 200) {
                var obj = JSON.parse(this.responseText);
                if(obj.body == "Sign in successfully!") {
                    alert("Sign in successfully! Your ID is "+ String(obj.id))
                    window.location.href = "/cashbook.html" + "?ID=" + obj.id;

                }
                else{

                    document.getElementById("demo").innerHTML = obj.body;
                    document.cookie = obj.body;
                }
            }
        };
```

```
            myObj = {Name: x.elements[0].value, Sex: x.elements[1].value, Password:
x.elements[2].value, Others: x.elements[3].value};
            xhttp.open("POST", "XXXXXX"（这里要换成 /signin 的调用 API）, true);
            xhttp.send(JSON.stringify(myObj));
        }
    </script>

    </body>
    </html>
```

图 4-47　signin.html 界面

5. 上传三个网页文件到 S3

创建一个 S3 存储桶，上传 3 个文件 "index.html" "login.html" "signin.html" 至 S3。存储桶及 3 个文件均需要开启公开访问权限，如图 4-48 所示。

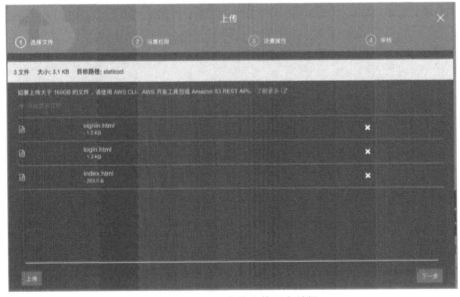

图 4-48　html 文件上传至存储桶

6. 测试

上传 S3 完成后，可以得到每个文件的 "对象 URL"，如图 4-49 所示。

图 4-49 对象 URL

访问 index.html 的"对象 URL",即可看到 index.html。首先选择"注册",注册一个用户,填入如图 4-50 所示信息。

提交后可以看到注册用户成功的提示,如图 4-51 所示。

图 4-50 注册用户

图 4-51 注册用户成功

返回上一页,单击"登录"按钮,填入如图 4-52 所示登录信息。

提交后可以看成功登录的信息,如图 4-53 所示。

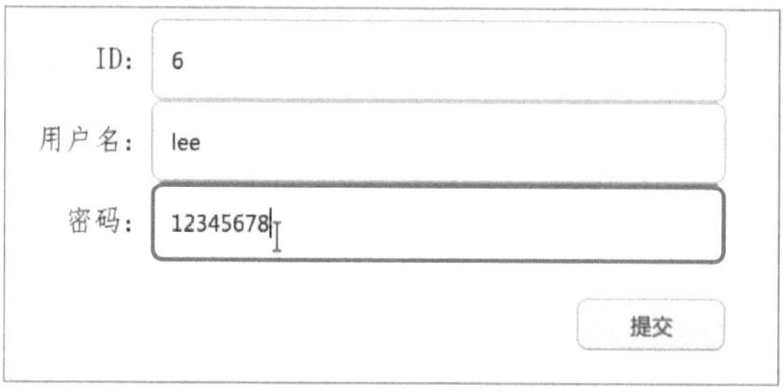

图 4-52 填写登录信息

图 4-53 登录成功界面

任务 4.3.2　插入及查询记账本

一、任务描述

本任务实现原理与上面任务类似，也是使用 S3 托管静态 HTML 文件，用户访问 HTML 文件，由 HTML 文件中 Javascript 代码发起 XMLHttpRequest 对象请求把记账本信息传送至 API Gateway，API Gateway 调用相应 Lambda 函数完成对 DynamoDB 的读写，最后结果由 API Gateway 回传至客户端。

二、知识要点

本任务的知识要点和上一个任务相同，不再赘述。

三、任务实施

1. 创建 CashBook 表

User 表的表名称和项目键、排序键分别为"CashBook""ID""User_ID"，如图 4-54 所示。

图 4-54　创建 CashBook 表

2. 创建 Lambda 函数

创建名为"InsertCashBook"的 Lambda 函数，其作用为注册用户时往 CashBook 表中插入用户记账本数据，角色为"DynamoDBFullAccess_Role"。"Item""Unit-price""Quantity""User_ID"为必须字段，"Others"为用户自定义字段，代码如下。

```python
import json
import boto3


def lambda_handler(event, context):

    dynamodb = boto3.resource('dynamodb')
```

```
        user = dynamodb.Table('CashBook')
        # TODO implement
        ID_Max = 0

        try:
            contents = user.scan()
            if len(contents["Items"]) > 0:
                for i in contents["Items"]:
                    print(i["ID"])
                    if i["ID"]>ID_Max:
                        ID_Max = i["ID"]
                event["ID"] = ID_Max + 1
            else:
                event["ID"] = 0
            if "Item" not in event or "Unit-price" not in event or "Quantity" not in
event or "User_ID" not in event:
                raise Exception("Invalid data!")
            if "Others" in event:
                l = event["Others"].split(",")
                for i in l:
    l2 = i.split(":")
                    event[l2[0]]= l2[1]
                del event["Others"]

            print(event)

            user.put_item(Item=event)

            return {
                'statusCode': 200,
                'id': ID_Max + 1,
                'body': "Insert item successfully!"
            }
        except Exception as e:
            print(e)
            return {
                    'statusCode': 400,
                    'body': str(e)
            }
```

　　创建名为 "QueryCashBook" 的 Lambda 函数, 其作用为查询该用户所有记账本信息, 该函数因为不需要写入 DynamoDB, 所以创建一个对 DynamoDB 具有只读权限的账号, 角色名为 "DynamoDBReadOnlyAccess_Role"。

　　代码如下:

```
import json
import boto3
from boto3.dynamodb.conditions import import Key, Attr
```

```python
def lambda_handler(event, context):
    dynamodb = boto3.resource('dynamodb')

    user = dynamodb.Table('CashBook')

    try:
        ID = 0
        login_info = {}
        contents = user.scan(FilterExpression=Attr("User_ID").eq(event["id"]))

        return {
                'statusCode': 200,
                'body': contents["Items"]
        }
    except Exception as e:
        print(e)
        return {
                'statusCode': 400,
                'body': str(e)
        }
```

3. 添加 API 子资源、方法并部署

在"MyAPI"API Gateway 中添加"/insertcashbook"及"/querycashbook"两个子资源，添加 POST 方法，对应 Lambda 方法分别为"InsertCashBook"及"QueryCashBook"，开启 CORS 访问。删除前一任务的"test"阶段，重新部署 API，阶段名称仍然为"test"。

记录"/insertcashbook"及"/querycashbook"的"调用 URL"。

4. 前端网页编写及上传

本任务需要编写两个前端网页"cashbook.html"及"insertcashbook.html"，分别用 "/querycashbook"及"/insertcashbook"的"调用 URL"代替两个文件中的"××××"。 cashbook.html 界面如图 4–55 所示。

cashbook.html 代码如下。

```html
<!DOCTYPE html>
<html lang="en">
<head>
    <meta charset="UTF-8">
    <title>Title</title>
</head>
<body>
<p id="demo"></p>
<button onclick="insert()">插入记账本</button>
<button onclick="query()">查询记账本</button>
<p id="data"></p>
</body>
```

```
<script>
    id = getQueryVariable("ID")
    document.getElementById("demo").innerHTML = "Welcome, your ID is: " + id;

    function getQueryVariable(variable) {
        var query = window.location.search.substring(1);
        var vars = query.split("&");
        for (var i = 0; i < vars.length; i++) {
            var pair = vars[i].split("=");
            if (pair[0] == variable) {
                return pair[1];
            }
        }
        return (false);
    }

    function insert() {
        window.location.href = '/insertcashbook.html?ID=' + id;
    };

    function query() {
        var xhttp = new XMLHttpRequest();
        var x = document.getElementById("frm1");
        let s = new Set();
        var data = ""
        xhttp.onreadystatechange = function () {
            if (this.readyState == 4 && this.status == 200) {
                var obj = JSON.parse(this.responseText);
                if (obj.statusCode == 200) {
                    for (i in obj.body) {
                        for (j in Object.keys(obj.body[i])) {
                            s.add(Object.keys(obj.body[i])[j]);
                        }
                    }
                    s.delete("ID");
                    s.delete("User_ID")
                    for(i of s){
                        data += String(i)+" |"
                    }
                    data += "</br>"

                        for (j in obj.body) {
                            for(i of s) {
                                if (i in obj.body[j]) {
                                    data += String(obj.body[j][i]) + " |"
                                } else {
```

```
                                            data += "  |"
                                      }
                                }
                                data += "</br>"
                          }

                     document.getElementById("data").innerHTML = data;


               } else {
                     document.getElementById("demo").innerHTML = obj.body;
                     document.cookie = obj.body;
               }
          }
     }

     myObj = {id: Number(id)};
     xhttp.open("POST", "XXXXX", true);
     xhttp.send(JSON.stringify(myObj));
   };
</script>
</html>
```

insertcashbook.html 代码如下。

```
<!DOCTYPE html>
<html>
<head>

    <meta charset="UTF-8">
    <style>
        .a {
            width: 300px;
            height: 30px;
        }

        #b {
            width: 420px;
            text-align: right;
        }

    </style>
</head>
<body>
<p> 请输入记账信息 </p>
<div id="b">
<form id="frm1" action="/test" method="get">
    商品名: <input type="text" class="a" name="item"><br>
    单价: <input type="text" class="a" name="unit-price"><br>
```

```
        数量: <input type="text" class="a" name="quantity"><br>
        其他信息: <input type="text" class="a" name="others"><br>
        <p>其他信息的键和值用 ":" 分开，键值对用 "," 分开 </p>
        <input type="button" value=" 提交 " onclick="insert()">
    </form>
    </div>


    <p id="demo"></p>


    <script>

        id = getQueryVariable("ID")

        function getQueryVariable(variable) {
            var query = window.location.search.substring(1);
            var vars = query.split("&");
            for (var i = 0; i < vars.length; i++) {
                var pair = vars[i].split("=");
                if (pair[0] == variable) {
                    return pair[1];
                }
            }
            return (false);
        }


        function insert() {
            var xhttp = new XMLHttpRequest();
            var x = document.getElementById("frm1");
            xhttp.onreadystatechange = function () {
                if (this.readyState == 4 && this.status == 200) {
                    var obj = JSON.parse(this.responseText);
                    if(obj.body == "Insert item successfully!") {
                        alert("Insert item successfully!")
                        window.location.href =  "/cashbook.html" + "?ID=" + id;
                    }
                    else{
                        document.getElementById("demo").innerHTML = obj.body;
                        document.cookie = obj.body;
                    }
                }
            };

            myObj = {Item: x.elements[0].value, "Unit-price": x.elements[1].value,
Quantity: x.elements[2].value, Others: x.elements[3].value, User_ID:Number(id)};
            xhttp.open("POST", "XXXXX", true);
            xhttp.send(JSON.stringify(myObj));
        }
```

```
</script>

</body>
</html>
```

图 4-55 cashbook.html 界面

将文件上传至同一 S3 存储桶，权限为公开访问，过程不再赘述。

5. 测试

在任务 4.3.1 完成登录后会自动跳转至 cashbook.html。

单击"查询记账本"按钮，可以看到当前该用户的账本信息（可能为空），如图 4-56 和图 4-57 所示。

图 4-56　用户账本管理、查询界面

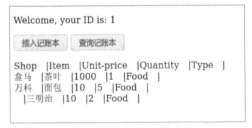

图 4-57　用户账本查询

此时单击"插入记账本"按钮，插入一项记账信息，单击"提交"按钮，其中其他信息为："Type:Game,Shop:Steam,Rank:A"，单击"提交"按钮，提示插入 item 成功，如图 4-58 所示。

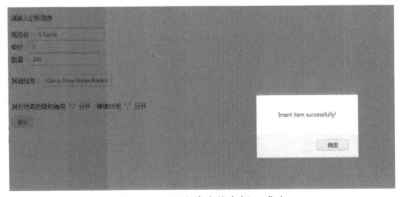

图 4-58　用户账本信息插入成功

单击"确定"按钮后跳转到上一页，单击"查询记账本"按钮，可以看到记账本信息增加了一条，如图 4-59 所示。

```
Shop   |Item    |Unit-price |Quantity |Type  |Rank  |
盒马   |茶叶    |1000   |1  |Food  |   |
万科   |面包    |10  |5  |Food  |   |
    |三明治  |10  |2  |Food  |   |
Steam  |A Game  |1  |200  |Game  |A  |
```

图 4-59　用户账本插入后查询结果

项目 4.4　综合实训——我的记账本

一、项目功能

本项目利用了亚马逊云科技的服务实现一个"我的记账本"的 ServerlessWeb 应用开发。ServerlessWeb 架构主要特点为无需配置任何服务器，所有托管代码不使用的情况下不产生任何费用，网站网络吞吐及处理能力理论上可以实现零到正无穷的自动弹性伸缩，是一种先进的云计算框架，实际用途广泛。

本项目采用 DynamoDB 作为数据库，DynamoDB 也具有弹性伸缩的特性，表创建完成后字段可以任意扩展。

本 Web 应用的功能主要包括：

● 用户的注册和登录。
● 记账本信息插入及查询。
● 用户信息的查询、更新、删除、导出。

二、项目要点

本项目综合使用 S3、API Gateway、Lambda、DynamoDB 技术实现了 Serverless Web 应用开发，语言使用了 HTML、Javascript、Python。要点为掌握 ServerlessWeb 架构的开发。

本项目 Serverless 基本架构为：所有的 html 文件均托管在同一个 S3 存储桶中，权限为可公开访问，用户可以直接通过互联网对 html 资源进行访问。用户在 html 资源上做出操作后，客户端通过 JavaScript 送 CORS 请求至各自相应的 API Gateway 资源，API Gateway 资源调用 Lambda 函数。Lambda 函数对 DynamoDB 进行相应读写操作，并把结果通过 API Gateway 返回客户端。

三、项目实施

（1）创建 2 个 DynamoDB 表格：User、CashBook，如图 4-60 所示。

（2）创建角色：创建"DynamoDBFullAccess_Role"角色具有"AmazonDynamoDBFullAccess"权限，该权限包括对 DynamoDB 操作的所有权限。创建"DynamoDBReadOnlyAccess_Role"角色，角色具有"AmazonDynamoDBReadOnlyAccess"权限，该权限只能读取 DynamoDB 内容。

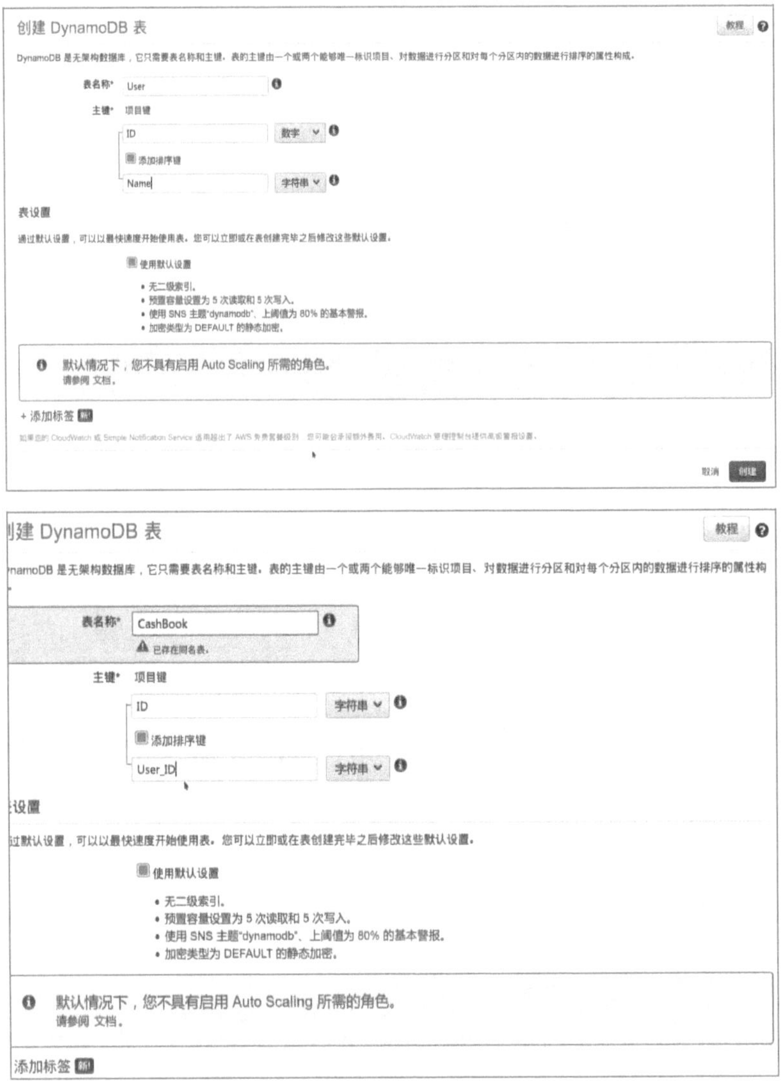

图 4-60　数据表

（3）创建 7 个 Lambda 函数：Login、QueryCashBook、QueryUser、InsertCashBook、DeleteUser、UpdateUser、InsertUser，如图 4-61 所示。

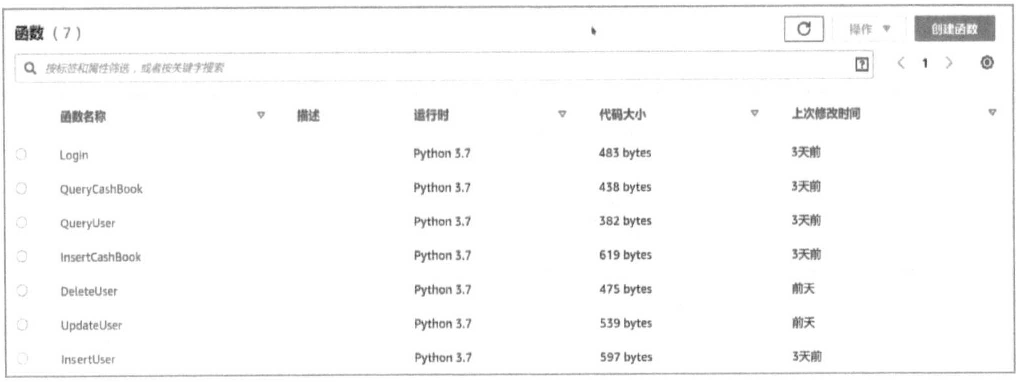

图 4-61　Lambda 函数

1）Login：分配角色为"DynamoDBReadOnlyAccess_Role"，代码如下。

```python
import json
import boto3


def lambda_handler(event, context):
    dynamodb = boto3.resource('dynamodb')

    user = dynamodb.Table('User')

    try:
        ID = 0
        login_info = {}
        contents = user.scan()
        if len(contents["Items"]) > 0:
            for i in contents["Items"]:
                if event["Name"] == i["Name"] and event["Password"] == i["Password"]
and event["id"] == i["ID"] :
                    ID = i["ID"]
                    return {
                        'statusCode': 200,
                        'body': "Login successfully!",
                        "id": ID
                    }

        return {
            'statusCode': 200,
            'body': "Login failed!"
        }
    except Exception as e:
        print(e)
        return {
            'statusCode': 400,
            'body': str(e)
        }
```

2）QueryCashBook：分配角色为"DynamoDBReadOnlyAccess_Role"，代码如下。

```python
import json
import boto3
from boto3.dynamodb.conditions import Key, Attr


def lambda_handler(event, context):
    dynamodb = boto3.resource('dynamodb')

    user = dynamodb.Table('CashBook')

    try:
        ID = 0
```

```
        login_info = {}
        contents = user.scan(FilterExpression=Attr("User_ID").eq(event["id"]))

        return {
                'statusCode': 200,
                'body': contents["Items"]
        }
    except Exception as e:
        print(e)
        return {
                'statusCode': 400,
                'body': str(e)
        }
```

3）QueryUser：分配角色为"DynamoDBReadOnlyAccess_Role"，代码如下。

```
import json
import boto3
from boto3.dynamodb.conditions import import Key, Attr

def lambda_handler(event, context):
    dynamodb = boto3.resource('dynamodb')

    user = dynamodb.Table('User')

    try:
        contents = user.scan()

        return {
                'statusCode': 200,
                'body': contents["Items"]
        }
    except Exception as e:
        print(e)
        return {
                'statusCode': 400,
                'body': str(e)
        }
```

4）InsertCashBook：分配角色为"DynamoDBFullAccess_Role"，代码如下。

```
import json
import boto3

def lambda_handler(event, context):

    dynamodb = boto3.resource('dynamodb')
```

```
user = dynamodb.Table('CashBook')
# TODO implement
ID_Max = 0


try:
    contents = user.scan()
    if len(contents["Items"]) > 0:
        for i in contents["Items"]:
            print(i["ID"])
            if i["ID"]>ID_Max:
                ID_Max = i["ID"]
        event["ID"] = ID_Max + 1
    else:
        event["ID"] = 0
    if "Item" not in event or "Unit-price" not in event or "Quantity" not in
event or "User_ID" not in event:
        raise Exception("Invalid data!")
    if "Others" in event:
        if not event["Others"]=="":
            l = event["Others"].split(",")
            for i in l:
                l2 = i.split(":")
                event[l2[0]]= l2[1]
        del event["Others"]

    print(event)
    user.put_item(Item=event)

    return {
        'statusCode': 200,
        'id': ID_Max + 1,
        'body': "Insert item successfully!"
    }
except Exception as e:
    print(e)
    return {
            'statusCode': 400,
            'body': str(e)
    }
```

5）DeleteUser：分配角色为"DynamoDBFullAccess_Role"，代码如下。

```
import json
import boto3
from boto3.dynamodb.conditions import Key, Attr
```

```python
def lambda_handler(event, context):
    dynamodb = boto3.resource('dynamodb')

    user = dynamodb.Table('User')

    try:
        ID = 0
        login_info = {}
        contents = user.scan(FilterExpression=Attr("ID").eq(event["id"]))
        msg = user.delete_item(Key={
            "ID": contents["Items"][0]["ID"],
            "Name": contents["Items"][0]["Name"]
        })

        return {
                'statusCode': 200,
                'body': msg
        }
    except Exception as e:
        print(e)
        return {
                'statusCode': 400,
                'body': str(e)
        }
```

6）UpdateUser：分配角色为"DynamoDBFullAccess_Role"，代码如下。

```python
import json
import boto3
from boto3.dynamodb.conditions import Key, Attr


def lambda_handler(event, context):
    dynamodb = boto3.resource('dynamodb')

    user = dynamodb.Table('User')

    try:
        ID = 0
        login_info = {}
        contents = user.scan(FilterExpression=Attr("ID").eq(event["id"]))
        msg = user.update_item(Key={
            "ID": contents["Items"][0]["ID"],
            "Name": contents["Items"][0]["Name"]
            },
            UpdateExpression='SET '+ event["key_update"] + ' = :val1',
            ExpressionAttributeValues={
```

```
                ':val1': event['value']
            }
        )

        return {
                'statusCode': 200,
                'body': msg
        }
    except Exception as e:
        print(e)
        return {
                'statusCode': 400,
                'body': str(e)
        }
```

7）InsertUser：分配角色为"DynamoDBFullAccess_Role"，代码如下。

```python
import json
import boto3

def lambda_handler(event, context):

    dynamodb = boto3.resource('dynamodb')

    user = dynamodb.Table('User')
    # TODO implement
    ID_Max = 0

    try:
        contents = user.scan()
        if len(contents["Items"]) > 0:
            for i in contents["Items"]:
                print(i["ID"])
                if i["ID"]>ID_Max:
                    ID_Max = i["ID"]
        event["ID"] = ID_Max + 1
        if "Name" not in event or "Sex" not in event or "Password" not in event:
            raise Exception("Invalid data!")
        if "Others" in event:
            if not event["Others"]=="":
                l = event["Others"].split(",")
                for i in l:
                    l2 = i.split(":")
                    event[l2[0]]= l2[1]
            del event["Others"]

        print(event)

        user.put_item(Item=event)
```

```
return {
    'statusCode': 200,
    'id': ID_Max + 1,
    'body': "Sign in successfully!"
}
except Exception as e:
    print(e)
    return {
        'statusCode': 400,
        'body': str(e)
    }
```

（4）创建名为"MyAPI"的 API Gateway，在"MyAPI"API Gateway 中添加 7 个子资源："/deleteuser""/insertcashbook""/login""/querycashbook""/queryuser""/signin""/updateuser"，添加 POST 方法，对应 Lambda 方法分别为以上 7 个 Lambda 函数，开启 CORS 访问。删除前一任务的"test"阶段，重新部署 API，阶段名称仍然为"test"。记录所有子资源的"调用 URL"，如图 4-62 所示。

图 4-62　API

（5）编写 6 个 HTML 文件："cashbook.html""index.html""insertcashbook.html""login.html""manage.html""signin.html"，并上传至 S3 同一个桶中，访问权限设为公开，如图 4-63 所示。

图 4-63　html 文件

各文件代码如下。

1）cashbook.html：

```
<!DOCTYPE html>
<html lang="en">
<head>
    <meta charset="UTF-8">
    <title>Title</title>
```

```
</head>
<body>
<p id="demo"></p>
<button onclick="insert()">插入记账本</button>
<button onclick="query()">查询记账本</button>
<p id="data"></p>
</body>

<script>
    id = getQueryVariable("ID")
    document.getElementById("demo").innerHTML = "Welcome, your ID is: " + id;

    function getQueryVariable(variable) {
        var query = window.location.search.substring(1);
        var vars = query.split("&");
        for (var i = 0; i < vars.length; i++) {
            var pair = vars[i].split("=");
            if (pair[0] == variable) {
                return pair[1];
            }
        }
        return (false);
    }

    function insert() {
        window.location.href = '/insertcashbook.html?ID=' + id;
    };

    function query() {
        var xhttp = new XMLHttpRequest();
        var x = document.getElementById("frm1");
        let s = new Set();
        var data = ""
        xhttp.onreadystatechange = function () {
            if (this.readyState == 4 && this.status == 200) {
                var obj = JSON.parse(this.responseText);
                if (obj.statusCode == 200) {
                    for (i in obj.body) {
                        for (j in Object.keys(obj.body[i])) {
                            s.add(Object.keys(obj.body[i])[j]);
                        }
                    }
                    s.delete("ID");
                    s.delete("User_ID");
                    for(i of s){
                        data += String(i)+" |"
                    }
```

```
                        data += "</br>"

                    for (j in obj.body) {
                        for(i of s) {
                            if (i in obj.body[j]) {
                                data += String(obj.body[j][i]) + " |"
                            } else {
                                data += "  |"
                            }
                        }
                        data += "</br>"
                    }

                    document.getElementById("data").innerHTML = data;


                } else {
                    document.getElementById("demo").innerHTML = obj.body;
                    document.cookie = obj.body;
                }
            }
        }

        myObj = {id: Number(id)};
        xhttp.open("POST", "XXXXXX"（这里需要改为 /querycashbook 的调用 API）, true);
        xhttp.send(JSON.stringify(myObj));
    };
</script>
</html>
```

2）index.html：

```
<!DOCTYPE html>
<html lang="en">
<head>
    <meta charset="UTF-8">
    <title>Welcome</title>
</head>
<body>
<button onclick="window.location.href='/signin.html'">注册</button>装修
<button onclick="window.location.href='/login.html'">登录</button>
</body>
</html>
```

3）insertcashbook.html：

```
<!DOCTYPE html>
<html>
<head>
```

```
    <meta charset="UTF-8">
    <style>
        .a {
            width: 300px;
            height: 30px;
        }

        #b {
            width: 420px;
            text-align: right;
        }

    </style>
</head>
<body>
<p> 请输入记账信息 </p>
<div id="b">
<form id="frm1" action="/test" method="get">
    商品名: <input type="text" class="a" name="item"><br>
    单价: <input type="text" class="a" name="unit-price"><br>
    数量: <input type="text" class="a" name="quantity"><br>
    其他信息: <input type="text" class="a" name="others"><br>
    <p> 其他信息的键和值用 ":" 分开, 键值对用 "," 分开 </p>
    <input type="button" value=" 提交 " onclick="insert()">
</form>
</div>


<p id="demo"></p>

<script>

    id = getQueryVariable("ID")

    function getQueryVariable(variable) {
        var query = window.location.search.substring(1);
        var vars = query.split("&");
        for (var i = 0; i < vars.length; i++) {
            var pair = vars[i].split("=");
            if (pair[0] == variable) {
                return pair[1];
            }
        }
        return (false);
    }


    function insert() {
        var xhttp = new XMLHttpRequest();
```

```
            var x = document.getElementById("frm1");
            xhttp.onreadystatechange = function () {
                if (this.readyState == 4 && this.status == 200) {
                    var obj = JSON.parse(this.responseText);
                    if(obj.body == "Insert item successfully!") {
                        alert("Insert item successfully!")
                        window.location.href =  "/cashbook.html" + "?ID=" + id;
                    }
                    else{
                        document.getElementById("demo").innerHTML = obj.body;
                        document.cookie = obj.body;
                    }
                }
            };

            myObj = {Item: x.elements[0].value, "Unit-price": x.elements[1].value,
Quantity: x.elements[2].value, Others: x.elements[3].value, User_ID:Number(id)};
            xhttp.open("POST", "XXXXXX"（这里需要修改为 /insertcashbook 的调用 API）, true);
            xhttp.send(JSON.stringify(myObj));
        }

    </script>

    </body>
    </html>
```

4）login.html：

```
<!DOCTYPE html>
<html lang="en">
<head>
    <meta charset="UTF-8">
    <title>login</title>
    <style>
        .a {
            width: 300px;
            height: 30px;
        }

        #b {
            width: 400px;
            text-align: right;
        }
    </style>
</head>
<div id="b">
<form id="frm1" action="/test" method="get">
```

```
    ID: <input type="text" class="a" name="ID"><br>
      用户名: <input type="text" class="a" name="user_name"><br>
      密码: <input type="text" class="a" name="password"><br><br>
      <input type="button" value="提交" onclick="login()">
  </form>
  </div>


  <p id="demo"></p>


  <script>


      function login() {
          var xhttp = new XMLHttpRequest();
          var x = document.getElementById("frm1");
          if (x.elements[0].value == "admin" && x.elements[1].value == "admin") {
              window.location.href = '/manage.html';
          }
          xhttp.onreadystatechange = function () {
              if (this.readyState == 4 && this.status == 200) {
                  var obj = JSON.parse(this.responseText);
                  if (obj.body == "Login successfully!") {
                      alert("Login successfully!")
                      window.location.href = "/cashbook.html" + "?ID=" + obj.id;

                  } else {

                      document.getElementById("demo").innerHTML = obj.body;
                      document.cookie = obj.body;
                  }
              }
          };


          myObj = {Name: x.elements[1].value, Password: x.elements[2].value, id:
Number(x.elements[0].value)};
          xhttp.open("POST", "XXXXXX"(这里需要修改为 /login 的调用 API), true);
          xhttp.send(JSON.stringify(myObj));
      }
  </script>


  </body>
  </html>
```

5）manage.html：

```
<!DOCTYPE html>
<html lang="en">
<head>
    <meta charset="UTF-8">
```

```
        <title>Welcome admin!</title>
</head>
<body>
<button onclick="query()">查询现有用户</button>
<button onclick="del()">删除现有用户</button>
<button onclick="update()">更新现有用户</button>
<button onclick="export_user()">导出现有用户</button>
<p id="data"></p>
</body>
</html>

<script>

    function query() {
        var xhttp = new XMLHttpRequest();
        let s = new Set();
        var data = ""
        xhttp.onreadystatechange = function () {
            if (this.readyState == 4 && this.status == 200) {
                var obj = JSON.parse(this.responseText);
                if (obj.statusCode == 200) {
                    for (i in obj.body) {
                        for (j in Object.keys(obj.body[i])) {
                            s.add(Object.keys(obj.body[i])[j]);
                        }

                    }
                    for (i of s) {
                        data += String(i) + " |"
                    }
                    data += "</br>"

                    for (j in obj.body) {
                        for (i of s) {
                            if (i in obj.body[j]) {
                                data += String(obj.body[j][i]) + " |"
                            } else {
                                data += "  |"
                            }
                        }
                        data += "</br>"
                    }

                    document.getElementById("data").innerHTML = data;


                } else {
                    document.getElementById("demo").innerHTML = obj.body;
```

```
                document.cookie = obj.body;
            }
        }
    }

    xhttp.open("POST", "XXXXXX"（这里需要改为 /queryuser 的调用 API），true);
    xhttp.send();
};


function del() {
    userid = prompt("请输入您要删除的用户 id");
    var xhttp = new XMLHttpRequest();
    xhttp.onreadystatechange = function () {
        if (this.readyState == 4 && this.status == 200) {
            var obj = JSON.parse(this.responseText);
            if (obj.statusCode == 200) {
                alert("Delete item successfully!")
            } else {
                document.getElementById("data").innerHTML = obj.body;
                document.cookie = obj.body;
            }
        }
    };

    myObj = {id: Number(userid)};
    xhttp.open("POST", "XXXXXX"（这里需要改为 /deleteuser 的调用 API），true);
    xhttp.send(JSON.stringify(myObj));
}


function update() {
    userid = prompt("请输入您要删除的用户 id");
    update_key = prompt("请输入您要更新的字段");
    update_value = prompt("请输入您要更新的字段值");
    var xhttp = new XMLHttpRequest();
    xhttp.onreadystatechange = function () {
        if (this.readyState == 4 && this.status == 200) {
            var obj = JSON.parse(this.responseText);
            if (obj.statusCode == 200) {
                alert("Update item successfully!")
            } else {
                document.getElementById("data").innerHTML = obj.body;
                document.cookie = obj.body;
            }
        }
    };

    myObj = {id: Number(userid), key_update: update_key, value: update_value};
```

```
        xhttp.open("POST", "XXXXXX"（这里需要改为 /updateuser 的调用 API）, true);
        xhttp.send(JSON.stringify(myObj));
    }


    function fakeClick(obj) {
        var ev = document.createEvent("MouseEvents");
        ev.initMouseEvent("click", true, false, window, 0, 0, 0, 0, 0, false, false,
false, false, 0, null);
        obj.dispatchEvent(ev);
    }


    function expo(name, data) {
        var urlObject = window.URL || window.webkitURL || window;
        var export_blob = new Blob([data]);
          var save_link = document.createElementNS("http://www.w3.org/1999/xhtml",
"a")
        save_link.href = urlObject.createObjectURL(export_blob);
        save_link.download = name;
        fakeClick(save_link);
    }


    function  export_user(){
        var xhttp = new XMLHttpRequest();
        let s = new Set();
        var data = ""
        xhttp.onreadystatechange = function () {
            if (this.readyState == 4 && this.status == 200) {
                var obj = JSON.parse(this.responseText);
                if (obj.statusCode == 200) {
                    for (i in obj.body) {
                        for (j in Object.keys(obj.body[i])) {
                            s.add(Object.keys(obj.body[i])[j]);
                        }
                    }
                    for (i of s) {
                        data += String(i) + ","
                    }
                    data = data.substr(0,data.length-1);
                    data += "\n"

                    for (j in obj.body) {
                        for (i of s) {
                            if (i in obj.body[j]) {
                                data += String(obj.body[j][i]) + ","
                            } else {
                                data += " ,"
```

```
                  }
              }
              data = data.substr(0,data.length-1);
              data += "\n"
          }
          expo("user.csv", data)

      } else {
          document.getElementById("demo").innerHTML = obj.body;
          document.cookie = obj.body;
      }
    }
  }

  xhttp.open("POST", "XXXXXX"(这里需要改为 /queryuser 的调用 API), true);
  xhttp.send();
}
</script>
```

6）signin.html：

```
<!DOCTYPE html>
<html>
<head>
<meta charset="UTF-8">
    <style>
    .a {
        width: 300px;
        height: 30px;
    }

    #b {
        width: 420px;
        text-align: right;
    }
  </style>
</head>
<body>
    <p>请输入注册信息 </p>
<div id="b">
<form id="frm1" action="/test" method="get">

    用户名: <input type="text" class="a" name="user_name"><br>
    性别: <input type="text" class="a" name="sex"><br>
    密码: <input type="text" class="a" name="password"><br>
    其他信息: <input type="text" class="a" name="others"><br>
    <p> 其他信息的键和值用 ":" 分开，键值对用 "," 分开 </p>
    <input type="button" value=" 提交 " onclick="signin()">
```

```
        </form>
    </div>

    <p id="demo"></p>

    <script>
        function signin() {
            var xhttp = new XMLHttpRequest();
            var x = document.getElementById("frm1");
            xhttp.onreadystatechange = function () {
                if (this.readyState == 4 && this.status == 200) {
                    var obj = JSON.parse(this.responseText);
                    if(obj.body == "Sign in successfully!") {
                        alert("Sign in successfully! Your ID is "+ String(obj.id))
                        window.location.href =  "/cashbook.html" + "?ID=" + obj.id;

                    }
                    else{
                        document.getElementById("demo").innerHTML = obj.body;
                        document.cookie = obj.body;
                    }
                }
            };

            myObj = {Name: x.elements[0].value, Sex: x.elements[1].value, Password:
x.elements[2].value, Others: x.elements[3].value};
            xhttp.open("POST", "XXXXXX"(这里要修改为 /signin 的调用 API), true);
            xhttp.send(JSON.stringify(myObj));
        }
    </script>

    </body>
</html>
```

（6）至此本任务的编写及部署全部完成，可以进行测试。访问 index.html 的 URL 即可进入网站，测试所有功能。

练习四

1. 目前，该记账本应用只实现了账本信息的插入及查询，参考用户信息管理模块实现账本信息的更新、删除、导出。

2. 简述 Serverless 架构 Web 应用相比传统 Web 应用的优势。

单元 5

我的云盘

知识
目标

- 掌握 Amazon S3 文件存储与存储桶知识。
- 掌握 Python SDK 与 Amazon S3 服务知识。
- 掌握 Amazon RDS MySQL 数据库存储知识。
- 掌握 Amazon EC2 虚拟机知识。
- 掌握 Amazon STS 临时令牌的知识。
- 掌握 Amazon 服务权限动态分配知识。
- 掌握 Python tkinter 图形化界面的知识。

能力
目标

- 能使用 Amazon S3 控制台创建存储桶与文件夹。
- 能使用 Amazon S3 控制台进行文件上传与下载。
- 能使用 Amazon RDS 创建 MySQL 数据库实例。
- 能使用 Python SDK 编程创建 S3 云盘。
- 能使用 Python 编程查看、上传、下载、删除 S3 文件。
- 能使用 Flask 创建用户管理的代理服务器。
- 能使用代理服务器实现用户注册与认证。
- 能使用代理服务器从 Amazon STS 服务申请临时令牌。
- 能使用临时令牌编程查看、上传、下载、删除 S3 文件。
- 能使用 tkinker 进行图形化界面设计。

项目功能

本项目使用 Amazon S3 作为服务器实现云端数据存储，再使用 Python 开发一个 GUI 界面的云盘客户端程序实现文件的存储与管理。系统允许任意用户注册并为注册用户在固定的 S3 存储桶中分配一个文件夹作为用户的云盘。

本项目使用 Amazon RDS 创建 MySql 数据库管理注册用户信息，使用 Flask 创建 Web 服务器，使用 Amazon EC2 创建虚拟机作为云盘代理服务器，使用 Amazon STS 服务发放临时令牌给注册用户以便访问 S3 云盘服务，使用 Python 编写 GUI 界面程序实现文件的查看、删除、上传、下载等功能。

项目 5.1　使用 Amazon S3 云盘存储桶

任务 5.1.1　亚马逊云科技控制台创建云盘

一、任务描述

创建了一个能操作 Amazon S3 的 IAM 用户后，就能登录到亚马逊云科技管理控制台进行 S3 的存储操作，S3 是按存储桶来划分存储空间的。因此需要先创建一个云盘存储桶。

二、知识要点

1. 存储桶（Bucket）

存储桶是 Amazon S3 中用于存储对象的容器，每个对象都存在各自的存储桶中。存储桶可以组织最高等级的 Amazon S3 命名空间、识别负责存储和数据传输费用的账户、在访问控制中发挥作用，进行使用率报告的汇总。例如，云盘就使用一个存储桶，存储所有用户的文件。

2. 对象（Object）

对象是 Amazon S3 中存储的实体，可以简单理解为存储的文件（实际上还包含文件的其他元数据，如 Content-Type 等）。

3. 键（Key）

键是存储桶中对象的唯一标识符，可以简单理解为存储的文件名称。

4. 区域（Region）

目前，亚马逊云科技划分了三个在逻辑上和物理相互分隔的 Amazon Web Services 区域组，称为分区（partition）。一个分区与其他分区中的数据、网络和机器均实现了隔离。中国分区是其中一个。

亚马逊云科技在分区下，基于世界各地聚集的数据中心，建立了多个区域（region）。每个分区包含一个或多个区域，但一个区域仅存在于一个分区内。宁夏区域和北京区域同属于中国分区。在同一个分区中，存储桶名必须唯一，也就是说如果同一个存储桶名在北京区域已经存在，那将无法再在宁夏区域创建成功。每个区域都有一个标识符，亚马逊云科技在北京区域的标识符是 "cn-north-1"，在宁夏区域的标识符是 "cn-northwest-1"。

在区域里，亚马逊云科技建立了多个逻辑数据中心，每个逻辑数据中心组称为一个可用区（AZ）。每个区域由一个地理区域内的多个隔离的且在物理上分隔的可用区组成。

三、任务实施

1. 创建有 Amazon S3 控制权的 IAM 用户

管理员登录进入亚马逊云科技管理控制台页面，并选择 IAM 服务，创建一个有 AmazonS3FullAccess 权限的 IAM 用户 "cloud.disk.user"，如图 5-1 所示。

图 5-1　创建 IAM 用户

然后下载这个 IAM 用户的 accessKeys.csv 文件，它有两行，格式如下。

```
Access Key ID,Access Secret Key
******,******
```

第一行是 Key 的类型，它们使用逗号分开，第二行就是对应的值，可以通过读这个 CSV 文件得到各个值。

2. 创建云盘存储桶

1）使用 IAM 用户 cloud.disk.user 登录后选择 S3 服务，如图 5-2 所示。

2）选择 "创建存储桶"，输入云盘存储桶的名称，如 "cloud.disk.bucket"，并选择一个区域（存储桶名称是全局唯一的，读者可以根据实际情况确定这个存储桶名称），如图 5-3 所示。

3）选中 "阻止全部公共访问权限"，这样使得该存储桶不是公共存储桶，其他用户不可以访问，如图 5-4 所示。

4）创建的存储桶如图 5-5 所示，所有的云盘文件都将存储在这个存储桶中。

图 5-2　S3 服务

图 5-3　创建存储桶

图 5-4　权限设置

图 5-5　云盘存储桶

　　5）选择进入这个存储桶，就可以再把文件上传到该存储桶。文件还可以使用文件夹分类，如图 5-6 上传了 client.py 与 server.py 两个文件，还创建了一个名称为"xxx"的文件夹，上传的文件还可以进行下载、删除、复制等操作，可以像使用普通磁盘一样管理文件与文件夹。

图 5-6　管理云盘文件

任务 5.1.2　Python 程序创建云盘

一、任务描述

使用亚马逊云科技管理控制台 IAM 用户可以进入云盘存储桶，进行文件的上传与下载管理。实际上除了控制台以外，也可以设计客户端程序直接访问 Amazon S3 云盘，实现文件的上传与下载管理。亚马逊云科技提供 Python 语言的开发工具包（SDK）boto3，通过调用 boto3 的 API 可以编写 Python 客户端程序创建与查看云盘存储桶。

二、知识要点

1. IAM 用户安全凭证

在使用 boto3 之前，首先需要设置安全凭证，boto3 会自动从如下位置寻找安全凭证的配置。

- 创建 client 对象时所指定的参数。
- 环境变量。
- ~/.aws/config file 文件。

从安全性角度考量，选择使用 aws configure 存储 Access Key ID 与 Secret Access Key，详细操作如下。

在云盘服务器中输入如下命令配置亚马逊云科技 IAM 用户安全凭证。

```
aws configure
```

依次输入从 accessKeys.csv 获取的 Access Key ID、Secret Access Key、cn-northwest-1、None，将配置存储至环境的配置文件中。

2. 创建客户端对象

Python 可使用 boto3 包的函数库访问亚马逊云科技。创建客户端对象的基本方法是 boto3. client 方法，并传递使用服务的参数，如使用前面的 IAM 用户 cloud.disk.user 创建 client 如下。

```
import boto3
client = boto3.client("s3")
```

3. 创建 S3 存储桶

在创建 client 后，使用 client 调用 create_bucket 函数创建存储桶，并传递存储桶名称 Bucket 参数与 ACL 访问权限参数，代码如下。

```
client.create_bucket(Bucket='cloud.disk.bucket',ACL="private",
        CreateBucketConfiguration={'LocationConstraint': 'cn-northwest-1'})
```

该方法创建名称为"cloud.disk.bucket"的存储桶，并设置为私有的(private)，区域是"cn-northwest-1"。

4. 列出 S3 存储桶

在创建 client 后，使用 client 调用 head_bucket 函数列出存储桶的特性，例如，下列语句列出"cloud.disk.bucket"存储桶的属性。

```
resp=client.head_bucket(Bucket="cloud.disk.bucket")
```

返回值是一个对象，其中 resp["ResponseMetadata"]是它的元数据值。

三、任务实施

1. 编写程序

根据前面的知识要点分析，编写程序创建名称为"cloud.disk.bucket"的存储桶，然后显示它各个元数据。

```
1:  import boto3
2:  import sys
3:  try:
4:      client = boto3.client("s3")
5:      try:
6:          client.create_bucket(Bucket='cloud.disk.bucket', ACL='private',
7:              CreateBucketConfiguration={'LocationConstraint': 'cn-northwest-1'})
8:          print("bucket created")
9:      except Exception as e:
10:          print(e)
11:      resp=client.head_bucket(Bucket="cloud.disk.bucket")["ResponseMetadata"]
12:      print("RequestId=",resp["RequestId"])
13:      print("HTTPStatusCode=",resp["HTTPStatusCode"])
14:  except Exception as err:
15:      print(err)
```

2. 测试程序

如果 cloud.disk.bucket 没有创建过，那么执行该程序结果如下：

```
bucket created
RequestId= 3437D4A313EDB0B2
HTTPStatusCode= 200
```

结果显示成功创建了 cloud.disk.bucket，可以通过控制台看见已经创建的 cloud.disk.bucket。如果 cloud.disk.bucket 已经创建过，那么执行该程序会产生如下错误。

```
An error occurred (BucketAlreadyOwnedByYou) when calling the CreateBucket operation:
```

```
Your previous request to create the named bucket succeeded and you already own it.
   RequestId= 3437D4A313EDB0B2
   HTTPStatusCode= 200
```

由于"cloud.disk.bucket"已经创建过，因此再次创建时会提示不能再创建。

任务 5.1.3　上传文件到云盘

一、任务描述

本任务通过登录亚马逊云科技的 IAM 用户，使用 Python 的 SDK 编写程序，实现文件的上传与下载等操作。

二、知识要点

1. 上传文件到云盘

使用 boto3 创建一个访问 Amazon S3 的客户端，然后使用 put_object 函数上传一个文件。put_object 函数有 3 个常用参数。

1）Bucket：这是要上传文件的存储桶，就是云盘存储桶 cloud.disk.bucket。

2）Key：这是存储在存储桶中的对象的关键字，可以理解为文件名称。

3）Body：这是上传文件的二进制数据。

2. 创建云盘文件夹

云盘存储桶 cloud.disk.bucket 是大家共同使用的，有必要根据不同的用户创建不同的文件夹来存储各自的文件。例如，用户"xxx"的文件可以存储在"cloud.disk.bucket/xxx"文件夹，用户"yyy"的文件存储在"cloud.disk.bucket/yyy"文件夹。在 put_object 函数中如果指定 Key 是带文件夹的格式，那么 S3 会自动创建文件夹。

3. 上传用户文件

根据这样的规则，名称 user 的用户上传文件 fileName 代码如下。

```
client.put_object(Bucket="cloud.disk.bucket",
Key=user+"/"+fileName,
Body=data)
```

其中 Key 包含文件夹 user 与文件名称 fileName，因此上传后会在 cloud.disk.bucket 下面建立文件夹 user，并把 fileName 文件存储在 user 文件夹中，而 data 是文件的二进制数据。

三、任务实施

1. 编写程序

```
1:  import boto3
2:  import sys
3:  import os
4:  def upload(user,fileName):
5:      try:
6:          fobj=open(fileName,"rb")
7:          data=fobj.read()
```

```
8:            fobj.close()
9:            p=fileName.rfind("\\")
10:            fileName=fileName[p+1:]

11:            client = boto3.client("s3")
12:            client.put_object(Bucket="cloud.disk.bucket",
13:            Key=user+"/"+fileName,
14:            Body=data)
15:            print("文件上传成功")
16:        except Exception as err:
17:            print(err)
18:    user=input("输入用户:")
19:    fileName=input("输入文件:")
20:    if user!="" and os.path.exists(fileName):
21:        upload(user,fileName)
22:    else:
23:        print("用户或者文件无效")
```

其中语句 18、19 的主程序用于输入用户名称与上传的文件。

2. 测试程序

执行程序，输入用户 xxx，输入文件 c:\test\panda.jpg。如果文件上传成功，则文件 c:\test\panda.jpg 就上传到 cloud.disk.bucket/xxx 的文件夹中。使用 Amazon S3 控制台就可以看到这个文件 panda.jpg 成功上传，如图 5-7 所示。

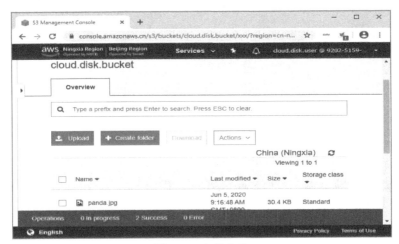

图 5-7　上传文件

通过这个方法可以上传不同用户的很多文件。如果上传了相同名称的文件，那么新上传的文件会覆盖原来的文件。

任务 5.1.4　下载云盘的文件

一、任务描述

本任务完成对已上传的文件进行下载。

二、知识要点

下载文件可以使用 boto3 中的 get_object 函数，该函数有两个重要的参数，一个是 Bucket，指定是下载哪个存储桶的文件；另外一个是 Key，指定是什么文件夹的什么文件，函数调用如下。

```
resp=client.get_object(Bucket="cloud.disk.bucket",Key=user+"/"+fileName)
data=resp["Body"].read()
```

调用成功后返回一个相应对象 resp，其中的 resp["Body"] 是一个 StreamingBody() 对象，使用该对象的 read 方法可以读出文件的二进制数据 data，之后就可以存储这个下载的文件了。

三、任务实施

1. 编写程序

根据下载函数 get_object 的规则编写下载程序 download.py 如下。

```
1:  import boto3
2:  import sys
3:  def download(Key):
4:      try:
5:          client = boto3.client("s3")
6:          resp=client.get_object(Bucket="cloud.disk.bucket",Key=Key)
7:          data=resp["Body"].read()
8:          p=Key.find("/")
9:          fileName=Key[p+1:]
10:         fobj=open(fileName,"wb")
11:         fobj.write(data)
12:         fobj.close()
13:         print(Key+"文件下载成功")
14:     except Exception as err:
15:         print(err)

16:  Key=input("输入云盘 Key:")
17:  if Key!="" and Key.find("/")>=0:
18:      download(Key)
19:  else:
20:      print("云盘 Key 无效")
```

语句 8、9 是为了分离出文件名称。

2. 执行程序

输入云盘 Key: xxx/panda.jpg，结果提示：xxx/panda.jpg 文件下载成功。

如果下载的文件不存在，例如输入云盘 Key: xxx/dog.jpg，那么得到错误提示：

```
An error occurred (NoSuchKey) when calling the GetObject operation: The specified
key does not exist.
```

错误显示没有指定的 Key 存在。

任务 5.1.5　查看云盘的文件

一、任务描述

本任务实现通过程序查看云盘中的文件。

二、知识要点

1. 查看文件

查看文件可以使用 boto3 中的 list_objects 函数，该函数有两个重要的参数，一个是 Bucket，指定是查看哪个存储桶；另外一个可选的参数是 Prefix，可以指定文件以什么开头。例如：

```
resp=client.list_objects(Bucket="cloud.disk.bucket")
```

可以查看云盘存储桶的所有文件，而：

```
resp=client.list_objects(Bucket="cloud.disk.bucket",Prefix="xxx/")
```

可以查看云盘中 xxx 文件夹的文件。

其中 resp 是返回的结果，如果存储桶有文件就包含一个 Contents 字典值 resp["Contents"]，这个字典值包含了所有文件列表，每个列表元素是一个字典，字典的 Key 是文件名称，LastModified 是最后修改时间，Size 是文件大小，例如：

```
for c in resp["Contents"]
    print("文件名称:"+c["Key"])
    print("修改时间:"+c["LastModifed"])
    print("文件大小:"+c["Size"])
```

通过循环可以得到每个文件的名称、修改时间以及文件大小（字节数）。

2. 修改时间

Amazon S3 的文件修改时间 LastModified 是一个 datetime 对象，而且是格林威治时间 GMT。北京时间比 GMT 早 8 小时，因此可以使用 datetime 的相关函数把它按北京时间显示出来，例如：

```
(c["LastModified"]+datetime.timedelta(hours = 8)).strftime("%Y-%m-%d %H:%M:%S")
```

即把 LastModified 的 GMT 时间加 8 小时后按 yyyy-mm-dd HH:MM:SS 的日期时间格式显示。

三、任务实施

1. 编写程序

```
1:  import boto3
2:  import sys
3:  import datetime
4:  def show(folder=""):
5:      try:
6:          client = boto3.client("s3")
7:          if folder!="":
8:              print("云盘文件夹"+folder+"文件:")
9:              resp=client.list_objects(Bucket="cloud.disk.bucket",Prefix=folder+"/")
```

```
10:          else:
11:              print("云盘全部文件：")
12:              resp=client.list_objects(Bucket="cloud.disk.bucket")
13:          if "Contents" in resp:
14:              for c in resp["Contents"]:
15:                      dt=(c["LastModified"]+datetime.timedelta(hours = 8)).
strftime("%Y-%m-%d %H:%M:%S")
16:                      print("%-20s %-20s %-8d" %(c["Key"],dt,c["Size"]))
17:          else:
18:              print("没有文件")
19:      except Exception as err:
20:          print(err)

21:  show()
22:  #show("yyy")
```

语句 13 是为了判断是否有文件存在，没有文件时 resp 中不包含 Contents。

2. 测试程序

执行 show() 的结果：

云盘全部文件：

xxx/panda.jpg	2020-06-05 10:41:25	31154
yyy/panda.jpg	2020-06-05 10:33:39	31154
yyy/panda_copy.jpg	2020-06-05 10:52:28	31154

执行 show("yyy") 的结果：

云盘文件夹 yyy 文件：

yyy/panda.jpg	2020-06-05 10:33:39	31154
yyy/panda_copy.jpg	2020-06-05 10:52:28	31154

任务 5.1.6　删除云盘的文件

一、任务描述

上传的文件不需要时是可以删除的，可以通过 Amazon S3 控制台删除，也可以使用程序删除。

二、知识要点

删除文件可以使用 boto3 中的 delete_object 函数，该函数有两个重要的参数，一个是 Bucket，指定是哪个存储桶；另外一个是 Key，指定要删除哪个文件。例如：

```
client.delete_object(Bucket="cloud.disk.bucket",Key="xxx/panda.jpg")
```

就是删除 xxx 文件夹的 panda.jpg 文件。

三、任务实施

1. 编写程序

```
1:  import boto3
```

```
 2:   import sys
 3:   def delete(Key):
 4:       try:
 5:           client = boto3.client("s3")
 6:           client.delete_object(Bucket="cloud.disk.bucket",Key=Key)
 7:           print(Key+"删除成功")
 8:       except Exception as err:
 9:           print(err)
10:   Key=input("输入云盘Key:")
11:   if Key!="" and Key.find("/")>=0:
12:       delete(Key)
13:   else:
14:       print("云盘Key无效")
```

2. 测试程序

输入云盘 Key:yyy/panda_copy.jpg

yyy/panda_copy.jpg 删除成功

那么 yyy 文件夹的 panda_copy.jpg 文件就删除了。

项目 5.2　设计图形化界面客户端

任务 5.2.1　设计上传文件客户端

一、任务描述

一般云盘都由服务器与客户端组成，如百度网盘的服务器在一个远程计算机上，百度网盘的客户端是一个安装在用户计算机上的图形界面程序。云盘服务器在 Amazon S3 中，客户端呢？前面编写的上传、下载、复制、查看、删除等程序都是客户端程序，这些客户端程序都是字符界面的，用户使用不方便，因此需要设计一个图形界面的客户端程序。

二、知识要点

Python 有很多设计图形界面的库，其中 tkinter 是它自带的一个图形库，使用这个库设计图形界面会比较方便。

1. 创建主窗体

使用 tkinter.Tk() 可以创建一个主窗体，例如：

```
import tkinter as tk
root =tk.Tk()
root.title('我的云盘')
root.mainloop()
```

其中，tkinter 名字太长，为了简化，在引入时把它简化为 tk，然后使用 root=tk.Tk() 创建一个主窗体，使用 root.title（'我的云盘'）设置窗体的标题，最后使用 root.mainloop() 让窗体显示出来。

2. 使用选择文件对话框

在 tkinter 中有一个打开文件对话框 filedialog，使用方法：

```
fileName=filedialog.askopenfilename(title=u'选择文件')
```

其中 fileName 就是选择的文件。

3. 创建选择与上传文件按钮

在窗体中创建一个名称为 frmUpload 的 Frame，程序如下：

```
frmUpload=tk.Frame(root)
```

在 frmUpload 中放一个名称为 selectButton 的文件选择按钮和一个名称为 uploadButton 的上传按钮，程序如下：

```
selectButton=tk.Button(frmUpload,text="选择文件",command=selectFile)
uploadButton=tk.Button(frmUpload,text="上传文件",command=uploadSelectFile)
```

单击 selectButton 时，执行 selectFile 函数，显示一个打开文件对话框，选择一个文件，选择的文件显示在名称为 uploadFile 的标签 Label 中。单击 uploadButton 时，执行 uploadSelectFile 函数，就把选择的文件上传到云盘。

4. 使用文本输入框确定用户

在 tkinter 中使用 Entry 创建一个文本输入框，用户可以在这个框中输入要上传文件的用户名称。例如：

```
txtUser=tk.Entry(frmUpload)
```

可使用 txtUser.insert(tk.END,"xxx") 设置用户为"xxx"，使用 txtUser.get() 获取输入的用户名称。

三、任务实施

1. 编写程序

把 frmUpload 安放在 root 的上端的位置，然后把它划分成 2 行 2 列的布局，安放 selectButton 按钮、uploadButton 按钮与 uploadFile 标签。编写完整的文件上传程序如下。

```
1:   import tkinter as tk
2:   from tkinter import ttk
3:   from tkinter import filedialog
4:   import os
5:   import datetime
6:   import boto3
7:   import sys

8:   def selectFile():
9:       fileName=filedialog.askopenfilename(title=u'选择文件')
10:       uploadFile["text"]=fileName

11:   def uploadSelectFile():
```

```
12:        user=txtUser.get()
13:        print(user)
14:        fileName=uploadFile["text"]
15:        if user!="" and fileName!="" and os.path.exists(fileName):
16:            try:
17:                    fobj=open(fileName,"rb")
18:                    data=fobj.read()
19:                    fobj.close()
20:                    p=fileName.rfind("/")
21:                    if p==-1:
22:                        p=fileName.rfind("\\")
23:                    fileName=fileName[p+1:]
24:                    client = boto3.client("s3")
25:                    client.put_object(Bucket="cloud.disk.bucket",
26:                        Key=user+"/"+fileName,
27:                        Body=data)
28:                    msg="上传文件成功"
29:            except Exception as err:
30:                    msg=str(err)
31:        else:
32:            msg="请保证用户名称与上传的文件的有效性"
33:        diskMsg["text"]=msg

34:  root =tk.Tk()
35:  root.title('我的云盘')
36:  frmUpload=tk.Frame(root)
37:  frmUpload.pack(anchor=tk.W)
38:  tk.Label(frmUpload,text="用户").grid(row=0,column=0)
39:  txtUser=tk.Entry(frmUpload)
40:  txtUser.insert(tk.END,"xxx")
41:  txtUser.grid(row=0,column=1)
42:  selectButton=tk.Button(frmUpload,text="选择文件",command=selectFile)
43:  selectButton.grid(row=1,column=0)
44:  uploadFile=tk.Label(frmUpload,text="")
45:  uploadFile.grid(row=1,column=1,sticky=tk.W)
46:  uploadButton=tk.Button(frmUpload,text="上传文件",command=uploadSelectFile)
47:  uploadButton.grid(row=2,column=0)
48:  diskMsg=tk.Label(root,fg="red")
49:  diskMsg.pack(side=tk.BOTTOM)
50:  root.mainloop()
```

其中，语句 42 是创建选择按钮，单击后执行 selectFile 函数选择文件。语句 46 是创建上传按钮，单击后执行 uploadSelectFile 函数上传文件。

2. 测试程序

执行该程序，单击"选择文件"按钮选择一个文件，再单击"上传文件"按钮就把文件上传到云盘的 xxx 文件夹，如图 5-8 所示。

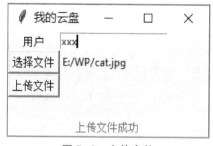

图 5-8　上传文件

任务 5.2.2　设计显示文件客户端

一、任务描述

云盘中一个文件夹的文件有很多，可以设计一个图形化的表格界面来显示它们，表格分文件名称、修改日期、文件大小三个列。

二、知识要点

1. 显示文件列表

tkinter.ttk 中有一个 TreeView 控件，这个控件在设置 show="headings" 时显示的是一张表格，表格的列使用 columns 设置，例如：

```
frmDisk=tk.Frame(root)
listView=ttk.Treeview(frmDisk,show="headings",columns=["Name","LastModified","Size"],
selectmode = tk.BROWSE)
```

其中，frmDisk 是一个容器，listView 是放在这个容器中的一个 TreeView 控件，它有 Name、LastModified、Size 的三列。

2. 管理文件列表

TreeView 中每条记录都有一个 ID 值，使用 get_children() 获取所有记录的 ID 值集合。如果要删除一条记录，那么使用 delete(ID) 删除 ID 指定的记录。因此如果要清除名称为 listView 的 TreeView 控件的所有记录就可以使用下面程序。

```
IDS=listView.get_children("")
for ID in IDS:
    listView.delete(ID)
```

TreeView 使用 insert 增加一条记录，例如：

```
listView.insert("",tk.END,values=[fileName,lastModified,size])
```

通过上句程序可增加一条记录，记录的文件名称是 fileName，修改日期是 lastModified，大小是 size。

3. 增加垂直滚动杆

一般文件夹中的文件可能很多，控件显示不完整时要使用垂直滚动杆滚动显示，使用 ttk 中的 Scrollbar 可以创建滚动杆，使用方法如下。

```
vbar = ttk.Scrollbar(frmDisk,orient=tk.VERTICAL,command=listView.yview)
listView.configure(yscrollcommand=vbar.set)
vbar.pack(side=tk.RIGHT,fill=tk.Y)
listView.pack(expand=1,fill=tk.BOTH)
```

其中，vbar 是垂直滚动杆，它负责 listView 的 Y 方向滚动，并被放在 listView 的右边。

三、任务实施

1. 编写程序

创建一个显示按钮 showButton，单击它时执行 showFileList 函数，显示出指定用户的所有文件，完整程序编写如下。

```
1:   import tkinter as tk
2:   from tkinter import ttk
3:   from tkinter import filedialog
4:   import os
5:   import datetime
6:   import boto3
7:   import sys

8:   def showFileList():
9:       user=txtUser.get()
10:      if user!="":
11:          try:
12:              IDS=listView.get_children("")
13:              for ID in IDS:
14:                  listView.delete(ID)
15:              client = boto3.client("s3")
16:              resp=client.list_objects(Bucket="cloud.disk.bucket",Prefix=user+"/")
17:              if "Contents" in resp:
18:                  for c in resp["Contents"]:
19:                      fileName=c["Key"][len(user+"/"):]
20:                      dt=(c["LastModified"]+datetime.timedelta(hours = 8)).strftime("%Y-%m-%d %H:%M:%S")
21:                      listView.insert("",tk.END,values=[fileName,dt,c["Size"]])
22:          except Exception as err:
23:              print(err)
24:      else:
25:          diskMsg["text"]="请输入用户名称"

26:  root =tk.Tk()
27:  root.title('我的云盘')
28:  frmUpload=tk.Frame(root)
29:  frmUpload.pack(anchor=tk.W)
30:  tk.Label(frmUpload,text="用户").grid(row=0,column=0)
31:  txtUser=tk.Entry(frmUpload)
```

```
32:    txtUser.insert(tk.END,"xxx")
33:    txtUser.grid(row=0,column=1)
34:    showButton=tk.Button(frmUpload,text="显示文件",command=showFileList)
35:    showButton.grid(row=0,column=2)

36:    frmDisk=tk.Frame(root)
37:    frmDisk.pack(expand=1,fill=tk.BOTH)
38:     listView=ttk.Treeview(frmDisk,show="headings",columns=["Name","LastModified","Size"],selectmode = tk.BROWSE)
39:    listView.heading("Name",text="文件名称",anchor=tk.W)
40:    listView.heading("LastModified",text="修改时间")
41:    listView.heading("Size",text="文件大小",anchor=tk.W)

42:    #----vertical scrollbar-----------
43:    vbar = ttk.Scrollbar(frmDisk,orient=tk.VERTICAL,command=listView.yview)
44:    listView.configure(yscrollcommand=vbar.set)
45:    vbar.pack(side=tk.RIGHT,fill=tk.Y)
46:    listView.pack(expand=1,fill=tk.BOTH)

47:    diskMsg=tk.Label(root,fg="red")
48:    diskMsg.pack(side=tk.BOTTOM)

49:    root.mainloop()
```

语句 39~41 是设置 Treeview 的标题，语句 47、48 是设置一个信息标签。

2. 测试程序

执行程序，输入用户名称后单击"显示文件"按钮，效果如图 5-9 所示，云盘的 xxx 文件夹中的所有文件被显示在一张表格中。

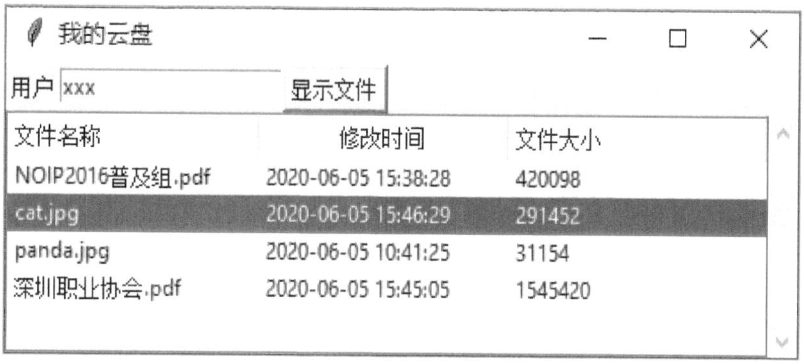

图 5-9 显示文件

任务 5.2.3 设计下载文件客户端

一、任务描述

在文件被显示出来后，可以选择其中一个文件进行下载。

二、知识要点

1. 确定下载的文件

TreeView 控件 listView 的 selection() 可以得到所有选择文件的 ID 值，由于已经设置选择模式 selectmode = tk.BROWSE，因此这个集合最多只有一个值。

使用 listView.item(ID，"values") 进一步获取该 ID 值的 values 列表，它包含文件名称、修改日期与文件大小。

根据这些规则，下面程序可以获取选择文件名称 fileName。

```
ID=listView.selection()
if ID:
     fileName=listView.item(ID[0],"values")[0]
```

2. 使用保存文件对话框

tkinter 中有 filedialog 文件对话框，使用下面程序。

```
fdest=filedialog.asksaveasfilename(title=" 文件另存 ",initialfile=fileName)
```

就可以打开一个文件对话框，其中 initialfile 是初始化的文件名称，fdest 就是最后的保存文件的名称。

三、任务实施

1. 编写程序

在显示文件程序的基础上增加一个下载文件按钮 downloadButton，单击这个按钮就执行 downloadSelectFile 函数进行文件下载，程序如下。

```
1:   import tkinter as tk
2:   from tkinter import ttk
3:   from tkinter import filedialog
4:   import os
5:   import datetime
6:   import boto3
7:   import sys

8:   def showFileList():
9:       user=txtUser.get()
10:       if user!="":
11:           try:
12:               IDS=listView.get_children("")
13:               for ID in IDS:
14:                   listView.delete(ID)
15:               client = boto3.client("s3")
16:               resp=client.list_objects(Bucket="cloud.disk.
bucket",Prefix=user+"/")
17:               if "Contents" in resp:
18:                   for c in resp["Contents"]:
19:                       fileName=c["Key"][len(user+"/"):]
20:                       dt=(c["LastModified"]+datetime.timedelta(hours = 8)).
```

```
    strftime("%Y-%m-%d %H:%M:%S")
21:                         listView.insert("",tk.END,values=[fileName,dt,c["Size"]])
22:             except Exception as err:
23:                 print(err)
24:         else:
25:             diskMsg["text"]="请输入用户名称"

26:    def downloadSelectFile():
27:        try:
28:            user=txtUser.get()
29:            ID=listView.selection()
30:            if ID and user!="":
31:                fileName=listView.item(ID,"values")[0]
32:                    fdest=filedialog.asksaveasfilename(title="文件另存",
    initialfile=fileName)
33:                if fdest:
34:                    client = boto3.client("s3")
35:                        resp=client.get_object(Bucket="cloud.disk.
    bucket",Key=user+"/"+fileName)
36:                    data=resp["Body"].read()
37:                    fobj=open(fdest,"wb")
38:                    fobj.write(data)

39:                    fobj.close()
40:                    diskMsg["text"]="下载文件成功"
41:             else:
42:                 diskMsg["text"]="请选择要下载的文件"
43:        except Exception as err:
44:            print(err)

45:    root =tk.Tk()
46:    root.title('我的云盘')
47:    frmUpload=tk.Frame(root)
48:    frmUpload.pack(anchor=tk.W)
49:    tk.Label(frmUpload,text="用户").grid(row=0,column=0)
50:    txtUser=tk.Entry(frmUpload)
51:    txtUser.insert(tk.END,"xxx")
52:    txtUser.grid(row=0,column=1)
53:    showButton=tk.Button(frmUpload,text="显示文件",command=showFileList)
54:    showButton.grid(row=0,column=2)
55:    downloadButton=tk.Button(frmUpload,text="下载文件",command=downloadSelectFile)
56:    downloadButton.grid(row=0,column=3)

57:    frmDisk=tk.Frame(root)
58:    frmDisk.pack(expand=1,fill=tk.BOTH)
59:    listView=ttk.Treeview(frmDisk,show="headings",columns=["Name","LastModified","Size"],selectmode = tk.BROWSE,height=5)
60:    listView.heading("Name",text="文件名称",anchor=tk.W)
```

```
61:    listView.heading("LastModified",text=" 修改时间 ")
62:    listView.heading("Size",text=" 文件大小 ",anchor=tk.W)

63:    #----vertical scrollbar------------
64:    vbar = ttk.Scrollbar(frmDisk,orient=tk.VERTICAL,command=listView.yview)
65:    listView.configure(yscrollcommand=vbar.set)
66:    vbar.pack(side=tk.RIGHT,fill=tk.Y)
67:    listView.pack(expand=1,fill=tk.BOTH)

68:    diskMsg=tk.Label(root,fg="red")
69:    diskMsg.pack(side=tk.BOTTOM)

70:    root.mainloop()
```

语句 29 获取选择项目的 ID 号，语句 31 获取要下载的文件名称，语句 32 启动文件保存对话框，语句 35 从云盘下载文件，数据保存到本地文件。

2. 测试程序

执行程序，输入用户名称，单击"显示文件"按钮后显示出所有文件，选中一个要下载的文件，单击"下载文件"按钮就可以下载所要的文件，如图 5-10 所示。

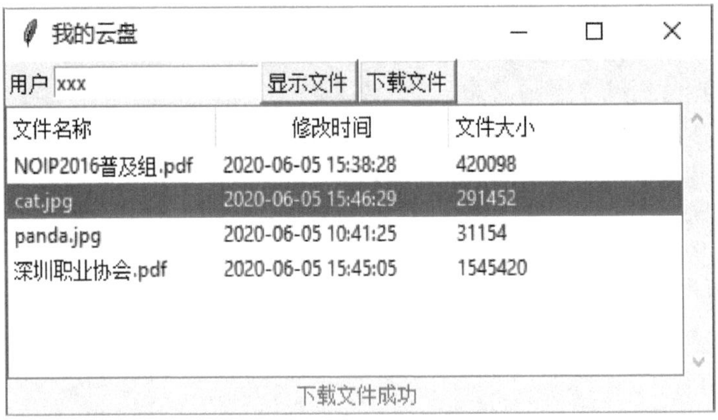

图 5-10　下载文件

任务 5.2.4　设计云盘客户端程序

一、任务描述

通过前面的上传文件、显示文件、下载文件等客户端的程序设计，本任务要求把它们整合在一起，并加上删除文件的功能，设计一个比较完整的云盘客户端程序。

二、知识要点

程序中增加一个删除文件的按钮 deleteButton，单击它就调用 deleteSelectFile 函数删除选择的文件。除了单击"显示文件"按钮能显示文件外，设计程序启动时就调用 showFileList 函数显示所有的文件列表，每次上传文件和删除文件后都调用 showFileList 重新刷新文件列表。

三、任务实施

1. 编写程序

根据前面的知识，完整的客户端程序编写如下。

```
1:  import tkinter as tk
2:  from tkinter import ttk
3:  from tkinter import filedialog
4:  import os
5:  import datetime
6:  import boto3
7:  import sys

8:  def selectFile():
9:      fileName=filedialog.askopenfilename(title=u'选择文件')
10:     uploadFile["text"]=fileName

11: def uploadSelectFile():
12:     user=txtUser.get()
13:     msg=""
14:     fileName=uploadFile["text"]
15:     if user!="" and fileName!="" and os.path.exists(fileName):
16:         try:
17:             fobj=open(fileName,"rb")
18:             data=fobj.read()
19:             fobj.close()
20:             p=fileName.rfind("/")
21:             if p==-1:
22:                 p=fileName.rfind("\\")
23:             fileName=fileName[p+1:]
24:             client = boto3.client("s3")
25:             client.put_object(Bucket="cloud.disk.bucket",
26:                 Key=user+"/"+fileName,
27:                 Body=data)
28:             msg="上传文件成功"
29:             uploadFile["text"]=""
30:             showFileList()
31:         except Exception as err:
32:             msg=str(err)
33:     else:
34:         msg="请保证用户名称与上传的文件的有效性"
35:     diskMsg["text"]=msg

36: def showFileList():
37:     user=txtUser.get()
38:     if user!="":
39:         try:
40:             IDS=listView.get_children("")
```

```
41:                  for ID in IDS:
42:                      listView.delete(ID)
43:              client = boto3.client("s3")
44:                  resp=client.list_objects(Bucket="cloud.disk.
bucket",Prefix=user+"/")
45:              if "Contents" in resp:
46:                  for c in resp["Contents"]:
47:                      fileName=c["Key"][len(user+"/"):]
48:                      dt=(c["LastModified"]+datetime.timedelta(hours = 8)).
strftime("%Y-%m-%d %H:%M:%S")
49:                      listView.insert("",tk.END,values=[fileName,dt,c["Size"]])
50:          except Exception as err:
51:              print(err)
52:      else:
53:          diskMsg["text"]="请输入用户名称"


54:  def downloadSelectFile():
55:      try:
56:          user=txtUser.get()
57:          ID=listView.selection()
58:          if ID and user!="":
59:              fileName=listView.item(ID,"values")[0]
60:              fdest=filedialog.asksaveasfilename(title="文件另存",
initialfile=fileName)
61:              if fdest:
62:                  client = boto3.client("s3")
63:                      resp=client.get_object(Bucket="cloud.disk.
bucket",Key=user+"/"+fileName)
64:                  data=resp["Body"].read()
65:                  fobj=open(fdest,"wb")
66:                  fobj.write(data)
67:                  fobj.close()
68:                  diskMsg["text"]="下载文件成功"
69:          else:
70:              diskMsg["text"]="请选择要下载的文件"
71:      except Exception as err:
72:          print(err)


73:  def deleteSelectFile():
74:      try:
75:          user=txtUser.get()
76:          ID=listView.selection()
77:          if ID and user!="":
78:              fileName=listView.item(ID,"values")[0]
79:              client = boto3.client("s3")
80:                  resp=client.delete_object(Bucket="cloud.disk.
bucket",Key=user+"/"+fileName)
```

```
81:                    diskMsg["text"]=" 删除文件成功 "
82:                    showFileList()
83:            else:
84:                    diskMsg["text"]=" 请选择要删除的文件 "
85:        except Exception as err:
86:            print(err)


87:    root =tk.Tk()
88:    root.title(' 我的云盘 ')
89:    frmUpload=tk.Frame(root)
90:    frmUpload.pack(anchor=tk.W)
91:    tk.Label(frmUpload,text=" 用户 ").grid(row=0,column=0)
92:    txtUser=tk.Entry(frmUpload)
93:    txtUser.insert(tk.END,"xxx")
94:    txtUser.grid(row=0,column=1)
95:    selectButton=tk.Button(frmUpload,text=" 选择文件 ",command=selectFile)
96:    selectButton.grid(row=1,column=0)
97:    uploadFile=tk.Label(frmUpload,text="")
98:    uploadFile.grid(row=1,column=1,sticky=tk.W)

99:    uploadButton=tk.Button(frmUpload,text=" 上传文件 ",command=uploadSelectFile)
100:   uploadButton.grid(row=2,column=0)


101:   frmDownload=tk.Frame(root)
102:   frmDownload.pack(anchor=tk.E)
103:   showButton=tk.Button(frmDownload,text=" 显示文件 ",command=showFileList)
104:   showButton.grid(row=0,column=0)
105:   deleteButton=tk.Button(frmDownload,text=" 删除文件 ",command=deleteSelectFile)
106:   deleteButton.grid(row=0,column=1)
107:   downloadButton=tk.Button(frmDownload,text=" 下载文件 ",command=downloadSelectFile)
108:   downloadButton.grid(row=0,column=2)


109:   frmDisk=tk.Frame(root)
110:   frmDisk.pack(expand=1,fill=tk.BOTH)
111:    listView=ttk.Treeview(frmDisk,show="headings",columns=["Name","LastModified","Size"],selectmode = tk.BROWSE,height=5)
112:   listView.heading("Name",text=" 文件名称 ",anchor=tk.W)
113:   listView.heading("LastModified",text=" 修改时间 ")
114:   listView.heading("Size",text=" 文件大小 ",anchor=tk.W)

115:   #----vertical scrollbar------------
116:   vbar = ttk.Scrollbar(frmDisk,orient=tk.VERTICAL,command=listView.yview)
117:   listView.configure(yscrollcommand=vbar.set)
118:   vbar.pack(side=tk.RIGHT,fill=tk.Y)
119:   listView.pack(expand=1,fill=tk.BOTH)


120:   diskMsg=tk.Label(root,fg="red")
```

```
121:    diskMsg.pack(side=tk.BOTTOM)

122:    showFileList()
123:    root.mainloop()
```

showFileList 函数负责从云盘下载文件列表并显示出来，其中语句 40 获取 listView 中所有文件的 ID 值，应用语句 41、42 删除现有的文件列表。语句 43、44 获取云盘的文件列表，语句 49 插入文件列表到 listView 中。uploadSelectFile 函数上传选择的文件，语句 24~27 负责上传文件到云盘，语句 30 调用函数 showFileList 重新刷新文件列表。函数 downloadSelectedFile 负责下载选择的文件，语句 57 获取选择文件的名称。函数 deleteSelectFile 函数负责删除选择的文件，删除成功后再次调用 showFileList 刷新现有的文件列表。

2. 测试程序

执行该程序效果如图 5-11 所示，可以进行任何用户的文件上传、下载、删除等功能。

到目前为止完成了一个云盘客户端程序的编写，实现了云盘文件的基本管理功能。但是这个程序有一个明显的缺点，它使用亚马逊云科技的一个对 S3 有完全控制权的 IAM 用户访问 S3，因此可以操作云盘的所有文件，即一个用户可以操控别的用户的文件，这显然是不合适的。因此要改进这个程序，使得一个特定的用户只能操控他自己的文件，不能操控别的用户的文件。

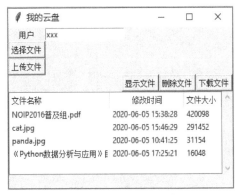

图 5-11　云盘客户端

项目 5.3　设计云盘用户管理程序

任务 5.3.1　设计用户注册服务器

一、任务描述

要实现一个特定的用户只能操控他自己的文件而不能操控别的用户的文件，就必须对用户进行注册管理，用户只有使用密码登录后才能操控自己的文件。

二、知识要点

1. 设计用户数据库

使用 Flask 编写一个 Web 服务器程序来管理云盘用户，云盘用户的信息存储在数据库中。如使用 MySQL 数据库，数据库名称设置为 cloud-disk，在其中有一张 users 表记录用户的信息，使用 SQL 语句创建这张 users 表。

```
create table users (user varchar(16) primary key, pwd varchar(128),email varchar(128))
```

其中 user、pwd、email 分别是用户名称、密码、电子邮件，用户名称 user 是关键字。为此建立一个 UserDatabase 的类管理数据库操作，这个类目前有两个静态函数，一个是用来初始化数据库表的 initialize 函数，一个是用户注册的函数 register，UserDatabase 类结构如下。

```
class UserDatabase:
    @staticmethod
    def initialize():
            pass
    @staticmethod
def register(user,pwd,email):
            pass
```

2. 加密用户密码

用户的密码存储在数据库中，如果密码是明码存储的，有权限打开数据库的管理员就可以看见用户的密码，这样做是不安全的。为了安全起见，密码 pwd 采用 sha256 加密后存储，这样即便管理员打开数据库，看到的密码也是加密后的密码，管理员并不知道原始密码是什么。在 Python 中可以使用 hashlib 的 sha256 方法加密密码，方法如下。

```
en_pwd=hashlib.sha256(pwd.encode()).hexdigest()
```

其中 pwd 是明码，加密后 en_pwd 是一个十六进制的字符串。

3. 创建用户注册服务器

使用 Flask 创建一个 Web 服务器程序 server.py，它接收客户端 POST 发送过来的 user、pwd、email 数据，然后注册到 users 表中，server.py 结构如下。

```
import flask
app=flask.Flask("web")

@app.route("/initialize")
def initialize():
    # 初始化数据库

@app.route("/register",methods=["GET","POST"])
def register():
    if flask.request.method=="POST":
        # 获取 user,pwd,email 继续注册

app.run()
```

其中 initialize 函数完成数据库初始化，register 函数获取客户端 POST 传送来的 user、pwd、email 数据后到数据库中进行注册。

三、任务实施

1. 设计用户数据库

创建一个 database.py 的文件，把数据库操作类 UserDatabase 创建在这个文件中，Database 类如下。

```
1:  import pymysql
2:  import hashlib
```

```
 3:  class UserDatabase:
 4:      host="127.0.0.1"
 5:      user="root"
 6:      password="123456"

 7:      @staticmethod
 8:      def initialize():
 9:          res=False
10:          try:
11:              con=pymysql.connect(host=UserDatabase.host,user=UserDatabase.
user,password=UserDatabase.password,charset="utf8")
12:              cursor=con.cursor(pymysql.cursors.DictCursor)
13:              try:
14:                  sql="create database clouddisk"
15:                  cursor.execute(sql)
16:                  con.commit()

17:              except:
18:                  pass
19:              con.select_db("clouddisk")
20:              try:
21:                  sql="create table users (user varchar(16) primary key,pwd
varchar(128),email varchar(128))"
22:                  cursor.execute(sql)
23:              except:
24:                  pass
25:              try:
26:                  pwd=hashlib.sha256(b"123").hexdigest()
27:                  sql="insert into users (user,pwd,email) values ('admin',%s,'')"
28:                  cursor.execute(sql,[pwd])
29:              except:
30:                  pass
31:              con.commit()
32:              con.close()
33:              res=True
34:          except Exception as err:
35:              print(err)
36:          return res

37:      @staticmethod
38:      def register(user,pwd,email):
39:          res=False
40:          try:
41:              pwd=hashlib.sha256(pwd.encode()).hexdigest()
42:              con=pymysql.connect(host=UserDatabase.host,user=UserDatabase.
user,password=UserDatabase.password,charset="utf8",db="clouddisk")
43:              cursor=con.cursor(pymysql.cursors.DictCursor)
44:              sql="insert into users (user,pwd,email) values (%s,%s,%s)"
```

```
45:                cursor.execute(sql,[user,pwd,email])
46:                con.commit()
47:                con.close()
48:                res=True
49:         except Exception as err:
50:              print(err)
51:         return res
```

语句 4~6 是 MySQL 数据库的信息，initialize 函数负责初始化工作，包括建立数据库 clouddisk、建立表格 users 并插入 admin 管理员的记录 (密码参数为 123)。register 函数负责用户注册，语句 41 对用户密码进行加密。

2. 创建 Web 服务器

创建 server.py 文件作为服务器，引入 Database 类，Web 服务器完成数据库初始化与用户注册，程序如下。

```
1:  import flask
2:  import json
3:  from database import UserDatabase

4:  app=flask.Flask("web")

5:  @app.route("/initialize")
6:  def initialize():
7:      msg=""
8:      try:
9:          if UserDatabase.initialize():
10:             msg="success"
11:          else:
12:             msg="failure"
13:      except Exception as err:
14:          msg=str(err)
15:      return json.dumps({"result":msg})

16:  @app.route("/register",methods=["GET","POST"])
17:  def register():
18:      msg=""
19:      try:
20:          if flask.request.method=="POST":
21:              user=flask.request.values.get("user","")
22:              pwd=flask.request.values.get("pwd","")
23:              email=flask.request.values.get("email","")
24:              if UserDatabase.register(user,pwd,email):
25:                  msg="success"
26:              else:
27:                  msg="failure"
28:      except Exception as err:
29:          msg=str(err)
```

```
30:        return json.dumps({"result":msg})

31:    app.debug=True
32:    app.run()
```

这个程序有两个相对地址，地址"/initialize"执行时完成数据库初始化，结果使用 json 字符串返回，如果返回 {"result"："success"} 就表示成功，不然失败。地址"/register"执行时完成用户注册。

3. 初始化数据库

在本地计算机执行 server.py 程序，用浏览器访问地址 127.0.0.1:5000/initialize，结果如图 5-12 所示，可以看到数据库初始化成功，即已经建立 clouddisk 的数据库以及 users 数据库表，并插入一条管理员 admin 的记录。

图 5-12　初始化数据库

注意开发程序的阶段可以把服务器与数据库都设置在本地计算机，在开发完成后可以进一步把服务器与数据库部署到远程服务器上。

任务 5.3.2　设计用户注册客户端

一、任务描述

在设计好用户注册服务器后，本任务要求设计用户注册的客户端进行用户注册，用户注册客户端使用图形界面。

二、知识要点

1. 创建注册选项卡

在前面曾经设计过图形界面的客户端程序，当时是把所有控件都放在主窗体中。现在使用 tkinter.ttk 的 Notebook 把主窗体分成多个 Tab 页面，专门做一个 Tab 页面来安放用户注册的控件实现用户注册。这样的考虑主要是便于扩展，将来窗体上还有用户登录页面，云盘文件管理页面等。基本的程序如下。

```
root =tk.Tk()   # 创建窗口对象
root.title('我的云盘')  #设置窗口标题
root.geometry("480x240")
tabControl = ttk.Notebook(root)  #创建 Notebook
tabControl.pack(expand=1,fill=tk.BOTH) # 把 tabControl 填满整个窗体
tabRegister = tk.Frame(tabControl)  #创建注册选项卡
```

```
tabControl.add(tabRegister, text='用户注册')    #增加注册选项卡
root.mainloop()
```

效果如图5-13所示。

2. POST 发送用户数据

如果用户的名称、密码、电子邮件分别是 user、pwd、email，那么怎么样把这些数据从客户端发送到 Web 服务器呢？实际上使用 Python 中的 urllib.request 库的 urlopen 方法就可以实现，使用格式如下。

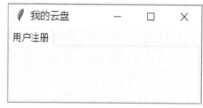

图5-13　注册选项卡

```
urllib.request.urlopen(url,data)
```

其中 url 是服务器地址，例如 url="http://127.0.0.1:5000/register"，而 data 是要发送的数据的二进制形式，data 的组成如下。

```
data="user="+urllib.parse.quote(user)+"&pwd="+ urllib.parse.quote(pwd)+"&email="
 + urllib.parse.quote(email)
```

这个格式是 Web 服务器的通用格式，其中 +urllib.parse.quote(user) 是把 user 数据进行编码，防止 user 中包含有特殊的符号。

三、任务实施

1. 设计客户端程序

根据前面的知识，设计完整的客户端程序 client.py 如下。

```
1:  import tkinter as tk
2:  from tkinter import ttk
3:  import urllib
4:  import urllib.request
5:  import json

6:  class CloudUser:
7:      url="http://127.0.0.1:5000"

8:      @staticmethod
9:      def register():
10:         msg=""
11:         try:
12:             user=registerUser.get().strip()
13:             pwd1=registerPwd1.get().strip()
14:             pwd2=registerPwd2.get().strip()
15:             email1=registerEmail.get().strip()
16:             if user!="" and pwd1!="" and pwd1==pwd2:
17:                 data="user="+urllib.parse.quote(user)+"&pwd="+ urllib.parse.
quote(pwd1)+"&email="+ urllib.parse.quote(email1)
18:                 resp=urllib.request.urlopen(CloudUser.url+"/
register",data=data.encode())
19:                 result=json.loads(resp.read().decode())
```

```
20:                        if result["result"]=="success":
21:                            msg="用户注册成功"
22:                        else:
23:                            msg="用户注册失败"
24:                    else:
25:                        msg="请确保用户与密码有效，两个密码一致"
26:                except Exception as err:
27:                    msg=str(err)

28:                registerMsg["text"]=msg


29:    root =tk.Tk()    # 创建窗口对象
30:    root.title('我的云盘')   # 设置窗口标题
31:    root.geometry("480x240")
32:    tabControl = ttk.Notebook(root)    # 创建 Notebook
33:    tabControl.pack(expand=1,fill=tk.BOTH) # 把 tabControl 填满整个窗体
34:    tabRegister = tk.Frame(tabControl)    # 创建注册选项卡
35:    tabControl.add(tabRegister, text='用户注册')   # 增加注册选项卡
36:    frmRegister=tk.Frame(tabRegister)
37:    frmRegister.pack(anchor=tk.CENTER)
38:    tk.Label(frmRegister,text="").grid(row=0,column=0,columnspan=2)
39:    tk.Label(frmRegister,text="用户名称").grid(row=1,column=0)
40:    registerUser=tk.Entry(frmRegister)
41:    registerUser.grid(row=1,column=1)
42:    tk.Label(frmRegister,text="用户密码").grid(row=2,column=0)
43:    registerPwd1=tk.Entry(frmRegister,show="*")
44:    registerPwd1.grid(row=2,column=1)
45:    tk.Label(frmRegister,text="确认密码").grid(row=3,column=0)
46:    registerPwd2=tk.Entry(frmRegister,show="*")
47:    registerPwd2.grid(row=3,column=1)
48:    tk.Label(frmRegister,text="电子邮件").grid(row=4,column=0)
49:    registerEmail=tk.Entry(frmRegister)
50:    registerEmail.grid(row=4,column=1)
51:    registerButton=tk.Button(frmRegister,text="注册",command=CloudUser.register)
52:    registerButton.grid(row=5,columnspan=2,sticky=tk.E)
53:    registerMsg=tk.Label(tabRegister,text="",fg="red")
54:    registerMsg.pack(side=tk.BOTTOM)

55:    root.mainloop()
```

　　语句 32 创建一个 tabControl 卡片容器，语句 33 把它放在窗体上并填满窗体。语句 34 创建一个 tabRegister 卡片，语句 35 把 tabRegister 加到 tabControl 中，这样就创建好了一张卡片。语句 36 在 tabRegister 中创建一个 frmRegister 的容器，下面的各个控件全部布局在 frmRegister 中。

2. 测试程序

　　先执行服务器程序 server.py，保证 web 服务已经打开，然后执行客户端程序 client.py，效果如图 5-14 所示。

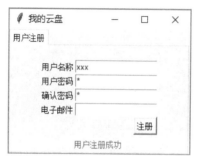

图 5-14　用户注册

任务 5.3.3　设计用户登录服务器

一、任务描述

在设计好用户注册服务器与客户端后，用户就可以注册成为云盘用户，接下来就可以登录到云盘。

二、知识要点

用户登录与注册非常相似，在服务器端的 database.py 中 UserDatabase 类设计一个 login 函数，同时在 server.py 的设计一个接收 "/login" 地址相应的 Web 接口就可以了。

三、任务实施

1. 设计用户登录函数

设计 UserDatabase 类的用户注册函数 login 如下（为了减少篇幅，在程序中省略了 initialize 与 register 的具体代码）。

```
1:   import pymysql
2:   import hashlib

3:   class UserDatabase:
4:       host="127.0.0.1"
5:       user="root"
6:       password="123456"

7:       @staticmethod
8:       def login(user,pwd):
9:           res="failure"
10:          email=""
11:          try:
12:              pwd=hashlib.sha256(pwd.encode()).hexdigest()
13:              con=pymysql.connect(host=UserDatabase.host,user=UserDatabase.
user,password=UserDatabase.password,charset="utf8",db="clouddisk")
14:              cursor=con.cursor(pymysql.cursors.DictCursor)
15:              sql="select * from users where user=%s and pwd=%s"
16:              cursor.execute(sql,[user,pwd])
17:              row=cursor.fetchone()
```

```
18:            if row:
19:                res="success"
20:                email=row["email"]
21:            con.close()
22:        except Exception as err:
23:            print(err)
24:        return {"result":res,"email":email}
```

注意这个 login 函数返回登录的状态 result 与登录用户的 email，让这个函数返回 email 是为了在后面用户信息更新时使用。

2. 设计用户登录接口

在 server.py 中设计"/login"地址的用户登录接口如下（为了减少篇幅，在程序中省略了 initialize 与 register 的具体代码）。

```
1:   import flask
2:   import json
3:   from database import UserDatabase

4:   app=flask.Flask("web")

5:   @app.route("/login",methods=["GET","POST"])
6:   def login():
7:       res={"result":"","email":""}
8:       try:
9:           if flask.request.method=="POST":
10:              user=flask.request.values.get("user","")
11:              pwd=flask.request.values.get("pwd","")
12:              res=UserDatabase.login(user,pwd)
13:      except Exception as err:
14:          res["result"]=str(err)
15:      return json.dumps(res)

16:  app.debug=True
17:  app.run()
```

login 函数值接收 POST 用户数据登录，语句 9 判断是否是 POST 方法提交。

任务 5.3.4　设计用户登录客户端

一、任务描述

在设计好用户登录服务器后，就可以设计用户注册的客户端进行用户注册了，用户登录客户端使用图形界面。

二、知识要点

1. 创建登录选项卡

使用 tkinter.ttk 的 Notebook 创建一个选项卡 tabLogin，把登录的控件放在 tabLogin 中，程序

启动时显示登录的选项卡 tabLogin。

2. POST 发送用户数据

如果用户名称、密码分别是 user、pwd，那么发送数据程序如下。

```
data= "user=" +urllib.parse.quote(user)+ "&pwd=" + urllib.parse.quote(pwd)
```

三、任务实施

1. 设计客户端程序

根据前面的知识，设计完整的客户端程序 client.py 如下。

```
1:   import tkinter as tk
2:   from tkinter import ttk
3:   import urllib
4:   import urllib.request
5:   import json

6:   class CloudUser:

7:       url=»http://127.0.0.1:5000»

8:       @staticmethod
9:       def login():
10:          msg=""
11:          try:
12:              user=loginUser.get().strip()
13:              pwd=loginPwd.get().strip()
14:              if user!="" and pwd!="":
15:                  data="user="+urllib.parse.quote(user)+"&pwd="+ urllib.parse.quote(pwd)
16:                  resp=urllib.request.urlopen(CloudUser.url+"/login",data=data.encode())
17:                  result=json.loads(resp.read().decode())
18:                  if result["result"]=="success":
19:                      msg="用户登录成功"
20:                  else:
21:                      msg="用户登录失败"
22:              else:
23:                  msg="请确保用户与密码有效"
24:          except Exception as err:
25:              msg=str(err)
26:          loginMsg["text"]=msg

27:  root =tk.Tk()   # 创建窗口对象
28:  root.title('我的云盘')   #设置窗口标题
29:  root.geometry("480x240")
30:  tabControl = ttk.Notebook(root)   #创建 Notebook
31:  tabControl.pack(expand=1,fill=tk.BOTH) # 把 tabControl 填满整个窗体
```

```
32:    #login
33:    tabLogin = tk.Frame(tabControl)
34:    tabControl.add(tabLogin, text='用户登录')
35:    frmLogin=tk.Frame(tabLogin)
36:    frmLogin.pack(anchor=tk.CENTER)
37:    tk.Label(frmLogin,text="").grid(row=0,column=0,columnspan=2)
38:    tk.Label(frmLogin,text="用户名称").grid(row=1,column=0)
39:    tk.Label(frmLogin,text="用户密码").grid(row=2,column=0)
40:    loginUser=tk.Entry(frmLogin)
41:    loginUser.grid(row=1,column=1)
42:    loginPwd=tk.Entry(frmLogin,show="*")
43:    loginPwd.grid(row=2,column=1)
44:    loginButton=tk.Button(frmLogin,text="登录",command=CloudUser.login)
45:    loginButton.grid(row=3,columnspan=2,sticky=tk.E)
46:    loginMsg=tk.Label(tabLogin,text="",fg="red")
47:    loginMsg.pack(side=tk.BOTTOM)

48:    root.mainloop()
```

用户登录的界面与用户注册的类似。语句 15、16 向服务器 POST 发送用户名称与密码，语句 17 获取服务器返回的结果。

2. 测试程序

选择登录选项卡，输入用户名称与密码就可以进行登录操作，如图 5-15 所示。

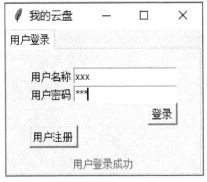

图 5-15　用户登录

任务 5.3.5　设计用户信息服务器

一、任务描述

注册的用户可以修改自己的密码与电子邮件等用户信息，需要设计服务器与客户端程序完成这个功能。

二、知识要点

用户信息修改与注册非常相似，在服务器端的 database.py 中 UserDatabase 类设计一个 update 函数，同时在 server.py 设计一个接收 "/update" 地址相应的 Web 接口就可以了。

三、任务实施

1. 设计更新用户信息函数

这个函数命名为 update，在用户名称与旧密码正确时才可以修改用户信息。

```
1:   import pymysql
2:   import hashlib

3:   class UserDatabase:
4:       host="127.0.0.1"
5:       user="root"
6:       password="123456"

7:       @staticmethod
8:       def update(user,pwd1,pwd2,email):
9:           res=False
10:          try:
11:                  pwd1=hashlib.sha256(pwd1.encode()).hexdigest()
12:                  pwd2=hashlib.sha256(pwd2.encode()).hexdigest()
13:                      con=pymysql.connect(host=UserDatabase.host,user=UserDatabase.
user,password=UserDatabase.password,charset="utf8",db="clouddisk")
14:                  cursor=con.cursor(pymysql.cursors.DictCursor)
15:                  sql="update users set pwd=%s,email=%s where user=%s and pwd=%s"
16:                  cursor.execute(sql,[pwd2,email,user,pwd1])
17:                  if cursor.rowcount>0:
18:                      res=True
19:                  con.commit()
20:  con.close()
21:          except Exception as err:
22:              print(err)
23:          return res
```

2. 设计更新用户信息接口

这个接口地址是 "/update"，用于接收客户端 POST 传递的数据。

```
1:   import flask
2:   import json
3:   from database import UserDatabase

4:   app=flask.Flask("web")

5:   @app.route("/update",methods=["GET","POST"])
6:   def update():
7:       msg=""
8:       try:
9:           if flask.request.method=="POST":
10:              user=flask.request.values.get("user","")
11:              pwd1=flask.request.values.get("pwd1","")
12:              pwd2=flask.request.values.get("pwd2","")
```

```
13:                    email=flask.request.values.get("email","")
14:                    if UserDatabase.update(user,pwd1,pwd2,email):
15:                        msg="success"
16:                    else:
17:                        msg="failure"
18:            except Exception as err:
19:                msg=str(err)
20:            return json.dumps({"result":msg})

21:    app.debug=True
22:    app.run()
```

任务 5.3.6 设计用户信息客户端

一、任务描述

设计一个客户端程序，完成用户密码重置、信息修改等功能。

二、知识要点

创建一个用户信息的选项卡 tabInfo，在 tabInfo 中放置修改信息的控件，方法与前面的类似，不再赘述。

三、任务实施

1. 设计客户端程序

创建一个用户信息 tabInfo 选项卡，完整的客户端程序如下。

```
1:  import tkinter as tk
2:  from tkinter import ttk
3:  import urllib
4:  import urllib.request
5:  import json

6:  class CloudUser:
7:      url="http://127.0.0.1:5000"

8:      @staticmethod
9:      def update():
10:         msg=""
11:         try:
12:             user=infoUser.get().strip()
13:             pwd1=infoPwd1.get().strip()
14:             pwd2=infoPwd2.get().strip()
15:             email=infoEmail.get().strip()
16:             if user!="" and pwd1!="" and pwd2!="":
17:                 data="user="+urllib.parse.quote(user)+"&pwd1="+ urllib.parse.
quote(pwd1)
18:                 data=data+"&pwd2="+ urllib.parse.quote(pwd2)+"&email="+ urllib.
```

```
parse.quote(email)
19:                        resp=urllib.request.urlopen(CloudUser.url+"/update",data=data.
encode())
20:                        result=json.loads(resp.read().decode())
21:                        if result["result"]=="success":
22:                            msg="信息更新成功"
23:                        else:
24:                            msg="信息更新失败"
25:                    else:
26:                        msg="请确保用户与密码有效"
27:            except Exception as err:
28:                msg=str(err)
29:            infoMsg["text"]=msg


30:    root =tk.Tk()   # 创建窗口对象
31:    root.title('我的云盘')   # 设置窗口标题
32:    root.geometry("480x240")
33:    tabControl = ttk.Notebook(root)   # 创建 Notebook
34:    tabControl.pack(expand=1,fill=tk.BOTH) # 把 tabControl 填满整个窗体

35:    tabInfo = tk.Frame(tabControl)

36:    tabControl.add(tabInfo, text='用户信息')
37:    frmInfo=tk.Frame(tabInfo)
38:    frmInfo.pack(anchor=tk.CENTER)
39:    tk.Label(frmInfo,text="").grid(row=0,column=0,columnspan=2)
40:    tk.Label(frmInfo,text="用户名称").grid(row=1,column=0)
41:    infoUser=tk.Entry(frmInfo)
42:    infoUser.grid(row=1,column=1)
43:    tk.Label(frmInfo,text="目前密码").grid(row=2,column=0)
44:    infoPwd1=tk.Entry(frmInfo,show="*")
45:    infoPwd1.grid(row=2,column=1)
46:    tk.Label(frmInfo,text="新的密码").grid(row=3,column=0)
47:    infoPwd2=tk.Entry(frmInfo,show="*")
48:    infoPwd2.grid(row=3,column=1)
49:    tk.Label(frmInfo,text="电子邮件").grid(row=4,column=0)
50:    infoEmail=tk.Entry(frmInfo)
51:    infoEmail.grid(row=4,column=1)
52:    infoButton=tk.Button(frmInfo,text="更新",command=CloudUser.update)
53:    infoButton.grid(row=5,columnspan=2,sticky=tk.E)
54:    infoMsg=tk.Label(tabInfo,text="",fg="red")
55:    infoMsg.pack(side=tk.BOTTOM)

56:    root.mainloop()
```

在这个程序中设计了 CloudUser 类来管理用户的数据，update 函数负责更新用户信息。

2. 测试程序

程序启动后输入用户名称，再输入目前密码、新的密码和电子邮件信息，单击"更新"按

钮就可以完成用户密码修改与电子邮件更新，如图 5-16 所示。

图 5-16　更新信息

　设计云盘文件管理程序

任务 5.4.1　服务器获取亚马逊云科技访问令牌

一、任务描述

前面设计的云盘程序使用亚马逊云科技的一个对 S3 有完全控制权的 IAM 用户访问 S3 中的云盘，这就使得一个用户可以操控别的用户的文件，这显然是不合适的，客户端访问云盘的权限必须受控制。

二、知识要点

1. 设计临时令牌方案

亚马逊云科技提供了一种 STS 服务发放临时令牌（token）的访问机制，可以解决用户权限的问题，它的工作过程如下。

1）设计一个云盘用户管理 Web 服务器，它负责云盘用户的注册、登录等管理，不妨称这个服务器为代理服务器。

2）代理服务器拥有一个亚马逊云科技 IAM 用户文件 accessKeys.csv（包含 Access Key ID 与 Secret Access Key），这个 IAM 用户有 S3 的完全控制权，同时还有向亚马逊云科技申请 STS 服务发放临时令牌的权利。

3）代理服务器连同 accessKeys.csv 被部署到远程的一台计算机上，从物理上与一般云盘终端用户彻底分割。

4）终端用户访问云盘时需要先登录代理服务器，通过认证后代理服务器就向亚马逊云科技申请一个临时令牌，这个令牌其实是一个临时 IAM 用户，而这个 IAM 用户的访问权限只限于操控云盘中他自己的文件夹，不能操控别的用户的文件夹。

5）代理服务器申请到临时令牌后把这个令牌发放给登录的终端用户，该用户使用这个令牌操控云盘中他自己文件夹的文件。

2. 代理服务器的亚马逊云科技 IAM 用户权限

代理服务器拥有的 accessKeys.csv 中的 IAM 用户必须绑定如下 JSON 的一个策略（policy）。

```
{
    "Version": "2015-10-17",
    "Statement": [
        {
            "Effect": "Allow",
            "Action": ["sts:GetFederationToken","s3:*"],
            "Resource": "*"
        }
    ]
}
```

即这个 IAM 用户有 S3 的完全控制权，同时有执行 STS 的 GetFederationToken 函数的权利，而 GetFederationToken 函数就是申请临时令牌的函数。

3. 代理服务器申请临时令牌

代理服务器使用 accessKeys.csv 的 IAM 用户创建一个 STS 服务的客户端 sts，然后调用 get_federation_token 函数申请临时令牌，主要程序如下。

```
def getToken(user):
    policy={
    "Version": "2012-10-17",
    "Statement": [
        {
            "Effect": "Allow",
            "Action" : [ "s3:*" ],
            "Resource": "arn:aws-cn:s3:::cloud.disk.bucket/"+user+"/*"
        },
        {
            "Effect": "Allow",
            "Action": "s3:ListBucket",
            "Resource": "arn:aws-cn:s3:::cloud.disk.bucket"
        }]
    }
    sts = boto3.client('sts')
    resp= sts.get_federation_token(
        Name='MyTemporaryToken',
        Policy=json.dumps(policy),
        DurationSeconds=7200
    )
    credentials=resp["Credentials"]
    token={}
    token["keyID"]=credentials["AccessKeyId"]
    token["secretKey"]=credentials["SecretAccessKey"]
    token["sessionToken"]=credentials["SessionToken"]
```

```
       return token
```

在调用 get_federation_token 时由三个重要参数：

（1）Name，这个是一个名称，可以自己确定。

（2）Policy，这个是用户的权限策略，已经定义：

```
{
    "Effect": "Allow",
    "Action": ["s3:*"],
    "Resource": "arn:aws-cn:s3:::cloud.disk.bucket/"+user+"/*"
}
```

即这个 user 用户只有云盘中 user+ "/" 文件夹的文件控制权，没有别的文件夹的控制权。同时还定义：

```
{
    "Effect": "Allow",
    "Action": "s3:ListBucket",
    "Resource": "arn:aws-cn:s3:::cloud.disk.bucket"
}
```

这个令牌仅仅有列举 cloud.disk.bucket 存储桶中 user+ "/" 文件夹的所有文件，即用户 user 只能操控他自己的文件，同时也不能查看除了 cloud.disk.bucket 存储桶之外的存储桶文件。

（3）DurationSeconds，这个参数设置临时令牌的有效时间，默认为 3600s，这里设置为 7200s，过了这个时间该令牌自动作废。

4.代理服务器发放临时令牌

代理服务器申请到临时令牌后就可以通过一个 Web 接口发放这个令牌。在发放令牌前，用户必须要登录认证，不然不能取得这个令牌。

三、任务实施

根据这些原则编写的服务器临时令牌程序如下。

```
1:  import flask
2:  import json
3:  import boto3
4:  import sys
5:  from database import UserDatabase

6:  app=flask.Flask("web")

7:  def getToken(user):
8:      policy={
9:      "Version": "2012-10-17",
10:      "Statement": [
11:          {
12:              "Effect": "Allow",
13:              "Action": ["s3:*"],
```

```
14:                    "Resource": "arn:aws-cn:s3:::cloud.disk.bucket/"+user+"/*"
15:                },
16:                {
17:                    "Effect": "Allow",
18:                    "Action": "s3:ListBucket",
19:                    "Resource": "arn:aws-cn:s3:::cloud.disk.bucket"
20:                }]
21:        }
22:        sts = boto3.client('sts')
23:        resp= sts.get_federation_token(
24:            Name='MyTemporaryToken',
25:            Policy=json.dumps(policy),
26:            DurationSeconds=7200
27:        )
28:        credentials=resp["Credentials"]
29:        token={}
30:        token["keyID"]=credentials["AccessKeyId"]
31:        token["secretKey"]=credentials["SecretAccessKey"]
32:        token["sessionToken"]=credentials["SessionToken"]
33:        return token


34: @app.route("/getToken",methods=["GET","POST"])
35: def getTemporaryToken():
36:        token={}

37:        try:
38:            if flask.request.method=="POST":
39:                user=flask.request.values.get("user","")
40:                pwd=flask.request.values.get("pwd","")
41:                res=UserDatabase.login(user,pwd)
42:                if res["result"]=="success":
43:                    token=getToken(user)
44:        except Exception as err:
45:            print(err)
46:        return json.dumps(token)

47: app.debug=True
48: app.run()
```

在访问"服务器地址 /getToken"后用户完成登录，登录成功后调用 getToken 函数获取用户的临时令牌。

任务 5.4.2　客户端使用临时令牌

一、任务描述

利用客户端程序，登录代理服务器，获取临时令牌查看云盘中自己目录下的文件。

二、知识要点

1. 创建文件选项卡

在前面的客户端程序中已经设计了用户登录选项卡 tabLogin，现在再增加用户文件选项卡 tabDisk，通过它查看用户的文件。

2. 获取与使用临时令牌

利用客户端，使用 user 用户名与 pwd 密码登录代理服务器成功后获取临时令牌 token，然后使用该令牌创建访问 S3 的客户端，代码如下。

```
resp=urllib.request.urlopen(CloudUser.url+"/getToken",data=data.encode())
token=json.loads(resp.read().decode())
    if "keyID" in token.keys():
            client= boto3.client("s3")
```

这个客户端 client 的权限是临时令牌给的权限，只能控制获取该令牌的用户的云盘文件夹的文件，使用以下代码：

```
resp=client.list_objects(Bucket="cloud.disk.bucket",Prefix=CloudDisk.user+"/")
```

就可以查看到该 user 用户的文件列表。

三、任务实施

1. 设计客户端程序

为了简化客户端程序，只设计了用户登录与查看文件两个选项卡，程序如下。

```
1:   import tkinter as tk
2:   from tkinter import ttk
3:   import urllib
4:   import urllib.request
5:   import json
6:   import datetime
7:   import boto3

8:   class CloudUser:
9:       url="http://127.0.0.1:5000"

10:       @staticmethod
11:       def login():
12:           msg=""
13:           try:
14:               user=loginUser.get().strip()
15:               pwd=loginPwd.get().strip()
16:               if user!="" and pwd!="":
17:                   data="user="+urllib.parse.quote(user)+"&pwd="+ urllib.parse.quote(pwd)
18:                   resp=urllib.request.urlopen(CloudUser.url+"/login",data=data.encode())
19:                   result=json.loads(resp.read().decode())
20:                   if result["result"]=="success":
```

```
21:                          #msg="用户登录成功"
22:                              resp=urllib.request.urlopen(CloudUser.url+"/
getToken",data=data.encode())
23:                         token=json.loads(resp.read().decode())
24:                         if "keyID" in token.keys():
25:                             CloudDisk.user=user
26:                             CloudDisk.client= boto3.client("s3")
27:
28:
29:
30:
31:                             tabControl.hide(tabLogin)
32:                             tabControl.select(tabDisk)
33:                             CloudDisk.showFileList()
34:                         else:
35:                             msg="获取临时令牌失败"
36:                     else:
37:                         msg="用户登录失败"
38:             else:
39:                 msg="请确保用户与密码有效"
40:         except Exception as err:
41:             msg=str(err)
42:         loginMsg["text"]=msg


43:  class CloudDisk:
44:      client=None

45:      user=""

46:      @staticmethod
47:      def showFileList():
48:          try:
49:              IDS=listView.get_children("")
50:              for ID in IDS:
51:                  listView.delete(ID)
52:                  resp=CloudDisk.client.list_objects(Bucket="cloud.disk.
bucket",Prefix=CloudDisk.user+"/")
53:              if "Contents" in resp:
54:                  for c in resp["Contents"]:
55:                      fileName=c["Key"][len(CloudDisk.user+"/"):]
56:                      dt=(c["LastModified"]+datetime.timedelta(hours = 8)).
strftime("%Y-%m-%d %H:%M:%S")
57:                      listView.insert("",tk.END,values=[fileName,dt,c["Size"]])
58:          except Exception as err:
59:              print(err)

60:  root =tk.Tk()  # 创建窗口对象
61:  root.title('我的云盘')  #设置窗口标题
62:  root.geometry("480x240")
63:  tabControl = ttk.Notebook(root)  # 创建 Notebook
64:  tabControl.pack(expand=1,fill=tk.BOTH) #把 tabControl 填满整个窗体
```

```
65:    #login
66:    tabLogin = tk.Frame(tabControl)
67:    tabControl.add(tabLogin, text='用户登录')
68:    frmLogin=tk.Frame(tabLogin)
69:    frmLogin.pack(anchor=tk.CENTER)
70:    tk.Label(frmLogin,text="").grid(row=0,column=0,columnspan=2)
71:    tk.Label(frmLogin,text="用户名称").grid(row=1,column=0)
72:    tk.Label(frmLogin,text="用户密码").grid(row=2,column=0)
73:    loginUser=tk.Entry(frmLogin)
74:    loginUser.grid(row=1,column=1)
75:    loginPwd=tk.Entry(frmLogin,show="*")
76:    loginPwd.grid(row=2,column=1)
77:    loginButton=tk.Button(frmLogin,text="登录",command=CloudUser.login)
78:    loginButton.grid(row=3,columnspan=2,sticky=tk.E)
79:    #tk.Button(frmLogin,text="用户注册",command=CloudUser.showRegister).grid(row=4,
columnspan=2,sticky=tk.W)
80:    loginMsg=tk.Label(tabLogin,text="",fg="red")
81:    loginMsg.pack(side=tk.BOTTOM)

82:    #disk
83:    tabDisk =tk.Frame(tabControl)
84:    tabControl.add(tabDisk,text="我的文件")
85:    frmDisk=tk.Frame(tabDisk)
86:    frmDisk.pack(expand=1,fill=tk.BOTH)
87:    listView=ttk.Treeview(frmDisk,show="headings",columns=["Name","LastModified","Si
ze"],selectmode = tk.BROWSE,height=5)
88:    listView.heading("Name",text="文件名称",anchor=tk.W)
89:    listView.heading("LastModified",text="修改时间")
90:    listView.heading("Size",text="文件大小",anchor=tk.W)
91:    #----vertical scrollbar------------
92:    vbar = ttk.Scrollbar(frmDisk,orient=tk.VERTICAL,command=listView.yview)
93:    listView.configure(yscrollcommand=vbar.set)
94:    vbar.pack(side=tk.RIGHT,fill=tk.Y)
95:    listView.pack(expand=1,fill=tk.BOTH)
96:    diskMsg=tk.Label(tabDisk,fg="red")
97:    diskMsg.pack(side=tk.BOTTOM)

98:    tabControl.hide(tabDisk)
99:    root.mainloop()
```

CloudUser 类的 login 函数负责访问服务器的 /login 地址实现用户登录，登录成功后访问服务器的 /getToken 地址获取令牌，使用这个令牌创建 CloudDisk 的 client 对象，CloudDisk 类使用这个 client 对象访问云盘，调用 showFileList 获取云盘的文件列表显示。

2. 测试程序

运行服务器程序后运行客户端程序，效果如图 5-17 所示，用户登录后就获取了临时令牌，可以访问 S3 云盘获取该用户文件夹下的全部文件，如图 5-18 所示。

图 5-17　用户登录

图 5-18　用户文件

项目 5.5　综合实训——我的云盘

一、项目功能

这个项目由四个部分组成，第一部分是 Amazon S3 的存储器，第二部分是存储用户信息的 MySQL 数据库，第三部分是一个 Web 代理服务器，第四部分就是云盘客户端。

1. S3 的云盘与账户

Amazon S3 作为文件存储器，使用它建立一个名称为 cloud.disk.bucket 的存储桶作为云盘，不同的用户在这个云盘中有不同的文件夹，用户的文件就存储在他自己的文件夹中。用户只能控制自己文件夹的文件，不能操作别的用户的文件。

在亚马逊云科技中创建一个云盘的 IAM 用户，名称为 cloud.disk.user，它绑定一个策略使得它有 S3 的完全控制权和发放临时令牌的权限，IAM 用户的信息 accesskey.csv 文件在创建 IAM 用户结束时界面下载或在 IAM 用户界面下载。

2. 云盘用户数据库

这个云盘用户数据库可以是远程的一个数据库，如 Amazon RDS 中的 MySQL 数据库。

3. 云盘代理服务器

这个 Web 服务器负责云盘用户的注册与认证，并负责管理访问亚马逊云科技的 IAM 用户文件 accessKeys.csv。所有使用云盘的用户都必须到该服务器进行注册与认证，认证通过后该服务器会从亚马逊云科技中申请到一个临时的令牌，并把这个令牌发放给申请的客户端，客户端获取令牌后就可以操作云盘了。

由于令牌是根据用户发放的，不同的用户有不同的令牌，而且令牌限制用户只能操作他自己文件夹的文件，因此云盘按文件夹被划分成各个用户所有，互不相干，这是云盘的基本安全保障。

4. 云盘客户端程序

为了让用户有更好的体验，方便管理用户云盘的文件，这个客户端程序被设计成拥有图形界面。

二、项目要点

这个项目是本单元前面各个项目的综合应用，最重要的地方是代理服务器能申请和发放亚马逊云科技的临时访问 IAM 用户令牌，客户端获取这个令牌后访问 Amazon S3 云盘存储桶。这个 IAM 用户的 Amazon S3 权限与这个用户的名称相关，用户只能访问云盘存储桶下面他自己文件夹的文件。

三、项目实施

1. 创建亚马逊云科技 IAM 用户

创建一个亚马逊云科技 IAM 用户，名称为 cloud.disk.user，该 IAM 用户有 S3 的完全控制权，而且有 STS 的 GetFederationToken 函数调用权，即绑定如下的一个策略。

```
{
    "Version": "2015-10-17",
    "Statement": [
        {
            "Effect": "Allow",
            "Action": ["sts:GetFederationToken","s3:*"],
            "Resource": "*"
        }
    ]
}
```

下载该 IAM 用户的 accessKeys.csv 文件（文件包含 Access Key ID 与 Secret Access Key 值）。

2. 设计云盘用户数据库

这个云盘用户数据库可以是远程的一个数据库，可以利用 Amazon RDS 服务创建一个 MySQL 数据库，如图 5-19 所示。

图 5-19　Amazon RDS MySQL

数据库的 host 主机、用户名称、用户密码使用 mySql.csv 文件存储，格式与 accessKeys.csv 文件类似，有两行数据，例如：

```
host,user,password
mysql01.cpcmgwzaaoab.rds.cn-northwest-1.amazonaws.com.cn,***,***
```

第一行是标题说明，第二行就是各个标题字段的数据，其中创建的 Amazon RDS MySQL 数据库的主机地址是 mysql01.cpcmgwzaaoab.rds.cn-northwest-1.amazonaws.com.cn。

3. 设计代理服务器

代理服务器包含亚马逊云科技 IAM 用户文件 accessKeys.csv 文件，一个 database.py 文件和一个 server.py 文件。

（1）设计 database.py。

这个文件主要包含一个 UserDatabase 类，它负责用户信息到数据库的数据存储与读取，远程数据库的信息从 mySql.csv 文件读取。

```
1: import pymysql
```

```
2:   import hashlib

3:   class UserDatabase:
4:       @staticmethod
5:       def readMySql():
6:           mySql={}
7:           try:
8:               fobj=open("mySql.csv","rt")
9:               rows=fobj.readlines()
10:              row=rows[1].strip().split(",")
11:              mySql["host"]=row[0]
12:              mySql["user"]=row[1]
13:              mySql["password"]=row[2]
14:          except Exception as err:
15:              print(err)
16:          return mySql

17:      @staticmethod
18:      def initialize():
19:          res=False
20:          try:
21:              mySql=UserDatabase.readMySql()
22:              con=pymysql.connect(host=mySql["host"],user=mySql["user"],password=mySql["password"],charset="utf8")
23:              cursor=con.cursor(pymysql.cursors.DictCursor)
24:              try:
25:                  sql="create database clouddisk"
26:                  cursor.execute(sql)
27:                  con.commit()
28:              except:
29:                  pass
30:              con.select_db("clouddisk")
31:              try:
32:                  sql="create table users (user varchar(16) primary key,pwd varchar(128),email varchar(128))"
33:                  cursor.execute(sql)
34:              except:
35:                  pass
36:              try:
37:                  pwd=hashlib.sha256(b"123").hexdigest()
38:                  sql="insert into users (user,pwd,email) values ('admin',%s,'')"
39:                  cursor.execute(sql,[pwd])
40:              except:
41:                  pass
42:              con.commit()
43:              con.close()
44:              res=True
45:          except Exception as err:
```

```
46:              print(err)
47:        return res


48:     @staticmethod
49:     def register(user,pwd,email):
50:         res=False
51:         try:
52:             pwd=hashlib.sha256(pwd.encode()).hexdigest()
53:             mySql=UserDatabase.readMySql()
54:             con=pymysql.connect(host=mySql["host"],user=mySql["user"],password=
mySql["password"],charset="utf8",db="clouddisk")
55:             cursor=con.cursor(pymysql.cursors.DictCursor)
56:             sql="insert into users (user,pwd,email) values (%s,%s,%s)"
57:             cursor.execute(sql,[user,pwd,email])
58:             con.commit()
59:             con.close()

60:             res=True
61:         except Exception as err:
62:             print(err)
63:        return res


64:     @staticmethod
65:     def login(user,pwd):
66:         res="failure"
67:         email=""
68:         try:
69:             pwd=hashlib.sha256(pwd.encode()).hexdigest()
70:             mySql=UserDatabase.readMySql()
71:             con=pymysql.connect(host=mySql["host"],user=mySql["user"],password=
mySql["password"],charset="utf8",db="clouddisk")
72:             cursor=con.cursor(pymysql.cursors.DictCursor)
73:             sql="select * from users where user=%s and pwd=%s"
74:             cursor.execute(sql,[user,pwd])
75:             row=cursor.fetchone()
76:             if row:
77:                 res="success"
78:                 email=row["email"]
79:             con.close()
80:         except Exception as err:
81:             print(err)
82:        return {"result":res,"email":email}


83:     @staticmethod
84:     def update(user,pwd1,pwd2,email):
85:         res=False
86:         try:
```

```
87:                    pwd1=hashlib.sha256(pwd1.encode()).hexdigest()
88:                    pwd2=hashlib.sha256(pwd2.encode()).hexdigest()
89:                    mySql=UserDatabase.readMySql()
90:                     con=pymysql.connect(host=mySql["host"],user=mySql["user"],password=
mySql["password"],charset="utf8",db="clouddisk")
91:                    cursor=con.cursor(pymysql.cursors.DictCursor)
92:                    sql="update users set pwd=%s,email=%s where user=%s and pwd=%s"
93:                    cursor.execute(sql,[pwd2,email,user,pwd1])
94:                    if cursor.rowcount>0:
95:                        res=True
96:                    con.commit()
97:                    con.close()
98:            except Exception as err:
99:                print(err)
100:         return res
```

（2）设计 server.py。

server.py 文件是一个 Flask 编写的 Web 服务器，它负责云盘与数据库的初始化，用户的注册、认证与令牌的发放。

```
1:   import flask
2:   import json
3:   import boto3
4:   import sys
5:   from database import UserDatabase

6:   app=flask.Flask("web")

7:   @app.route("/initialize")
8:   def initialize():
9:       msg1=""
10:      msg2=""
11:      msg=""
12:      try:
13:          if UserDatabase.initialize():
14:              msg1="success"
15:          else:
16:              msg1="failure"
17:
18:          client = boto3.client("s3")
19:
20:
21:
22:          try:
23:              client.create_bucket(Bucket='cloud.disk.bucket',ACL="private",
24:                      CreateBucketConfiguration={'LocationConstraint': 'cn-
northwest-1'})
25:              msg2="success"
26:          except Exception as e:
27:              msg2=str(e)
28:      except Exception as err:
29:          msg=str(err)
```

```
30:         return json.dumps({"msg":msg,"database":msg1,"cloud.disk.bucket":msg2})

31: @app.route("/")
32: def index():
33:     return "<h1> 我的云盘代理服务器 </h1>"

34: @app.route("/register",methods=["GET","POST"])
35: def register():
36:     msg=""
37:     try:
38:         if flask.request.method=="POST":
39:             user=flask.request.values.get("user","")
40:             pwd=flask.request.values.get("pwd","")
41:             email=flask.request.values.get( "email" ,"" )

42:             if UserDatabase.register(user,pwd,email):
43:                 msg="success"
44:             else:
45:                 msg="failure"
46:     except Exception as err:
47:         msg=str(err)
48:     return json.dumps({"result":msg})

49: @app.route("/update",methods=["GET","POST"])
50: def update():
51:     msg=""
52:     try:
53:         if flask.request.method=="POST":
54:             user=flask.request.values.get("user","")
55:             pwd1=flask.request.values.get("pwd1","")
56:             pwd2=flask.request.values.get("pwd2","")
57:             email=flask.request.values.get("email","")
58:             if UserDatabase.update(user,pwd1,pwd2,email):
59:                 msg="success"
60:             else:
61:                 msg="failure"
62:     except Exception as err:
63:         msg=str(err)
64:     return json.dumps({"result":msg})

65: @app.route("/login",methods=["GET","POST"])
66: def login():
67:     res={"result":"","email":""}
68:     try:
69:         if flask.request.method=="POST":
70:             user=flask.request.values.get("user","")
71:             pwd=flask.request.values.get("pwd","")
```

```
72:                    res=UserDatabase.login(user,pwd)
73:        except Exception as err:
74:            res["result"]=str(err)
75:        return json.dumps(res)
76:
77:
78:
79:
80:
81:
82:
83:
84:
85:
86:    def getToken(user):
87:        policy={
88:        "Version": "2012-10-17",
89:        "Statement": [
90:            {
91:                "Effect": "Allow",
92:                "Action": ["s3:*"],
93:                "Resource": "arn:aws-cn:s3:::cloud.disk.bucket/"+user+"/*"
94:            },
95:            {
96:                "Effect": "Allow",
97:                "Action": "s3:ListBucket",
98:                "Resource": "arn:aws-cn:s3:::cloud.disk.bucket",
99:                "Condition":
100:                 {
101:                     "StringLike": {"s3:prefix": [user+"/"] }
102:                 }
103:            }]
104:        }
105:
106:        sts = boto3.client('sts')
107:
108:
109:
110:        resp= sts.get_federation_token(
111:            Name='MyTemporaryToken',
112:            Policy=json.dumps(policy),
113:            DurationSeconds=7200
114:        )
115:        credentials=resp["Credentials"]
116:        token={}
117:        token["keyID"]=credentials["AccessKeyId"]
118:        token["secretKey"]=credentials["SecretAccessKey"]
119:        token["sessionToken"]=credentials["SessionToken"]
120:        return token

121:    @app.route("/getToken",methods=["GET","POST"])
```

```
122:   def getTemporaryToken():
123:       token={}
124:       try:
125:           if flask.request.method=="POST":
126:               user=flask.request.values.get("user","")
127:               pwd=flask.request.values.get("pwd","")
128:               res=UserDatabase.login(user,pwd)
129:               if res["result"]=="success":
130:                   token=getToken(user)
131:       except Exception as err:
132:           print(err)
133:       return json.dumps(token)

134:   #app.debug=True
135:   app.run(host=" 0.0.0.0",port=5000)
```

4. 部署代理服务器

1）使用亚马逊云科技 EC2 创建一个虚拟主机，获取 IP 地址（如 52.80.205.190），在其中安装 Python 的运行环境，并安装 Flask 与 PyMySQL 库：

```
pip install flask
pip install pymysql
```

2）把 accessKeys.csv、mySql.csv、database.py、server.py 等文件复制到一个文件夹中，然后执行 server.py，启动 Web 服务器。

3）在浏览器中浏览 52.80.202.190:5000/initialize，即初始化数据库与云盘，结果如图 5-20 所示，显示成功建立了数据库 clouddisk 与云盘 cloud.disk.bucket。

图 5-20　初始化云盘

5. 设计客户端程序

客户端 client.py 是使用 Python 编写的图形化界面程序，它负责用户的注册与登录，登录后可以管理自己的云盘文件。

```
1:   import tkinter as tk
2:   from tkinter import ttk
3:   import urllib
4:   import urllib.request
5:   import json
6:   import datetime
7:   import boto3
8:   from tkinter import filedialog
9:   import tkinter.messagebox
10:  import os

11:  class CloudUser:
```

```
12:        url="http:// 52.80.205.190:5000"

13:        @staticmethod
14:        def register():
15:            msg=""
16:            try:
17:                user=registerUser.get().strip()
18:                pwd1=registerPwd1.get().strip()
19:                pwd2=registerPwd2.get().strip()
20:                email=registerEmail.get().strip()
21:                if user!="" and pwd1!="" and pwd1==pwd2:
22:                    data="user="+urllib.parse.quote(user)+"&pwd="+ urllib.parse.
quote(pwd1)+"&email="+ urllib.parse.quote(email)
23:                    resp=urllib.request.urlopen(CloudUser.url1+"/
register",data=data.encode())
24:                    result=json.loads(resp.read().decode())
25:                    if result["result"]=="success":
26:                        msg="用户注册成功"
27:                    else:
28:                        msg="用户注册失败"
29:                else:
30:                    msg="请确保用户与密码有效，两个密码一致"
31:            except Exception as err:
32:                msg=str(err)
33:            registerMsg["text"]=msg

34:        @staticmethod
35:        def update():
36:            msg=""
37:            try:
38:                user=infoUser.get().strip()
39:                pwd1=infoPwd1.get().strip()
40:                pwd2=infoPwd2.get().strip()
41:                email=infoEmail.get().strip()
42:                if user!="" and pwd1!="" and pwd2!="":
43:                    data="user="+urllib.parse.quote(user)+"&pwd1="+ urllib.parse.
quote(pwd1)
44:                    data=data+"&pwd2="+ urllib.parse.quote(pwd2)+"&email="+ urllib.
parse.quote(email)
45:                    resp=urllib.request.urlopen(CloudUser.url+"/update",data=data.
encode())
46:                    result=json.loads(resp.read().decode())
47:                    if result["result"]=="success":
48:                        msg="信息更新成功"
49:                    else:
50:                        msg="信息更新失败"
51:                else:
52:                    msg="请确保用户与密码有效"
53:            except Exception as err:
54:                msg=str(err)
55:            infoMsg["text"]=msg
```

```
56:        @staticmethod
57:        def login():
58:            msg=""
59:            try:
60:                user=loginUser.get().strip()
61:                pwd=loginPwd.get().strip()
62:                if user!="" and pwd!="":
63:                    data="user="+urllib.parse.quote(user)+"&pwd="+ urllib.parse.
quote(pwd)
64:                    resp=urllib.request.urlopen(CloudUser.url+"/login",data=data.
encode())
65:                    result=json.loads(resp.read().decode())
66:                    if result["result"]=="success":
67:                        #msg="用户登录成功"
68:                        loginPwd.delete(0,tk.END)
69:                        infoUser.insert(tk.END,user)
70:                        infoUser["state"]="readonly"
71:                        infoEmail.insert(tk.END,result["email"])
72:                        tabControl.select(tabInfo)
73:                        resp=urllib.request.urlopen(CloudUser.url+"/
getToken",data=data.encode())
74:                        token=json.loads(resp.read().decode())
75:                        if "keyID" in token.keys():
76:                            CloudDisk.user=user
77:                            CloudDisk.client= boto3.client("s3")
78:
79:
80:
81:
82:                            tabControl.hide(tabLogin)
83:                            tabControl.select(tabDisk)
84:                            CloudDisk.showFileList()
85:                        else:
86:                            msg="获取临时令牌失败"
87:                    else:
88:                        msg="用户登录失败"
89:                else:
90:                    msg="请确保用户与密码有效"
91:            except Exception as err:
92:                msg=str(err)
93:            loginMsg["text"]=msg

94:        @staticmethod
95:        def showLogin():
96:            tabControl.hide(tabRegister)
97:            tabControl.select(tabLogin)

98:        @staticmethod
99:        def showRegister():
100:           tabControl.hide(tabLogin)
101:           tabControl.select(tabRegister)
```

```
102:   class CloudDisk:
103:       client=None
104:       user=""

105:       @staticmethod
106:       def showFileList():
107:           msg=""
108:           try:
109:               IDS=listView.get_children("")
110:               for ID in IDS:
111:                   listView.delete(ID)
112:                   resp=CloudDisk.client.list_objects(Bucket="cloud.disk.
bucket",Prefix=CloudDisk.user+"/")
113:               if "Contents" in resp:
114:                   for c in resp["Contents"]:
115:                       fileName=c["Key"][len(CloudDisk.user+"/"):]
116:                       dt=(c["LastModified"]+datetime.timedelta(hours = 8)).
strftime("%Y-%m-%d %H:%M:%S")
117:                       listView.insert("",tk.END,values=[fileName,dt,c["Size"]])
118:           except Exception as err:
119:               msg=str(err)
120:           diskMsg["text"]=msg

121:       @staticmethod
122:       def selectFile():
123:           fileName=filedialog.askopenfilename(title=u'选择文件')
124:           uploadFile["text"]=fileName

125:       @staticmethod
126:       def uploadSelectFile():
127:           msg=""
128:           fileName=uploadFile["text"]
129:           if fileName!="" and os.path.exists(fileName):
130:               try:
131:                   fobj=open(fileName,"rb")
132:                   data=fobj.read()
133:                   fobj.close()
134:                   p=fileName.rfind("/")
135:                   if p==-1:
136:                       p=fileName.rfind("\\")
137:                   fileName=fileName[p+1:]
138:                   CloudDisk.client.put_object(Bucket="cloud.disk.bucket",
139:                       Key=CloudDisk.user+"/"+fileName,
140:                       Body=data)
141:                   msg="上传文件成功"
142:                   uploadFile["text"]=""
```

```
143:                    CloudDisk.showFileList()
144:             except Exception as err:
145:                 msg=str(err)
146:         else:
147:             msg="请保证用户名称与上传的文件的有效性"
148:         diskMsg["text"]=msg

149:     @staticmethod
150:     def downloadSelectFile():
151:         msg=""
152:         try:
153:             ID=listView.selection()
154:             if ID:
155:                 fileName=listView.item(ID[0],"values")[0]
156:                     fdest=filedialog.asksaveasfilename(title="文件另存",
initialfile=fileName)
157:                 if fdest:
158:                         resp=CloudDisk.client.get_object(Bucket="cloud.disk.
bucket",Key=CloudDisk.user+"/"+fileName)
159:                     data=resp["Body"].read()
160:                     fobj=open(fdest,"wb")
161:                     fobj.write(data)
162:                     fobj.close()
163:                     msg="下载文件成功"
164:             else:
165:                 msg="请选择要下载的文件"
166:         except Exception as err:
167:             msg=str(err)
168:         diskMsg["text"]=msg

169:     @staticmethod
170:     def deleteSelectFile():
171:         msg=""
172:         try:
173:             ID=listView.selection()
174:             if ID:
175:                 fileName=listView.item(ID[0],"values")[0]
176:                     result = tkinter.messagebox.askokcancel(title = '确
认',message='确实要删除文件吗？')
177:                 if result:
178:                         CloudDisk.client.delete_object(Bucket="cloud.disk.
bucket",Key=CloudDisk.user+"/"+fileName)
179:                     CloudDisk.showFileList()
180:                     msg="删除文件成功"
181:             else:
182:                 msg="选择要删除的文件"
183:         except Exception as err:
```

```
184:                msg=str(err)
185:            diskMsg["text"]=msg

186:        @staticmethod
187:        def logout():
188:            tabControl.hide(tabDisk)
189:            tabControl.hide(tabInfo)
190:            tabControl.select(tabLogin)

191: root =tk.Tk()   # 创建窗口对象
192: root.title('我的云盘')   #设置窗口标题

193: root.geometry("480x320")
194: tabControl = ttk.Notebook(root)   #创建 Notebook
195: tabControl.pack(expand=1,fill=tk.BOTH) #把 tabControl 填满整个窗体

196: #login
197: tabLogin = tk.Frame(tabControl)
198: tabControl.add(tabLogin, text='用户登录')
199: frmLogin=tk.Frame(tabLogin)
200: frmLogin.pack(anchor=tk.CENTER)
201: tk.Label(frmLogin,text="").grid(row=0,column=0,columnspan=2)
202: tk.Label(frmLogin,text="用户名称").grid(row=1,column=0)
203: tk.Label(frmLogin,text="用户密码").grid(row=2,column=0)
204: loginUser=tk.Entry(frmLogin)
205: loginUser.grid(row=1,column=1)
206: loginPwd=tk.Entry(frmLogin,show="*")
207: loginPwd.grid(row=2,column=1)
208: loginButton=tk.Button(frmLogin,text="登录",command=CloudUser.login)
209: loginButton.grid(row=3,columnspan=2,sticky=tk.E)
210: tk.Button(frmLogin,text="用户注册",command=CloudUser.showRegister).grid(row=4,
columnspan=2,sticky=tk.W)
211: loginMsg=tk.Label(tabLogin,text="",fg="red")
212: loginMsg.pack(side=tk.BOTTOM)

213: #register
214: tabRegister = tk.Frame(tabControl)   #创建注册选项卡
215: tabControl.add(tabRegister, text='用户注册')   #增加注册选项卡
216: frmRegister=tk.Frame(tabRegister)
217: frmRegister.pack(anchor=tk.CENTER)
218: tk.Label(frmRegister,text="").grid(row=0,column=0,columnspan=2)
219: tk.Label(frmRegister,text="用户名称").grid(row=1,column=0)
220: registerUser=tk.Entry(frmRegister)
221: registerUser.grid(row=1,column=1)
222: tk.Label(frmRegister,text="用户密码").grid(row=2,column=0)
223: registerPwd1=tk.Entry(frmRegister,show="*")
224: registerPwd1.grid(row=2,column=1)
225: tk.Label(frmRegister,text="确认密码").grid(row=3,column=0)
```

```
226:    registerPwd2=tk.Entry(frmRegister,show="*")
227:    registerPwd2.grid(row=3,column=1)
228:    tk.Label(frmRegister,text="电子邮件").grid(row=4,column=0)
229:    registerEmail=tk.Entry(frmRegister)
230:    registerEmail.grid(row=4,column=1)
231:    registerButton=tk.Button(frmRegister,text="注册",command=CloudUser.register)
232:    registerButton.grid(row=5,columnspan=2,sticky=tk.E)
233:    tk.Button(frmRegister,text="用户登录",command=CloudUser.showLogin).grid(row=6,
columnspan=2,sticky=tk.W)
234:    registerMsg=tk.Label(tabRegister,text="",fg="red")
235:    registerMsg.pack(side=tk.BOTTOM)


236:    #info
237:    tabInfo = tk.Frame(tabControl)
238:    tabControl.add(tabInfo, text='用户信息')
239:    frmInfo=tk.Frame(tabInfo)
240:    frmInfo.pack(anchor=tk.CENTER)
241:    tk.Label(frmInfo,text="").grid(row=0,column=0,columnspan=2)
242:    tk.Label(frmInfo,text="用户名称").grid(row=1,column=0)
243:    infoUser=tk.Entry(frmInfo)
244:    infoUser.grid(row=1,column=1)
245:    tk.Label(frmInfo,text="目前密码").grid(row=2,column=0)
246:    infoPwd1=tk.Entry(frmInfo,show="*")
247:    infoPwd1.grid(row=2,column=1)
248:    tk.Label(frmInfo,text="新的密码").grid(row=3,column=0)
249:    infoPwd2=tk.Entry(frmInfo,show="*")
250:    infoPwd2.grid(row=3,column=1)
251:    tk.Label(frmInfo,text="电子邮件").grid(row=4,column=0)
252:    infoEmail=tk.Entry(frmInfo)
253:    infoEmail.grid(row=4,column=1)
254:    infoButton=tk.Button(frmInfo,text="更新",command=CloudUser.update)
255:    infoButton.grid(row=5,columnspan=2,sticky=tk.E)
256:    infoMsg=tk.Label(tabInfo,text="",fg="red")
257:    infoMsg.pack(side=tk.BOTTOM)


258:    #disk
259:    tabDisk =tk.Frame(tabControl)
260:    tabControl.add(tabDisk,text="我的文件")
261:    logoutButton=tk.Button(tabDisk,text="注销退出",command=CloudDisk.logout)
262:    logoutButton.pack(anchor=tk.E)
263:    frmDisk=tk.Frame(tabDisk)
264:    frmDisk.pack(expand=1,fill=tk.BOTH)
265:    frmUpload=tk.Frame(frmDisk)
266:    frmUpload.pack(anchor=tk.W)
267:    selectButton=tk.Button(frmUpload,text="选择文件",command=CloudDisk.selectFile)
268:    selectButton.grid(row=1,column=0)
269:    uploadFile=tk.Label(frmUpload,text="")
```

```
270:  uploadFile.grid(row=1,column=1,sticky=tk.W)
271:  uploadButton=tk.Button(frmUpload,text="上传文件",command=CloudDisk.
uploadSelectFile)
272:  uploadButton.grid(row=2,column=0)
273:  frmDownload=tk.Frame(frmDisk)
274:  frmDownload.pack(anchor=tk.E)
275:  deleteButton=tk.Button(frmDownload,text="删除文件",command=CloudDisk.
deleteSelectFile)
276:  deleteButton.grid(row=0,column=0)
277:  downloadButton=tk.Button(frmDownload,text="下载文件",command=CloudDisk.
downloadSelectFile)
278:  downloadButton.grid(row=0,column=1)

279:  listView=ttk.Treeview(frmDisk,show="headings",columns=["Name","LastModified","S
ize"],selectmode = tk.BROWSE,height=5)
280:  listView.heading("Name",text="文件名称",anchor=tk.W)
281:  listView.heading("LastModified",text="修改时间")
282:  listView.heading("Size",text="文件大小",anchor=tk.W)
283:  #----vertical scrollbar------------
284:  vbar = ttk.Scrollbar(frmDisk,orient=tk.VERTICAL,command=listView.yview)
285:  listView.configure(yscrollcommand=vbar.set)
286:  vbar.pack(side=tk.RIGHT,fill=tk.Y)
287:  listView.pack(expand=1,fill=tk.BOTH)
288:  diskMsg=tk.Label(tabDisk,fg="red")
289:  diskMsg.pack(side=tk.BOTTOM)

290:  tabControl.hide(tabDisk)
291:  tabControl.hide(tabRegister)
292:  tabControl.hide(tabInfo)
293:  root.mainloop()
```

这个客户端程序实现使用图形界面管理云盘的文件，很多代码是控制图形界面的，因此程序显得有点长。但是按模块划分它主要包含 CloudUser 类用户管理模块，CloudDisk 云盘文件管理模块，以及主程序的图像界面管理模块，因此也不是很复杂。

四、项目测试

客户端程序运行效果如图 5-21 所示，用户登录后就可以进行文件的上传、下载、删除等操作。

图 5-21　云盘客户端

五、项目发布

1. 创建云盘服务器

使用 Amazon EC2 建立一个虚拟机，配置 Python 与 Flask 运行环境，并允许端口 5000 的访问。

2. 创建云盘服务器

在云盘服务器建立一个文件夹，如 CloudDisk，把整个项目文件复制到这个文件夹。

3. 配置 IAM 用户与数据库

配置 IAM 用户 accessKeys.csv 文件与数据库文件 mySql.csv，使得从云盘虚拟机能访问 Amazon S3 服务与 Amazon RDS MySQL 数据库服务。

4. 修改 server.py

```
app.secret_key="123"
app.run(host="0.0.0.0",port=5000)
```

5. 运行云盘代理服务器

使用 Python 命令运行 server.py，即：

```
python server.py
```

6. 运行云盘客户端

客户端连接了云盘代理服务器后就可以使用云盘了。

7. 测试程序

最后完成发布程序的应用测试。

六、云盘安全性

安全性是云盘的基本要求，怎么保障云盘的安全性呢？可以从下面几个方面考虑。

1）云盘存储桶 cloud.disk.bucket 应该设置为 private 私有的，不能设置成 public 共有的，不然别的用户都可以看到云盘存储桶中的文件。

2）设置 cloud.disk.bucket 的"打开阻止公共访问"开关为打开状态，全面消除该存储桶被公共访问的可能性。

3）云盘中存储的文件也要设置为 private 私有的，不能设置为 public 共有的，防止文件对象被别的用户访问。

4）使用令牌代理服务器访问 Amazon STS 服务发放临时令牌 token，并设置该令牌的权限只能让用户访问 cloud.disk.bucket 存储桶中该用户对应的文件夹的文件，不能操控别的用户的文件，同时 token 还不允许用户访问别的存储桶的文件。

5）这个令牌代理服务器要有访问 Amazon STS 服务的权限，在项目中是把一个有该权限的 IAM 用户文件存储到了代理服务器，程序使用该 IAM 用户访问 STS 服务。这样做的目的是方便，但是安全性不是很高。实际上为了提高安全性，最好使用 Amazon EC2 的实例服务器作为令牌代理服务器，这样就可以创建一个有 STS 权限的角色 Role，把这个 Role 绑定给令牌代理服务器，令牌代理服务器中就不用存储 IAM 用户安全凭证文件了，它使用 Role 去访问 STS 服务，调用 AssumeRole 函数而不是 GetFederationToken 函数来获取临时令牌。

6）云盘用户的信息被存储到 Amazon RDS MySQL 的一个数据库中，为了提高数据库的安全性，在发布项目时可以设置这个 MySQL 数据库只允许令牌代理服务器访问，不允许别的计算机访问。如果令牌代理服务器使用 Amazon EC2，则找到到该服务器的 private IP 地址，例如，172.31.19.71（注意不是 public IP 52.80.205.190)，设置 MySQL 数据库的 inbound rules 的规则是172.31.19.71/32，如图 5-22 所示。那么这个 MySQL 数据库只允许 IP 是 172.31.19.71 的 EC2 实例计算机访问，不允许别的 IP 地址访问，从而保障了数据库的安全性。

图 5-22 设置 MySQL 的 inbound rules

由于本项目的目的主要是教学，同时还由于篇幅有限，该项目只实现了大部分的安全性。而在实际应用中必须比较全面地考虑各种安全因素，有兴趣的读者可以进一步扩展与完善这个项目，做到项目能实际应用。

练习五

1. 云盘代理服务器存储了用户的信息，在数据库中插入一个管理员用户 admin，然后完成：

1）设计该用户的登录界面，访问 52.80.202.190:5000/admin 后出现管理员登录界面。

2）设计管理员管理用户的界面，管理员登录后能查看到所有用户。

3）设计管理员能为用户重置密码的功能，如密码重置为 123456。

4）设计管理员能删除一个用户的功能，用户删除时不但从 MySQL 数据库中删除该用户记录，还删除云盘中该用户的所有文件和文件夹。

2. 云盘客户端在上传与删除一个文件后都重新从云盘获取文件列表进行显示，对于文件总数比较少时是可以的，如果文件比较多这样做就不合适了，请设计：

1）在客户端使用一个 fileList 列表存储第一次从云盘获取的文件列表，当删除或者上传一个文件成功后，fileList 也删除或者增加。

2）保持 TreeView 控件显示的文件列表与 fileList 同步。

3. 请完成对云盘客户端的 TreeView 显示文件的列表进行排序的功能：

1）单击"文件名称"标题时文件会按文件名称升序或降序排序。

2）单击"修改时间"标题时文件会按修改时间升序或降序排序。

3）单击"文件大小"标题时文件会按文件大小升序或降序排序。

4. 在客户端上传一个大文件时会有延迟，在延迟过程中窗体被"卡死"，即不能移动，对于下载大文件也有一样的问题。为了避免这个情况发生，请完成设计：

1）采用与窗体界面不同的另外一个线程实现上传或者下载过程。

2）增加一个 ProgressBar，动态显示上传与下载的过程。

参 考 文 献

［1］莫希特·古普塔 . AWS Serverless 架构：使用 AWS 从传统部署方式向 Serverless 架构迁移 ［M］. 史天，张嫒，译 . 北京：电子工业出版社，2019.

［2］加布丽埃勒·拉纳诺 . Python 高性能 ［M］. 2 版 . 袁国忠，译 . 北京：人民邮电出版社，2018.

［3］莫里斯·赫利希，尼尔·沙维特 . 多处理器编程的艺术（修订版）［M］. 金海，胡侃，译 . 北京：机械工业出版社，2013.

［4］凯·霍斯特曼，兰斯·尼塞斯 . Python 程序设计 (原书第 2 版) ［M］. 董付国，译 . 北京：机械工业出版社，2018.

［5］API Gateway 亚马逊官方文档：https://docs.aws.amazon.com/apigateway/index.html.

［6］AWS Lambda 亚马逊官方文档：https://docs.aws.amazon.com/lambda/index.html.

［7］Amazon DynamoDB 亚马逊官方文档：https://docs.aws.amazon.com/dynamodb/index.html.